油气储运安全环保管理研究

曾建强　卫富星　周亚平　著

中国海洋大学出版社
·青岛·

图书在版编目(CIP)数据

油气储运安全环保管理研究 / 曾建强,卫富星,周亚平著. —青岛:中国海洋大学出版社,2023.5
ISBN 978-7-5670-3515-7

Ⅰ.①油⋯ Ⅱ.①曾⋯ ②卫⋯ ③周⋯ Ⅲ.①石油与天然气储运—安全管理—研究 Ⅳ.①TE88

中国国家版本馆 CIP 数据核字(2023)第 092380 号

出版发行	中国海洋大学出版社		
社　　址	青岛市香港东路 23 号	邮政编码	266071
出 版 人	刘文菁		
网　　址	http://pub.ouc.edu.cn		
电子信箱	2586345806@qq.com		
订购电话	0532-82032573(传真)		
责任编辑	矫恒鹏	电　　话	0532-85902349
印　　制	日照报业印刷有限公司		
版　　次	2023 年 5 月第 1 版		
印　　次	2023 年 5 月第 1 次印刷		
成品尺寸	185 mm×260 mm		
印　　张	20		
字　　数	462 千		
印　　数	1～1000		
定　　价	86.00 元		

发现印装质量问题,请致电 0633-8221365,由印刷厂负责调换。

前　言

　　油气储运工程是连接油气生产、加工、分配、销售、储存等环节的纽带,它主要包括油气田集输管道、长距离输送管道、储存与装卸、城市输配系统等。安全是油气储运系统正常运行的前提和基础,而油气介质为碳氢化合物,具有易燃、易爆的特性,由于腐蚀、误操作以及第三方破坏等原因,油气储运系统的跑、冒、滴、漏极易造成中毒、火灾、爆炸等恶性事故。一旦发生事故,不但可能造成严重人员伤亡及重大经济损失,还会污染环境,造成恶劣的社会影响。保证油气管道安全运行,防止各类事故发生并减少事故损失,是我们管道人义不容辞的责任和义务。

　　本书全面介绍了油气储运各个环节的危险辨识、风险评价以及危险控制方法。全书内容共分为七章,主要包括油气储运安全管理理论、事故类别与安全评价、油气储运自动化、管道完整性管理、油气管道运行安全管理、油气管道事故应急预案、油气储运安全研究与实践。本书可作为石油院校油气储运工程专业课程辅助参考书,也可作为广大从业人员入职教育教材以及相关工程技术人员参考书。

　　本书第一、二、三章由周亚平编写,第四、五章由卫富星编写,第六、七章由曾建强编写。全书由卫富星统稿。

　　本书在编写过程中参考了许多油气储运安全方面专家、学者的著作和研究成果,在此表示衷心的感谢。

　　由于油气储运安全管理涉及多个交叉学科,加上编者水平所限,书中难免有疏漏和不恰当之处,敬请读者批评指正。

目　录

第一章 油气储运安全管理理论

近年来,国内油气储运管网建设趋于完善,不但满足了国家和人民群众对能源的需求,而且加快了国家乃至地方经济发展速度。但近年来偶有出现的输油气管道爆炸、原油泄漏等一系列事件,使我们不得不承认,做好安全环保管理工作是油气储运工程实施的重中之重。

第一节 安全与系统安全管理

一、安全的概述

无危则安,无损则全。安全是指人的身心免受外界(不利)因素影响的存在状态(含健康状况)及其保障条件。安全是人、机具及人和机具构成的环境三者处于协调平衡状态,一旦打破这种平衡,安全就不存在了。

狭义的安全是指人类个体与周围环境的相容性及某一领域或系统中的技术安全,如矿业、冶金、化工、建筑、机械、航空等。

广义的安全是指人类的生存环境——地球的生态安全,包括来自宇宙的多种复杂的天文危险隐患的识别,从技术安全到生产、生活、生存领域的大安全、全民安全、全社会安全。

安全的特点如下。

(1)安全是相对的,不是绝对的,绝对安全是不存在的。

(2)安全是主观和客观的统一,安全是人们对事故的主观认识和容忍程度。

(3)安全不是瞬间的结果,而是一种状态。

(4)安全具有经济性、复杂性、社会性。

(5)构成安全问题的矛盾双方是安全与危险,而非安全与事故。因此,衡量系统是否安全不应仅仅依靠事故指标。

(6)在不同的时代,不同的生产领域,人们所能接受的损失水平是不同的,衡量系统是否安全的指标也不相同。

二、安全管理的概述

安全管理是指管理者对安全生产进行的计划、组织、指挥、协调和控制的一系列活动,以保护职工在生产过程中的安全与健康,保护国家和集体的财产不受损失,促进企业改善管理、提高效益,保障事业的顺利发展。

安全管理的主要观点有以下几个:

(1)没有绝对的安全。任何事物中都包含了不安全的因素,具有一定的危险性。安全并不意味着已经杜绝了事故,只不过相对而言事故发生的概率较低,事故损失较小而已。安全管理所要实现的目标不是"事故为零"的那种极端理想的状况,而是达到"最大的安全程度",达到一种实际上可能的、相对安全的目标。

(2)安全贯穿于系统的整个寿命期间。安全贯穿着系统从设计、施工、运行的整个环节。例如,输油气场站、管道的设计、建设及运行整个过程与安全管理息息相关。

(3)危险源是事故发生的根本原因。系统中的危险源是导致事故发生的根本原因,安全管理的基本任务是控制和消除系统中的危险源,使系统达到一种安全状态。

三、系统安全理论

(一)系统安全

系统安全是指在系统寿命周期内应用系统安全管理及系统安全工程原理,识别危险源并采取有效的控制措施使其危险性减至最小,从而使系统在规定的性能、时间和成本范围内达到最佳的安全程度。

(二)系统安全管理

系统安全管理是确定系统安全大纲要求,保证系统安全工作项目和活动的计划,实施和完成与整个项目的要求相一致的一门管理学科。

(三)系统安全理论的主要观点

(1)在事故致因理论方面,改变了人们只注重人员的不安全行为,忽略硬件故障在事故致因中作用的传统观念,考虑如何通过改善物的状态,即系统的可靠性来提高复杂系统的安全性,从而避免事故。

(2)没有任何一种事物是绝对安全的,任何事物中都潜伏着危险因素,通常所说的安全或危险只不过是一种主观的判断。

(3)不可能根除一切危险源和危险,但是可以减少来自现有危险源的危险性,应该减少总的危险性而不是只彻底消除几种选定的危险。

(4)由于人的认识能力有限,有时不能完全辨识出危险源和危险,即使认识了现有的危险源,随着生产技术的发展,新技术、新工艺、新材料和新能源的出现,又会产生新的危险源。

第二节　系统安全分析

一、系统安全分析概述

系统安全分析是实现系统安全的重要手段,它的目的在于通过分析使人们识别系统中存在的危险性和损失率,并预测其可能性。因此,它是完成系统安全评价的基础。根据不同的情况和要求,可以把分析进行到不同的深度,可以是初步的,也可以是详细的。

目前人们已开发研究了数十种系统安全分析方法,适用于不同的系统安全分析过程。对这些方法可按实行分析过程的相对时间分类,也可按分析的对象、内容分类。从分析的数理方法角度,系统安全分析方法可分为定性分析和定量分析;从分析的逻辑方法角度,可分为归纳法和演绎法。

简单来说,归纳法是从原因推论结果的方法,演绎法是从结果推论原因的方法,这两种方法在系统安全分析中都有应用。从危险源辨识的角度,演绎法是从事故或系统故障出发查找与该事故或系统故障有关的危险源,与归纳法相比较,可以把注意力集中在有限的范围内,提高工作效率;而归纳法是从故障或失误出发探讨可能导致的事故或系统故障,再来确定危险源,与演绎法相比较,可以无遗漏地考察、辨识系统中的所有危险源。要完成一个准确的分析,就要事先了解各种分析方法的特点、适用场合,经过比较,再决定采用哪种分析方法。但不管采用哪种分析方法,都要事先建立一个系统模型。这种模型大多采用图解方式,表示出系统各单元之间的关系。这样易于为人们掌握系统各单元之间的关系和影响,便于查到事故的真正原因和危险性大小。

二、系统安全分析方法

在系统寿命不同阶段的危险源辨识中,应该选择相应的系统安全分析方法。例如,在系统的开发、设计早期可以应用预先危险分析方法;在系统设计或运行阶段可以应用危险性和可操作性研究、故障类型和影响分析等方法进行详细分析,或者应用事件树分析、故障树分析与因果分析等方法对特定的事故或系统故障进行详细分析。

(一)预先危险分析法

预先危险分析(PHA)主要用于新系统设计、已有系统改造之前的方案设计和选址阶段,在没有掌握详细资料的时候,用来分析、辨识可能出现或已经存在的危险源,并尽可能在付诸实施之前找出预防、改正、补救措施,以消除或控制危险源。

预先危险分析的优点在于允许人们在系统开发的早期识别、控制危险因素,可以用最小的代价消除或减少系统中的危险源,它能为制定整个系统寿命期间的安全操作规程提供依据。

1.预先危险分析的内容

根据安全系统工程的方法,生产系统的安全必须从"人—机—环"系统进行分析,而且在进行危险性预先分析时应持这种观点:对偶然事件、不可避免事件、不可知事件等进行剖析,尽可能地把它变为必然事件、可避免事件、可知事件,并通过分析、评价,控制事故发生。

分析的内容可归纳为以下几个方面。

(1)识别危险的设备、零部件,并分析其发生事故的可能性条件。

(2)分析系统中各子系统、各元件的交接面及其相互关系与影响。

(3)分析原材料、产品,特别是有害物质的性能及储运。

(4)分析工艺过程及其工艺参数或状态参数。

(5)人、机关系(操作、维修等)。

(6)环境条件。

(7)用于保证安全的设备、防护装置等。

2.危险等级划分

在危险源查出之后,应对其划分等级,排列出危险因素的先后次序和重点,以便分别处理。由于危险因素发展成为事故的起因和条件不同,因此在危险性预先分析中仅能作为定性评价。危险等级的划分可按 4 个级别来进行,见表 1-1。

表 1-1 危险等级划分

级别	危险程度	可能导致的后果
Ⅰ	安全的	不会造成人员伤亡及系统损坏
Ⅱ	临界的	处于事故的边缘状态,暂时还不至于造成人员伤亡、系统损坏或降低系统性能,但应予以排除或采取控制措施
Ⅲ	危险的	会造成人员伤亡和系统损坏,要立即采取防范对策措施
Ⅳ	灾难性的	造成人员重大伤亡及系统严重破坏的灾难性事故,必须予以果断排除并进行重点防范

(二)危险与可操作性分析法

危险与可操作性分析(HAZOP)方法是由英国帝国化学工业公司 ICI 公司于 20 世纪 70 年代早期提出的。

HAZOP 分析方法是一种用于辨识设计缺陷、工艺过程危害及操作性问题的结构化分析方法,它认为危险来源于对设计意图的偏离,如果一切按照设计意图进行生产和操作,就不大可能有危险。该方法的本质就是通过系列的会议对工艺图纸和操作规程进行分析。在这个过程中,由各专业人员组成的分析组按规定的方式系统地研究每一个单元(即分析节点),分析偏离设计工艺条件的偏差所导致的危险和可操作性问题。HAZOP

分析组分析每个工艺单元或操作步骤,识别出那些具有潜在危险的偏差,这些偏差通过引导词引出,使用引导词的一个目的就是为了保证对所有工艺参数的偏差都进行分析,并分析它们的可能原因、后果和已有安全保护措施等,同时提出应该采取的安全保护措施。HAZOP 研究的侧重点是工艺部分或操作步骤的各种具体值,其基本过程就是以引导词为引导,对过程中工艺状态(参数)可能出现的变化(偏差)加以分析,找出其可能导致的危害。

HAZOP 法的特点是由中间状态参数的偏差开始,分别找出原因、判明后果,是属于从中间向两头分析的方法。其本质就是通过一系列分析会议对工艺图纸和操作规程进行分析。在装置的设计、操作、维修等过程中,需要工艺、工程、仪表、土建、给排水等专业人员一起工作。因此,危险与可操作性分析实际上是一个系统工程,需要各专业人员的共同参与才能识别更多的问题。

1. 研究步骤

(1)确立研究目的、对象和范围。进行危险性与可操作性研究时,对所研究的对象要有明确的目的。其目的是查找危险源,保证系统安全运行,或审查现行的指令、规程是否完善等,防止操作失误。同时,要明确研究对象的边界、研究的深入程度等。

(2)建立研究小组。开展危险性与可操作性研究的小组成员一般由 5~7 人组成,包括有关各领域专家、对象系统的设计者等,以便发挥和利用集体的智慧和经验。

小组召集人应由具备安全管理与实践经验的资深工程师担任,一般应由以下人员组成:

①生产工程师:熟悉基本设计、程序模拟。

②系统工程师:熟悉生产线及仪器图及基本设计规范。

③质量工程师:熟悉标准操作步骤及标准。

④仪控工程师:具备设备及控制系统选择经验。

⑤安全工程师:了解安全标准、法律法规、安全管理等。

⑥其他专业人员:工业卫生专业人员、电机工程师、维修工程师等。

(3)资料收集。危险性与可操作性研究资料包括各种设计图纸、流程图、工厂平面图、等比例图和装配图,以及操作指令、设备控制顺序图、逻辑图或计算机程序,有时还需要工厂或设备的操作规程和说明书等。

(4)制订研究计划。在广泛收集资料的基础上,组织者要制订研究计划。在对每个生产工艺部分或操作步骤进行分析时,要计划好所花费的时间和研究的内容。

(5)开展研究分析。对生产工艺的每个部分或每个操作步骤进行分析时,应采取多种形式引导和启发各位专家,对可能出现的偏离及其原因、后果和应采取的措施充分发表意见。

HAZOP 分析涉及过程的各个方面,包括工艺、设备、仪表、控制、环境等。HAZOP 分析人员的知识及可获得的资料总是与 HAZOP 分析方法的要求有距离,因此对某些具体问题可听取专家的意见。必要时对某些部分的分析可延期进行,在获得更多的资料后再进行分析。

（6）编制分析结果文件。分析记录是 HAZOP 分析的一个重要组成部分。负责记录的人员应根据分析、讨论过程提炼出恰当的结果，尽管不可能把会议上说的每一句话都记录下来，但必须记录所有重要的意见。必要时可举行分析报告审核会，让分析组对最终报告进行审核和补充。通常，HAZOP 分析会议以表格形式记录，见表 1-2。

表 1-2　HAZOP 分析记录表

序号	设备名称	偏差	偏差原因	后果	已有安全措施	建议措施
举一个例子						

2. HAZOP 分析方法的优点

HAZOP 分析方法可以相互促进、开拓思路，成功的 HAZOP 分析需要所有参加人员自由地陈述他们各自的观点，不允许成员之间的批评或指责以免压制这种创造性过程。但是，为了让 HAZOP 分析过程达到高效率和高质量，整个分析过程必须有一个系统的规则，按一定的程序进行。分析的成败关键在于以下几点。

（1）分析研究所依据的制造过程图表及有关数据。

（2）小组成员的专业技术和洞察能力。

（3）小组成员运用此方法帮助其想象动作偏离、原因和后果的透视能力。

（4）小组成员具备事故严重性分析能力，尤其是对已指出的危害。

（三）安全检查表分析法

安全检查表分析法是系统安全分析方法中最基础的一种方法，是用检查表的形式将一系列项目列出，并对照、检查、分析，以确定系统、场所的状态是否符合安全要求，通过检查发现系统中存在的安全隐患，提出改进措施的一种方法。检查项目可以包括场地、周边环境、设施、设备、操作、管理等各方面。

1. 安全检查表

安全检查表是安全检查最有效分工具，是为检查某些系统的安全状况而事先制定的问题清单。为了使检查表能全面查出不安全因素，又便于操作，根据安全检查的需要、目的、被检查的对象，可编制多种类型的相对通用的安全检查表，如项目工程设计审查用的安全检查表，项目工程竣工验收用的安全检查表，企业综合安全管理状况的检查表，企业主要危险设备、设施的安全检查表，不同专业类型的检查表，面向车间、工段、岗位不问层次的安全检查表等。制定安全检查表的人员应当熟悉该系统或该专业的安全技术法规。安全检查表有以下几方面的特点。

（1）安全检查表能够事先编制，可以做到系统化、科学化，不漏掉任何可能导致事故的因素，为事故树的绘制和分析做好准备。

（2）可以根据现有的法律、法规、标准规范等检查执行情况，得到正确的结论。

（3）通过事故树分析和编制安全检查表，将实践经验上升到理论，从感性认识上升到理性认识，并再去指导实践，能够充分认识各种影响事故发生的因素的危险程度。

（4）它是按照事件的重要程度顺序排列，有问有答，通俗易懂，能使人们清楚地知道哪些事件最重要、哪些次要，促进职工正确操作，起到安全教育的作用。

（5）它可以与安全生产责任制相结合，按照不同的检查对象使用不同的安全检查表，易于分清责任，还可以提出改进方案。

（6）它简单易学，容易掌握，符合我国现阶段的实际情况，为安全预测和决策提供坚实的基础。

（7）只能做定性的评价。

（8）只能对已经存在的对象进行评价。

2. 安全检查表分析的步骤

安全检查表分析法一般包括 3 个步骤，即选择或拟定合适的安全检查表，开展检查分析，编制分析结果文件。

（1）选择或拟定合适的安全检查表。为了编制一张标准、合适的检查表，评价人员应确定安全检查表的标准设计或操作规范，然后依据存在的缺陷和不同编制一系列带问题的安全检查表。编制安全检查表所需资料包括有关标准、规范及规定，国内外事故案例，系统安全分析事例，研究成果等，检查表按设备类型和操作情况提供一系列的安全检查项目。

安全检查表是基于经验的分析方法，安全检查表必须由熟悉装置的操作并掌握了相关标准、政策和规程的、有经验且具备专业知识的人员协同编制。对所拟定的安全检查表，应当是通过回答表中所列问题就能够发现系统设计和操作各个方面与有关标准不符的地方。安全检查表一旦准备好，即使缺乏经验的工程师也能独立使用它，或者是作为其他危险分析的一部分。当建立某一特定工艺过程的详细安全检查表时，应与通用安全检查表对照，以保证其完整性。

（2）开展检查分析。对已运行的系统，分析组应当检查所分析的工艺区域。在检查过程中，分析人员应将工艺设备和操作与安全检查表进行比较，采取对现场的检查、阅读系统的文件、与操作人员座谈以及个人的理解回答安全检查表项目等形式。当所检查的系统特性或操作特性与安全检查表上表达的特性不同时，分析人员应当记下差异。新工艺过程的安全检查表分析在施工之前常常是由分析组在分析会议上完成，主要对工艺图纸进行审查，完成安全检查表，讨论差异。

（3）编制分析结果文件。危险分析组完成分析后应当总结检查或会议过程中所记录的差异，分析报告应包含用于分析的安全检查表复印件、有关提高过程安全性的建议与恰当的解释。

3. 安全检查表的编制

安全检查表看似简单，但要使其在使用中能切合实际、真正起到全面系统地辨识危险性的作用,则需要有一个高质量的安全检查表。安全检查表应列举需查明的所有能导致事故的不安全状态或行为。为了使检查表在内容上能结合实际、突出重点、简明易行、符合安全要求,应依据有关标准、规程、规范及规定、国内外事故案例及本单位在安全管理及生产中的有关经验、危险部位及防范措施等方面进行编制。如表 1-3 所列。

表 1-3 安全检查表

检查分类 项目	检查内容 要点	检查合格 标准	检查依据 或方法	检查评分结果		防范措施
				应得分	实得分	
记事						
被检查单位 及负责人	签字 年 月 日		检查机关及 检查人		签字 年 月 日	

4. 安全检查表的评价

安全检查包括巡视和自检检查主要工艺单元区域。在巡视过程中,检查人员按检查表的项目条款对工艺设备和操作情况逐项比较检查。检查人员依据系统的资料,对现场巡视检查、与操作人员的交谈以及凭个人主观感觉来回答检查条款。当检查的系统特性或操作有不符合检查表条款上的具体要求时,分析人员应记录下来。

检查完成后,将检查的结果汇总和计算,最后列出具体的安全建议和措施。

安全检查表的编制和实施可以概括为确定分析对象,找出其危险点;确定检查项目,定出具体内容;顺序编制成表,逐项进行检查。

5. 安全检查表的优点

安全检查表之所以能得到广泛的使用,是因为安全检查表具有以下优点。

(1)安全检查表通过组织有关专家、学者、专业技术人员,经过详细的调查和讨论,能够事先编制,具有全面性,可以做到系统化、完整化,不漏掉任何能够导致危险的关键因素,及时发现和查明各种危险和隐患。

(2)安全检查人员能根据安全检查表预定的目标、要求和检查要点进行检查,克服了盲目性,做到突出重点,避免疏忽、遗漏、走过场,提高了检查质量。

(3)对安全检查表,可以根据已有的规章制度和标准规程等,针对不同的对象和要求编制相应的安全检查表,实现安全检查的标准化、规范化。

(4)安全检查表具有广泛性和灵活性。对于各种行业、各种岗位操作、设备、设计、各种工种及各类系统,安全检查表都能广泛地适用。安全检查表不仅可以作为安全检查时的依据,同时可以为设计新系统、新工艺、新装备提供安全设计的相关资料。安全检查表使用广泛,灵活多变,可以用于日常的检查,也可以用于定期的检查、事故分析和事故预测等。对安全检查表还可以随时进行修改、补充,使之适用于各种场合。

(5)依据安全检查表进行检查,是监督各项安全规章制度的实施和纠正违章指挥、违章作业的有效方式。安全检查表能够克服因人而异的检查结果，提高了检查水平，同时也是进行安全教育的一种有效手段，能提高人员的安全意识和安全水平。

（6）安全检查表具有直观性。它是一种定性的检查方法，采用表格的形式及问答的方式，并对提问项目进行了系统的归类，简明易懂。不同层次的人员都可以掌握和使用安全检查表。

（7）安全检查表可以作为安全检查人员或现场作业人员履行职责的凭据，有利于分清责任，落实安全生产责任制。

（8）使用安全检查表有利于安全管理工作的连续改进，实现对安全工作的连续记录。安全检查表可以随着科学技术的发展和标准、规范的变化而随时加以修改和完善。同时，企业也可以根据自己的记录，发现问题并提出整改措施。安全检查表的连续记录可以使新老安全员顺利交接，保证企业安全管理工作的一致性。

（四）事件树分析法（图表举例）

事件树演化于 1965 年前后发展起来的决策树。它是一种将系统内各元素按其状态（如成功或失败）进行分支，最后直至系统状态输出为止的水平放置的树状图。事件树分析最初用于可靠性分析，它是以元件可靠性表示系统可靠性的系统分析方法之一，可以用于定性分析，也可以用于定量分析。

一起事故的发生是多种原因事件相继发生的结果，其中一些事件的发生是以另一些事件首先发生为条件的。事件树分析以一个初始事件为起点，按每个事件可能的后续事件只能取完全对立的两种状态（成功或失败，正常或故障，安全或危险等）之一的原则，逐步向结果方面发展，以达到系统故障或事故为止。

按照事故发展顺序，分成阶段，一步一步地进行分析，每一步都从成功和失败两种后果进行考虑（分支），最后直至用水平树状图表示其可能的结果，这样一种分析法就称为事件树分析法，该水平树状图也称为事件树图。

应用事件树分析，可以定性地了解整个事故的动态变化过程，又可定量地得出各阶段的概率，最终了解事故各种状态的发生概率。

1. 分析原理

事件树分析法是从初始时间出发考察由此引起的不同事件，一起事故的发生是许多事件按时间顺序相继出现的结果，一些事件的出现是以另一事件首先发生为条件的。在事故发展过程中出现的事件可能有两种状态：事件出现或不出现（成功或失败）。这样，每一事件的发展有两条可能的途径，而且事件出现或不出现是随机的，其概率是不相等的。如果事故发展过程中包括有几个相继发生的事件，则系统一般总计有 2 条可能发展途径，即最终结果有 $2n$ 个。

在相继出现的事件中，后一事件是在前一事件出现的情况下出现的。它与更前面的事件无关。后一事件选择某一种可能发展途径的概率是在前一事件做出某种选择的情况下的条件概率。

2. 分析步骤

事件树的定性分析是通过编制事件树,研究系统中的危险源如何相继出现而最终导致事故、造成系统故障或事故。

(1)确定初始事件。初始事件的选定是事件树分析的重要一环,它是事件树中在一定条件下造成事故后果的最初原因事件,可以是系统故障、设备失效、人员误操作或工艺过程异常等。一般是选择分析人员最感兴趣的异常事件作为初始事件。在事件树分析的绝大多数应用中,初始事件是预想的。初始事件可按以下方法确定:根据系统设计、系统危险性评价、系统运行经验或事故经验等确定;根据系统重大故障或事故的原因分析事故树,从其中间事件或初始事件中选择。

(2)编制事件树。首先考察初始事件一旦发生时应该最先起作用的安全功能,把可能发挥功能(又称正常或成功)的状态画在上面的分支,把不能发挥功能(又称故障或失败)的状态画在下面的分支。然后依次考虑各种安全功能的两种可能状态,同样,把发挥功能的状态画在上面的分支,把不能发挥功能的状态画在下面的分支,直至达到系统故障或事故为止。

如果这个环节事件不需要往下分析,则水平线延伸下去不发生分支,如此便得到事件树。

在发展事件树的过程中,会遇到一些与初始事件或事故无关的安全功能,或者其功能关系相互矛盾、不协调的地方,应将其省略、剔除。

(3)说明分析结果。在事件树最后面写明由初始事件引起的各种事故结果或后果。为清楚起见,对事件树的初始时间和各环节事件用不同字母加以标记。

(4)定性分析和定量计算。事件树的各分支代表初始事件发生后可能的发展途径。其中,最终导致事故的途径为事故连锁。一般地,导致系统事故的途径有很多,即有许多事故连锁。对事件树进行定性分析可以指导我们如何采取措施预防事故。

(五)故障树分析法

故障树分析(FTA)是从特定的故障事件(或事故)开始,利用故障树考察可能引起该事件发生的各种原因事件及其相互关系的系统安全分析方法。

故障树是一种利用布尔逻辑(又称布尔代数)符号演绎的表示特定故障事件(或事故)发生原因及其逻辑关系的逻辑树图,因其形状像一棵倒置的树,且其中的事件一般都是故障事件,故而得名。

1. 故障树的逻辑及事件符号

在故障树分析中逻辑门只描述事件间的逻辑因果关系,包括与门、或门、非门、顺序与门、表决门、异或门、禁门。在故障树分析中,各种故障状态或不正常情况皆称为故障事件;各种完好状态或正常情况皆称为成功事件。二者均可简称为事件。

故障分析中所使用的各种符号、名称及定义见表1-4。

表 1-4　故障树分析的逻辑和事件符号（故障树图表）

名称	定义
基本事件	在特定的故障树分析中无须探明其发生原因的底事件
未探明事件	原则上应进一步探明其原因，但暂不必或者暂时不能探明其原因的底事件
结果事件	故障树分析中由其他事件或事件组合所导致的事件
或门	至少一个输入事件发生时，输出事件就发生
与门	仅当所有输入事件发生时，输出事件才发生
非门	输出事件是输入事件的对立事件
开关事件	正常工作条件下必然发生或者必然不发生的
条件事件	描述逻辑门起作用的具体限制的特殊事件
禁门	仅当条件事件发生时，输入事件的发生才导致输出事件的发生
相同转移符号	在三角形内标出向何处转移 在三角形内标出向何处转入
相似转移符号	下面转到结构相似而事件标号不同的子树去 从子树与此处子树相似但事件标号不同处转入
顺序与门	仅当输入事件按规定的顺序发生时，输出事件才发生
异或门	仅当单个输入事件发生时，输出事件才发生

2. 故障树的数学表达

为了进行故障树定性和定量分析，需要建立故障树的数学模型，写出数学表达式。布尔代数是故障树分析的数学基础。

布尔代数是集合论的一部分，是一种逻辑运算方法，它特别适用于描述仅能取两种对立状态之一的事物。故障树中的事件只能取故障发生或不发生两种状态之一，不存在任何中间状态，并且故障树事件之间的关系是逻辑关系，因此可以用布尔代数来表现故障树。

故障树中的逻辑或门对应于布尔代数的逻辑和运算，逻辑与门对应于逻辑积运算。把故障树中连接各事件的逻辑门用相应的布尔代数逻辑运算表示，就得到了故障树的布尔表达式。故障树的布尔表达式是故障树的数学描述。对于给定的故障树，可以写出相应的布尔表达式；给出布尔表达式，则可以画出相应的故障树。

3. 故障树（FTA）的编制

故障树编制方法一般分为两类，一类是人工编制，另一类是计算机辅助编制。

（1）人工编制。编制事故树的规则如下：确定顶事件应优先考虑风险大的事故事件；合理确定边界条件；保持门的完整性，不允许门与门直接相连；确切描述顶事件。

人工编制事故树的常用方法为演绎法，它是通过人的思考去分析顶事件是怎样发生的。演绎法编制时首先确定系统的顶事件,找出直接导致顶事件发生的各种可能因素或因素的组合即中间事件。在顶事件与其紧连的中间事件之间,根据其逻辑关系相应地画上逻辑门。然后再对每个中间事件进行类似的分析,找出其直接原因,逐级向下演绎,直到不能分析的基本事件为止。

（2）计算机辅助编制。由于系统的复杂性使系统所含部件愈来愈多,使人工编制事故树费时费力的问题日益突出,必须采用相应的程序,由计算机辅助进行。计算机辅助编制是借助计算机程序在已有系统部件模式分析的基础上,对系统的事故过程进行编辑,从而达到在一定范围内迅速准确地自动编制事故树的目的。

计算机辅助编制主要可分为两类:一类是 1973 年 Fussell 提出的合成法（STM）,主要用于解决电路系统的事故树编制问题;另一类是由 Aposto-lakis 等人提出的判定表法（DT）。

①合成法（STM）:合成法是建立在部件事故模式分析的基础上,用计算机程序对子事故树（MFT）进行编辑的一种方法。合成法与演绎法的不同点是:只要部件事故模式所决定子事故树一定,由合成法得到的事故树就唯一,所以,它是一种规范化的编制方法。

②判定表法:判定表法是根据部件的判定表（DT）来合成的。判定表法要求确定每个事件的输入/输出事件,即输入/输出的某种状态,把每个部件的这种输入/输出事件的关系列成表,该表称作判定表。一格判定表上只允许有一个输出事件,如果事件不止一个输出事件,则必须建立多格判定表。编制时将系统按节点（输入与输出的连接点）划分开,并确定顶事件及其相关的边界条件。一般认为来自系统环境的每一个输入事件属于基本事件,来自部件的输出事件属于中间事件。在判定表都已齐备后,从顶事件出发根据判定一表中间事件追踪到基本事件为止,这样就制成所需要的事故树。

4.FTA 方法步骤

FTA 方法的步骤为:首先,详细了解系统状态及各种参数,绘出工艺流程图或平面布置图。其次,收集事故案例（国内外同行业、同类装置曾经发生的）,从中找出后果严重且较易发生的事故作为顶事件,根据经验教训和事故案例,经统计分析后,求解事故发生的概率（频率）,确定要控制的事故目标值。然后从顶事件起按其逻辑关系,构建故障树。最后做定性分析,确定各基本事件的结构重要度,求出概率,再做定量分析。

如果事故树规模很大,可借助计算机进行。目前我国 FTA 一般都考虑到进行定性分析为止。

第三节　事故管理

一、事故统计与分析

（一）事故统计方法及主要指标

事故统计分析的目的包括三个方面:一是发现企业事故预防工作存在的主要问题,

研究事故发生原因,以便采取措施防止事故发生。二是对本企业、本部门的不同时期的伤亡事故发生情况进行对比,用来评价企业安全状况是否有所改善。三是进行企业外的对比分析。依据伤亡事故的主要统计指标进行部门与部门之间、企业与企业之间、企业与本行业平均指标之间的对比。

1. 事故统计方法

常用的事故统计方法有综合分析法、分组分析法、算数平均法、相对指标比较法、统计图表法、排列图、控制图等。

(1)综合分析法。

综合分析法是将大量的事故资料进行总结分类,将汇总整理的资料及有关数值,形成书面分析材料或填入统计表或绘制统计图,使大量的零星资料系统化、条理化、科学化。从各种变化的影响中找出事故发生的规律性。

(2)分组分析法。

分组分析法是按伤亡事故的有关特征进行分类汇总,研究事故发生的有关情况。如按事故发生的经济类型、事故发生单位所在行业、事故发生原因、事故类别、事故发生所在地区、事故发生时间、伤害部位等进行分组汇总统计伤亡事故数据。

(3)算数平均法。

算数平均法是将相同的时间段内事故伤亡人数之和除以时间段数,应用较多的有年平均、季平均、月平均等。

例如,2001 年 1—12 月全国工矿企业死亡人数分别是 488 人、752 人、1 123 人、1 259 人、1 321 人、1 021 人、1 404 人、1 176 人、1 024 人、952 人、989 人、1 046 人。

故:平均每月死亡人数 $= \sum / N = 12\,555/12 = 1\,046$(人)

(4)相对指标比较法。

相对指标法是指将企业伤亡人数与企业规模、职工人数等挂钩,在一定程度上体现企业安全生产状况,如千人死亡率、百万吨死亡率等,使规模、人数不同的企业可以对比其安全生产状况。

(5)统计图表法。

事故常用的统计图有趋势图、柱状图、饼图。

①趋势图。即折线图。直观地展示伤亡事故的发生趋势。

②柱状图。能够直观地反映不同分类项目所造成的伤亡事故指标大小比较。

③饼图。即比例图,可以形象地反映不同分类项目所占的百分比。

(6)排列图。

排列图也称主次图,是直方图与折线图的结合。直方图用来表示属于某项目的各分类的频次,折线点则表示各分类的累积相对频次。其优点是可以直观地显示出属于各分类的频数的大小及其占累积总数的百分比。

(7)控制图。

控制图又叫管理图,把质量管理控制图中的不良率控制图方法引入伤亡事故发生情况的测定中,可以及时察觉伤亡事故发生的异常情况,有助于及时消除不安定因素,起到预防事故重复发生的作用。

伤亡事故控制图有伤亡人次控制图和伤亡率控制图两种。

2. 事故统计指标

国际劳工组织会议确定了以伤亡事故频率和伤害严重率为伤亡事故统计指标。

(1)伤亡事故频率。我国的国家标准《企业职工伤亡事故分类》(GB 6441—1986)规定,按千人死亡率、千人重伤率和伤害频率计算伤亡事故频率。

①千人死亡率:某时期内平均每千名职工中因工伤事故造成死亡的人数。

②千人重伤率:某时期内平均每千名职工中因工伤事故造成重伤的人数。

③伤害频率:某时期内平均每百万工时由于工伤事故造成的伤害人数。

目前我国仍然沿用劳动部门规定的工伤事故频率作为统计指标。习惯上把工伤事故频率叫作千人负伤率。

(2)伤害严重率。我国的国家标准《企业职工伤亡事故分类》(GB 6441—1986)规定,按伤害严重率、伤害平均严重率和按产品产量计算的死亡率等指标计算事故严重率。

①伤害严重率:某时期内平均每百万工时由于事故造成的损失工作日数。

国家标准中规定了工伤事故损失工作日算法,其中规定永久性全失能伤害或死亡的损失工作日为 6 000 个。

②伤害平均严重率:受伤害的每人次平均损失工作日数。

③按产品产量计算的死亡率。这种统计指标适用于以吨、立方米为产量计算单位的企业、部门。

3. 伤亡事故发生规律分析

事故伤害统计分析的内容包括起因物、致害物、伤害方式、受伤部位、受伤性质。

(二)事故经济损失的统计

我国对伤亡事故经济损失的统计分为两种,一是直接经济损失,二是间接经济损失。

1. 伤亡事故直接经济损失

(1)人身伤亡后的支出费用,其中包括医疗费用(含护理费用)、丧葬及抚恤费用、补助及救济费用、歇工工资。

(2)善后处理费用,其中包括处理事故的事务性费用、现场抢救费用、清理现场费用、事故罚款及赔偿费用。

(3)财产损失价值,其中包括固定资产损失价值、流动资产损失价值。

2. 伤亡事故间接经济损失

(1)停产、减产损失价值。

(2)工作损失价值。

（3）资源损失价值。

（4）处理环境污染的费用。

（5）补充新职工的培训费用。

（6）其他费用。

伤亡事故直接经济损失与间接经济损失的比例在博德的冰山理论中得到了很好的体现。博德在分析 20 世纪七八十年代美国的伤亡事故直接与间接经济损失时发现，直接经济损失只占很小的一部分，而间接经济损失占了很大一部分，就像大海里的冰山一样，露出水面、可以看见的那一部分是很小的，而淹没在水下的、看不到的部分，占绝大部分。

二、事故调查及处理

（一）事故调查的目的

首先必须明确的是，一个科学的事故调查过程的主要目的就是防止事故的再次发生。也就是说，根据事故调查的结果，提出整改措施，控制或消除此类事故。

同时，对于重大特大事故，包括死亡事故，甚至重伤事故，事故调查还是满足法律要求和提供违反有关安全法规的资料，是使司法机关正确执法的主要手段。

此外，通过事故调查还可以描述事故的发生过程，鉴别事故的直接原因与间接原因，从而积累事故资料，为事故的统计分析及类似系统、产品的设计与管理提供信息，为企业或政府有关部门安全工作的宏观决策提供依据。

（二）事故调查组

事故调查组的组成应当遵循"精简、效能"的原则。根据事故的具体情况，事故调查组由有关人民政府、安全生产监督管理部门、担负安全生产监督管理职责的有关部门、监察机关、公安机关以及工会等指派人员组成，并邀请人民检察院派人参加。事故调查组成员应当具有事故调查所需要的知识和专长，并应与所调查的事故没有直接利害关系。事故调查组组长由负责事故调查的人民政府指定，主持事故调查组的工作。

（三）事故调查的基本步骤

1. 事故现场处理

事故现场处理的步骤是安全抵达现场—事故风险评估—保护现场—人员分工和职责—现场应急处理包括人员救护，工艺操作，事故控制，消防，现场恢复等。

2. 事故现场勘查

事故现场勘查工作主要关注四个方面（"4P"）的信息，即人（People）、部件（Part）、位置（Position）和文件（Paper）。

3. 人证、物证的保护

人证和物证是现场调查的一项重要工作。证人的证言和物证经过分析后能确定其与事故的关系，应对他们加以保护。

三、事故预防的基本措施

(一)提高人的素质

一切生产活动都是通过人来实现的,为了预防事故,提高人的素质占首要地位。苏联发生尔诺贝利核电站事故后,苏联核专家、消除事故的功臣瓦列里·阿列克谢耶维奇·列加索夫在探索核事故发生的教训时有许多精辟的见解,他认为主要问题在于人的素质的下降。他提出需要防备人损坏技术设备,包括防备设计人员的错误、规划人员的错误和操作人员、维修人员的错误,制造设备中的粗枝大叶都会造成事故隐患。人的素质不仅包括技术素质,也包括职业道德、工作责任心以及工作态度等各个方面。

所有人(包括领导人、普通工人)对安全的态度、人的能力和人的知识技术水平是决定能否实现安全生产、预防事故的关键因素。为了提高人的素质,就必须进行教育。这个教育包括基础文化教育、道德教育、安全教育和专业技术教育。提高人的素质可以有效提高人在安全生产中的可靠性。

(二)提升安全管理水平

如果在生产管理中选拔的工人能胜任其工作,就比选用一个反应迟钝、能力较差、态度恶劣的工人更能保证安全生产。管理工作中监督检查也很重要,严格的监督检查可以在事故发生前发现工人的不安全行为或不安全状态,从而消除不安全因素。较高的安全管理水平对提高人和设备的可靠性都具有重要意义。

(三)采取行之有效的技术措施

除了提高人的素质,减少人的失误外,保证设备处于良好状态十分重要。技术措施就是从工程技术上确保各种机器设备处于本质安全状态,也就是提高设备的可靠性。这些技术措施包括从设计、制造、安装、调试、维修及操作等整个过程。这种设备本身应有安全防护措施,如一旦出现危险,能自动报警、停车或有消除危险的其他措施,也包括使用个人防护装置以及机械防护装置。技术措施是用于弥补一旦出现人为失误时,仍能保证安全生产。

此外,大多数事故并不是突然发生的,事故的发生和发展是按一定规律逐步形成的。事故的发展过程中存在预防事故理论中所提到的征兆,即通常人们所指的事故预兆,这些预兆是可以预测的。只要发现预兆,及时采取措施,就能预防事故的发生,或将事故控制为一般事故而不至于对人和财物造成损失。

第四节　QHSE 管理体系

QHSE 管理体系指在质量(Quality)、健康(Health)、安全(Safety)和环境(Environment)方面指挥和控制组织的管理体系。QHSE 管理体系是在 ISO 9001 质量体系标准、

ISO 14001 环境管理体系标准、《职业健康安全管理体系》(GB/T 28000)和《石油天然气工业　健康、安全与环境管理体系》(SY/T 6276)的基础上，根据共性兼容、个性互补的原则整合而成的管理体系。

工业企业生产和经营中同时伴生质量、健康、安全和环境风险，质量、健康、安全与环境的管理在原则和效果上相似、相辅、相成，有着不可分割的联系。QHSE 管理体系是将组织实施质量、健康、安全与环境管理的组织机构、职责、做法、程序、过程和资源等要素有效构成的整体，这些要素通过先进、科学、系统的运行模式有机地融合在一起，相互关联、相互作用，形成动态管理体系。该体系突出预防为主、领导承诺、全员参与、持续改进的科学管理思想，具有整体性、层次性、持久性、适应性等特性，是全员、全方位和全过程的管理体系，是工业企业实现管理现代化，走向国际大市场的准入证。

一、QHSE 管理体系的基本原理

QHSE 管理体系是企业整个管理体系的有机组成部分之一，它将质量、健康、安全和环境四种密切相关的管理体系科学地结合在一起。QHSE 管理体系为企业实现持续发展提供了一个结构化的运行机制，并为企业提供了一种不断改进 QHSE 表现和实现既定目标的内部管理工具。

QHSE 管理体系是一个不断变化和发展的动态体系，其设计和建立也是一个不断发展和交互作用的过程。随着时间的推移，随着对体系各要素的不断设计和改进，体系经过良性循环，不断达到更佳的运行状态。

QHSE 管理体系只是企业管理体系的一部分。企业往往有多个并存的管理体系，可能分属不同的部门操作，因此应通盘考虑这些体系的组织、过程、程序和资源，尽量合理设置和共享共用，以简化内部各项管理工作的复杂程度，防止相互冲突，实现相互协调。

二、QHSE 管理体系的特点

QHSE 管理体系要求组织进行风险分析，确定其自身活动可能发生的危害和后果，从而采取有效的防范手段和控制措施防止其发生，以便减少可能引起的人员伤害、财产损失和环境污染。它强调预防和持续改进，具有高度自我约束、自我完善、自我激励的机制，因此是一种现代化的管理模式，是现代企业制度之一，具有以下七大特点：

1. 领导和承诺

领导和承诺是指企业自上而下的各级管理层的领导和承诺，是 HSE 管理体系的核心。高层管理者应对健康、安全与环境的责任和管理提供强有力的领导和明确的承诺，是实施 HSE 管理体系的前提，并保证将领导和承诺转化为必要的资源，以建立、运行和保持 HSE 管理体系既定的方针和战略目标。

提高企业管理水平，将健康、安全环保视为企业文化的重要组成，也是企业核心竞争力之一。通过领导承诺的贯彻，努力创建一种使承诺常驻全体员工心中的企业文化。各级组织的高级管理者应发动员工和承包商积极参与公司的 HSE 管理，共同创造和保持良好的企业文化。

2. 健康、安全与环境方针

健康、安全与环境方针是组织建立与运行体系所应围绕的核心,他规定了组织在健康、安全与环境方面的发展方向和行动纲领,并通过将其要求在体系诸要素中具体化和落实,从而控制各类 QHSE 风险,并实现绩效的持续改进。

3. 策划

防止事故发生,将危害及影响降低到可接受的最低程度是 QHSE 管理体系运行的最直接目的。对风险的正确而科学地识别、评价和有效管理是达到此目的的关键所在。风险管理是一个不间断的过程,是所有 HSE 要素的基础,应定期检查危害的存在,并评估业务活动中的相关风险。对所有风险都将采取适当的措施进行管理,以防止潜在事故的发生或降低事故所产生的影响。

4. 组织结构、资源和文件

组织机构是指企业管理系统负有 HSE 管理责任的部门和人员的构成及职责,是企业 QHSE 管理体系的具体管理机构组织状况。资源主要指可供使用的人力、财力、物力、技术、设备等内部资源,是 QHSE 管理体系建立和运行的重要物质保障。文件是指 QHSE 管理体系在建立、运行和保持过程中所形成的各种文档,可以是书面的,也可以是电子的。

5. 实施和运行

实施和运行是 QHSE 风险管理的重要内容,是实施 QHSE 计划管理的重要方面。实施运行的目的是满足组织的 QHSE 管理体系运行和实现组织的健康、安全和环境方针、目标与指标所需的支持机制以及控制、削减 QHSE 风险保障。

6. 检查和纠正措施

检查和纠正措施包括:绩效测量和监测,不符合、纠正和预防措施,事故、事件报告、调查和处理,记录和记录管理,审核 5 个二级要素。

7. 管理评审

评审是企业的高层领导对质量、健康、安全与环境管理体系的适用性及其执行情况进行的正式评审。评审是质量、健康、安全与环境管理体系的最后一个环节,是质量、健康、安全与环境管理体系实现持续改进的保证。它是组织的最高领导者对管理体系所做的全面评审。企业的高层管理者应定期评审质量、健康、安全和环境管理体系及其表现,以确保其适用性和有效性。

三、QHSE 管理体系的建立

(一)做好 QHSE 管理体系的宣贯工作

企业在引入 QHSE 管理体系时要及时教育员工转变思想观念,改变原有的思想定式,消除原有管理模式的消极因素,以及 QHSE 管理体系与原管理模式不兼容的这两种恐惧心理,使员工认识到企业推行 QHSE 管理体系并不是企业要重新建立一套质量、安全、职业健康与环境保护的管理体制,而是与现行的管理体制有机地结合,使之更加完善、更加科学、更加规范。运用 QHSE 管理体系来管理企业,是企业管理由人管理人到制度管理人的一个上升过程,也是企业发展的必由之路。QHSE 管理体系面对的对象是企业的各级员工,所有目标要靠全体员工来实现。QHSE 管理体系的学习和宣贯也就显得尤为重要,学习和宣贯不能仅局限于管理层、高层,还要普及到基层的每个员工。尤其在 QHSE 管理体系建立的初级阶段,要通过形式多样的教育培训,如集中办班、印制宣传册、在生产作业现场培训等来普及 QHSE 管理体系知识。

(二)识别与评价企业质量、健康安全与环境管理状况,为建立体系提供科学的理论支持

(1)对原有标准、规范、规程、规定、制度等有关内容进行全面清理、收集、评审。结合 QHSE 管理体系要求,编写出符合企业实际的质量、健康安全与环境管理技术标准、管理标准、工作标准以及规范、规程和制度等一系列支持文件。在充分满足 QHSE 标准的前提下,形成一套科学、完整、系统、规范的管理体系和运行模式。

(2)做好初始危害和风险评估。收集、识别、评价、确认企业应遵循的法律、法规、标准及其他要求,包括相关红头文件、行业标准、地方法规等。按法律、法规、标准及其他要求,进行危险源和环境因素辨识。根据以往的生产作业经验和伤亡事故的统计,对生产作业的危险源和环境因素进行辨识及评价,制定相应的控制措施。企业各单位各岗位应根据各自生产作业的环境、工艺、流程等特点,对风险和环境因素清单进行筛选,补充识别自身特有的因素,制定相应对策,对其加以控制和管理。初始危害和风险评价是一项十分繁杂和费力的工作,它对于整个体系的建立却具有重大意义,一旦确定了企业重大的风险和重要环境因素,就能根据这些风险制定组织的方针、目标、指标、方案,订立相应的运行程序、紧急情况的对策等。

(三)收集资料、整合资源,按照 QHSE 标准要求策划体系框架

通过收集企业内部有关资料,借鉴其他企业建立实施 QHSE 管理体系的成功经验。结合本企业在质量、职业健康安全与环境管理方面存在的客观现状,确定 QHSE 管理体系框架。制定出建立科学、完整、系统、规范的 QHSE 管理体系的策划方案,对收集资料、体系设计、文件编写、教育培训、体系试运行、内审及管理评审等各阶段进度进行安排。

(四)编制质量、职业健康安全与环境管理体系文件

企业根据策划出的 QHSE 管理体系框架,组建专职机构、配备专业人员。按照《质量管理体系要求》(GB/T 19001—2016)、《环境管理体系要求及使用指南》(GB/T 24001—2016)和《健康、安全与环境管理体系第 1 部分:规范》(Q/SY 1002.1—2013)三个标准的要求,结合企业自身实际情况和管理特点,编制切实可行的体系文件。经过评审后,从企业管理层、职能层和执行层进行有针对性的培训,以确保 QHSE 管理体系在各层次上的有效运行。

(五)通过内审及管理评审评价 QHSE 管理体系的适宜性和有效性

运用内审、管理评审这种自我检查手段,找出建立和实施过程中的薄弱环节,据此来修正管理体系的偏差和增强管理体系的适应性。以达到自我约束、自我调节、自我完善的作用。评审的范围应全面、有针对性,要对质量、职业健康安全与环境管理目标进行全面评估,要全面覆盖三个标准的所有要素和初始评价中识别的重大危害和环境因素。用评审的结果来判断,企业建立实施的 QHSE 管理体系是否符合标准,是否完成了企业制定的质量、健康安全与环境目标和指标,QHSE 管理体系是否能够与企业的其他管理活动进行有效的融合,以达到企业自我检查、纠错、验证、评审和改进各项管理工作的目的。

四、QHSE 管理体系的实施

(一)领导作用是关键

QHSE 管理体系提出的承诺、方针和目标,要明确、具体、科学、可行,是全体员工对顾客的高度关注,是企业对保护环境的社会责任,是树立以人为本、安全第一、珍惜生命、善待人生的郑重承诺。

企业强有力的领导和明确的承诺是体系建立实施的保证。企业自上而下,从最高管理者到基层员工,向社会和相关方提供公开、明确的承诺,把"领导和承诺"与"一把手负责制"结合起来。企业的最高管理者是体系建立和实施的关键,是领导决心和理念的体现,提出明确的承诺、方针和目标,提供切实可靠的有效资源,明确各单位各岗位的职责和权限,各部门"一把手"怎么想、怎么做是 QHSE 管理体系建立和实施的重中之重。

(二)全员参与是核心

企业在建立 QHSE 管理体系过程中,几乎涉及所有部门,每一个环节都离不开员工的参与。在体系实施上,不仅要求管理人员对 QHSE 体系要十分清楚,所有的生产服务活动都必须按体系文件规定进行作业。只有这样,才能保证 QHSE 管理体系的稳步推进。要广泛调动全体员工对 QHSE 管理体系建立和实施的积极性,就需要"党、政、工、团"一起抓,搭建畅通的信息沟通平台,建立企业自己的 QHSE 文化,它的核心就是全体员工都是 QHSE 管理体系的参与者和责任者。使所有员工意识到保持和改进 QHSE 管理体系是对自己负责、是对家庭负责、是对企业负责、是对社会负责。

(三)切合实际是根本

QHSE 管理体系是一种系统化管理方法,所有的活动过程都有固定的程序文件支持。用目标、程序来评价管理效果,强调的是在目标、程序的实施过程中所留下的证据和记录。在建立实施 QHSE 管理体系过程中,企业要在满足 QHSE 标准的前提下,最大限度地保留企业原有的工作流程和管理程序。教条的套搬标准,难以保证体系的有效运行,反而会造成原工作程序与实际不符合,出现"两张皮"现象,出现"为了体系而体系、为了证据而证据、为了记录而记录"的现象,"写你所做的、做你所写的、记你所做的、查你所记的"才是最好的方法。

（四）教育培训是基础

QHSE 管理体系的正常运行,除了符合标准要求的体系文件,要点在于实施和运行,而运行工作的关键在基层、核心在岗位,广泛动员全员参与各尽其责、各司其职,才能有效地保证 QHSE 管理体系运行,而这一切活动都是要以员工的能力为内在动力的。由于理解不够、执行能力不足造成停滞、失控,成了 QHSE 管理体系平稳运行的拦路虎。提升企业管理素质是体系管理持续改进的根本,培养全员能力是要提高全体员工对体系的认知能力、执行能力、应急能力。这样才能达到自我完善、自我约束的目的。

（五）从小做起是方法

QHSE 管理体系工作要从小做起,从我做起。通过身边的小事、细节的改善来举一反三、融会贯通,只有掌握了最基本的保护自己、保护别人、保护环境的知识和能力,才能做到"不伤害别人、不伤害自己、不被别人伤害",才能把风险和危害降到最低。"勿以善小而不为,勿以恶小而为之",细节决定成败。据资料显示:人的行为 95％都是受习惯影响的,好的习惯又恰恰是由日常工作中的细微之处不断积累所形成的。因此,在 QHSE体系的管理过程中,我们应该注重小事、细节,培养员工谨小慎微、耐心细致的工作作风。只要我们每一个员工坚持从小事做起、从点滴做起,从细节做起,就一定能确保 QHSE 管理体系的有效运行。

（六）降低风险是目的

QHSE 管理体系的建立和运行,就为了减少顾客投诉、降低风险和危害。所以,企业的 QHSE 活动都要围绕这一目标来进行,从风险识别到评价,从管理方案到控制,从应急预案到响应,都要结合本企业的实际状况,都要以本企业的风险为主线。让每一个部门、每一个员工都清楚自己的 QHSE 职责,都有识别和处置风险的能力,我们的企业才会有更好的发展前景。

通过建立和实施 QHSE 管理体系,不仅可以提高企业的质量、健康安全与环境管理水平,减少职业健康安全及环境污染事故,提高企业的经济和社会效益,也为企业进一步走向国际市场创造条件。虽然 QHSE 管理体系还处于刚刚起步阶段,但它作为一种现代化的科学管理方法,具有很广泛的推广与应用前景,是未来企业质量、健康安全与环境管理发展的方向。

五、QHSE 管理体系的核心

QHSE 管理体系的核心是 QHSE"两书一表",具体是指 QHSE 作业指导书、QHSE作业计划书、QHSE 现场检查表,是立足于 QHSE 风险管理理论和安全、环保责任制,从人、机、环三个方面通过静态、动态风险控制,做到了 QHSE 责任"一岗一责制",使 QHSE管理由文件化进一步落实到责任的具体化,促进了 QHSE 管理的工作到位、责任到位,全过程风险控制措施到位。

(一)"QHSE 两书一表"编写的基本原则与要求

1. 基本原则

"QHSE 两书一表"编写的基本原则就是在编写时,应遵循"5W1H"的原则,明确由谁来做(who)、做什么(what)、什么时候做(when)、在哪里做(where)、为什么这样做(why)、如何做(how)。

2. 编写"QHSE 两书一表"的基本要求

(1)编写工作,要以风险评价为基础,突出对风险的事前控制。

(2)要在编写前,做好调查、研究,使编写出的"QHSE 两书一表"内容符合实际情况,对具体工作具有指导意义。

(3)要针对不同的项目、活动或服务,有针对性地编写"QHSE 两书一表",不应千篇一律,没有针对性。

(4)要注意发挥专家和各方面人员的作用,积集体智慧和经验于"两书一表"。

(二)QHSE 作业指导书

QHSE 指导书根据工作范围,综合基层组织常见和常规作业的管理规定和岗位操作规程,重点解决 QHSE 管理体系在基层落实的"人、机"管理问题,是基层(组织)作业队实施 QHSE 管理的基本准则,是对基层组织削减和控制种类风险的基本要求,是支持现有岗位操作规程和 QHSE 管理体系的作业文件。

QHSE 指导书通常有两种形式:一种是立足于整个(工序)作业活动的指导书,一种是立足于岗位操作的指导书。

1. 作业(工序)QHSE 指导书

立足于整个作业活动的指导书用于整个作业活动的 QHSE 管理,包括相对固定风险及固定相关信息的管理,可包括岗位操作指南。

内容通常应主要包括但不限于以下内容:QHSE 管理组织机构;岗位职责;作业及岗位风险、QHSE 危害、有害因素识别与评价;岗位风险源及分布;风险削减与控制措施;应急措施;QHSE 相关的标准、规章制度;作业安全操作规程/规定/指南等。

2. 岗位 QHSE 指导书

QHSE 岗位作业指导书主要是为了指导具体岗位的工作,而编制的一份指导性的文件,它具有很强的针对性,它可以作为 QHSE 作业计划书的附件使用,也可以单独使用。对于具体操作岗位,特别是一些关键岗位,具有很好的指导性,在具体作业、活动或服务过程中,能起到非常积极的作用。

内容通常应主要包括但不限于以下内容:岗位的一般要求;岗位职责;岗位风险及控制程序;本岗位关键任务;岗位反应程序。

(三)QHSE 作业计划书

QHSE 计划书重点解决 QHSE 管理体系的在基层落实时的"环"(环境变化)适应问

题,针对基层作业队项目或新的环境条件要求变化开发的作业文件,是 QHSE 作业指导书的支持文件,是项目执行过程中 QHSE 管理文件,应随作业项目的变化而变化,结合项目对指导书做出细化和补充,其属性为相对动态。

QHSE 作业计划书的编写时,应针对具体实施的作业项目,充分考虑业主、承包商,以及其他相关方的要求,在开工前编写完毕后经项目方评审后实施。

QHSE 计划书编制应符合相关法律法规、标准规范以及业主相关要求,一般应包括但不限于以下内容:组织简要概况、项目的具体承诺和方针目标、组织机构和职责、项目(过程)概况、项目作业风险、危害因素识别与评价、分配 QHSE 关键任务、项目风险削减与控制措施、项目 QHSE 资源配置、QHSE 培训、应急处置程序(预案)、现场 QHSE 监督、审核和评审。

(四)QHSE 现场检查表

QHSE 现场检查表是监测现场 QHSE 管理体系实施效果、评价 QHSE 管理体系运行有效性的重要工具,通过检查表对监测检查结果的记录,有利于发现事故隐患,降低作业 QHSE 风险,促进 QHSE 管理体系的顺利运行。应根据所检查的目的不同、内容不同、检查的对象不同和使用人的不同,设计不同的检查表格。

1. QHSE 现场检查表的特点

(1)全面性:由于 QHSE 检查表是组织对被检查对象熟悉的人员,经过充分讨论后编制出来的,所以可以做到系统化、完整化,不漏掉任何能导致危害的关键因素,克服了盲目性,起到了提高检查质量的作用。

(2)直观性:QHSE 检查表通常采用提问方式,有问有答,给人印象深刻,能使人直观地知道如何做才正确,因而起到教育的作用。

(3)广泛性:QHSE 检查表不仅可以用于系统安全设计、审查、验收,还可以用于安全检查、安全评价,还可以对职工进行 QHSE 教育,实行 QHSE 标准化作业。QHSE 检查表在工厂、车间、班组都可以使用,因其简明易懂,使用方便,水平不同的人员都可以掌握,因此具有广泛性。

2. QHSE 检查表的内容

常用的检查表主要包括但不限于以下类型:

(1)QHSE 管理实施情况检查表。

此表主要反映基层实施 QHSE 管理的情况,检查表主要内容包括:

基层 QHSE 管理小组人员配备和职责落实情况;

是否按 QHSE 管理运作情况;

有关 QHSE 管理的规章制度制定的情况;

QHSE 作业指导书、作业计划书执行情况;

QHSE 检查的执行情况、检查表及记录情况;

有关 QHSE 管理的法律、法规、规程、规定等文件资料;

资料管理情况；

对员工进行健康、安全与环境保护方面的宣传、教育和培训情况；

有关的 QHSE 规章制度、措施是否上墙；

危险部位警示标志或警示牌的配备和管理情况等。

（2）开工前或重大施工作业前的安全检查表。

内容包括工作场所、设备设施、消防及防护设施、现场交底、人员教育培训、人员安全检查等。

（3）设备设施检查表。

内容包括设备及部件的工况、安全防护设施、监测报警设施、环保卫生设施等情况。

（4）生活区安全检查表。

内容包括防火及生活用电安全、厨房用气安全、供暖安全等。

（5）重大危险源安全检查表。

内容包括仪器仪表是否完好、泄漏点是否有跑冒滴漏、消防设施是否完好、现场是否有杂物、安全防护设施是否完好、防雷接地是否完好等。

（6）应急设施情况检查表。

检查内容应包括应急物资的存放和维护保养、应急预案的修订和实施情况、培训演习情况等。

第二章 事故类别与安全评价

第一节 输油气管道事故类别

一、输油气管道可能发生的事故类别

长输管道由于其输送距离较长、穿越城乡等人员密集场所，一旦出现事故，无论是经济损失，还是社会影响，都是巨大的。系统中的管线、设备及附件构成一个工艺系统，若管理和操作不当，易导致介质泄漏。按照《企业职工伤亡事故分类》(GB 6441—1986)，长输管道可能发生的事故类别有以下几类：

(一)火灾和爆炸

管道输送过程中存在一定的压力，正常情况下是在密闭的管线中及密闭性良好的设备间加热输送。当管道在穿越处或埋地层裸露处受损而发生泄漏，或其挥发出的可燃气体浓度与空气混合达到爆炸极限范围内，此时遇到点火源而发生火灾、爆炸事故。

(二)泄漏的原因

(1)因设计过程中，工艺方案未进行优化，管线参数不合理，计算失误，路由、管材选择不正确，为投产后运行埋下隐患。

(2)管道材质缺陷或焊口缺陷隐患。引发的事故多数是因焊缝和管道母材中的缺陷在油品带压输送中发生管道泄漏事故。例如，管道安装不符合标准要求，管道强力组装、变形、错位产生裂缝；焊缝错边、棱角、气孔、裂缝未熔合等内部缺陷将造成裂纹，运行时可导致油气泄漏。

(3)地基沉降、地层滑动及地面支架失稳，造成管线扭曲断裂导致油气泄漏。

(4)温度高引起油品膨胀，使管内压力增大，密封的油品管线因管线内的介质膨胀，可引起管件破坏或管线胀坏(特别是管道与法兰的连接处)，引起泄漏。

(5)外力碰撞、人为破坏可导致管道破裂，导致泄漏。

(6)管线选材不当，壁厚计算、强度校核和稳定性估算失误，可能因超压、腐蚀、应力等诱发泄漏。

(7)法兰、法兰紧固件、阀门用料缺陷或制造工艺不符合要求，垫片、填料选用不耐油

材料或时间长老化等均可能导致油气泄漏。

(8)收发球装置区、泵房等处如果泄漏出来的油气和空气混合形成爆炸危险性气体，遇点火源也可能产生爆炸事故。

(9)管道腐蚀。外防腐质量差，施工时防腐层受到机械损伤等原因均可能造成腐蚀穿孔；原油中的活性硫化物，在管线内产生一定的腐蚀；油气中含有的水与管道中的铁在以氧为活化剂的作用下，引起管道的内部腐蚀；由于土壤类型、地形、土壤电导率及水含量、大气温度等造成大气腐蚀、电化学腐蚀、土壤腐蚀、高温腐蚀等；由于管道防腐层黏结性差易产生中性 pH 土壤应力腐蚀破裂；由于阴极保护屏蔽区易产生应力腐蚀破裂。管道腐蚀主要包括以下两个方面：①周围介质对管道的腐蚀；②防腐层失效，是地下管道腐蚀的主要原因。

(三)点火源

(1)明火火源管线维修过程中，未严格履行工业用火审批手续，或疏于监管；动火时未采取相应安全措施或违章操作；沿途经过农田，焚烧秸秆、烧荒。

(2)电气火源靠近泵房或其他站场施工时，因违章临时用电产生火花。

(3)静电火源油品输送过程中压力过高、流速过快易产生静电聚积，若静电接地装置不符合规范要求，会产生静电火花造成管道爆炸。在有可燃性气体的环境作业时，设备接地不良，未正确穿戴、使用劳动防护用品而产生火花。

(4)雷电火源施工、运行过程中，雷击可能引发火灾。

(5)其他在危险区域内用火，在没有可靠安全措施的情况下焊接或切割，或用喷灯、电钻、砂轮等可能产生火焰、火花和赤热表面的临时性作业，铁器相互撞击、铁器与混凝土地面撞击都会产生机械火花，使用铁质工具、穿带钉子的鞋子进入爆炸性危险场所等。超压物理爆炸时金属碎片相互撞击、与其他物体的撞击产生机械火花，是引发"二次爆炸"的直接点火源。管道运行过程中，因原油含硫，可能生成硫化铁，在站场设备、设施内积聚，可能产生自燃现象。

(四)物体打击

油气管道在建设、运行中，存在发生物体打击的风险：

(1)工程施工中，在管线运输、装卸及铺设时，因配合不好、安全意识淡漠，可能造成物体打击；作业人员从高处往下抛掷材料、杂物或向上递工具，材料或工具不慎掉落造成物体打击。

(2)工程施工中，在施工周期短及劳动力、施工机具、物料投入较多，或交叉作业时因交叉作业劳动组织不合理，可能发生物体打击。

(3)管线试压工艺过程中，高压介质喷出可能造成物体打击。

(4)生产运行中若因意外原因导致管输系统压力升高，且未设防超压装置、未采取泄压保护措施或泄压保护措施存在故障，可能发生超压爆炸，导致物体打击事故的发生。

(5)管线清管过程中压力大于管线设计压力将有可能造成管线爆裂，飞溅液体或碎片可能造成物体打击。

（6）管道及管道附件承压能力不足，油气或管道附件飞出，可能造成物体打击。

(五)淹溺

管线有穿越河流的管段，施工作业、检维修、检测过程中因安全意识淡漠、交叉作业影响等原因，可能造成人员淹溺。

(六)灼烫

施工作业过程中，管线焊接时产生的焊渣飞溅，可能发生灼烫；现场人员不慎，接触到刚切割下的材料或焊接的部位，也可能发生灼烫。

(七)噪声

噪声来源主要是机械设备在运转过程中产生的机械性噪声，噪声不仅会损伤施工人员的听觉，而且也会对施工人员的神经、心脏及消化系统等产生不良影响。另外噪声还会使工作人员的情绪烦躁，降低工作效率，有时甚至会导致误动作而引起事故的发生。噪声还影响工作人员之间的沟通和交流，导致信息传达不畅或有误，严重时引起事故的发生。

二、输油气管道主要事故类型

(一)凝管事故

输送黏度较大的原油，有发生凝管和憋压的可能，因此管道在输送该原油时，保证原油的温度在管路系统中都处于高于原油凝固点的温度，是防止凝管的一个重要方面。

正常情况下，在管路系统内流动时不会发生凝固现象，但由于各种原因（包括事故停输和计划停输），导致管路内油流处于停滞状态，在停输过程中沿线油温不断下降，因油流携带的热量中断，原油温度有可能降至接近或低于凝点，这样管路内原油的凝固现象就容易发生了，若进一步恶化将造成凝管事故。在凝管严重的情况下容易形成憋压，甚至导致管线爆裂。

可能造成凝管的原因主要有以下几个方面：

（1）原油输送设备故障检修，导致停输时间过长。

（2）输送温度过低。

（3）输量过小。

（4）冬季投产时管线预热不够，未建立稳定的温度场。

（5）极端寒冷自然灾害影响。

(二)水击事故

在密闭的管道系统中，由于液体流速的急剧改变，会引起大幅度压力波动的水击现象。水击现象是由于介质流动状态忽然改变，管道内流体动量发生变化而产生的压力瞬变过程，是管道内不稳定流动所引起的一种特殊振荡现象。当水击发生时，会对管道及其相连的设备安全产生危害;轻微水击会使管道固定件松动,管道震动扭曲,使用寿命缩短;水击严重时甚至会造成管道、阀门等设备的破裂损坏。如作业过程中,由于开关阀门过快或电路故障而突然停泵、截断阀突然关闭等,都会使液流速度急剧变化而产生水击,使管道中的压力发生剧变。水击压力波容易引起管道压力升高,造成局部管道、设备损坏或超压爆管事故。

水击的危害主要表现为对管道及附件的破坏,造成管道内液压增大,引起管道某些地段局部超压,使管道破裂、设备及管道附件受损坏;产生噪声危害,发生水击时产生的液体增压,将使管道发生微弱变形,同时管道内部增压产生的作用力将使管道发生力的变化以消耗液压能量,其能量释放形式表现为管道震颤,发出啸叫声,并可通过管道传至很远的地方,严重影响工作环境;对原油计量仪表的破坏,主要表现为仪表指针来回摆动,加上管道震颤和啸叫,影响流量计的使用寿命,甚至损坏流量计。

(三)管线憋压

输油泵在正常运行中,由于出口管线上阀门的阀板突然脱落、倒错流程、误将出口管线上某一阀门关死、管线清蜡时清管器卡阻、蜡堵、操作不平稳时引起的水击、油品黏度太高阻力增大、输量太小时管线初凝等都能造成憋压,严重时会将泵体密封面、法兰接口、阀门垫片等处憋漏,甚至将管线憋爆,造成跑油事故。管线憋压是输油工作中一大忌。工艺流程中的一条基本原则就是"先开后关",即确认新流程已经导通后,方可切断原流程,以防止管线憋压。运行中可根据不同情况下泵出口压力、汇管压力和出站压力判断泵及管线是否憋压。

如果是泵出口阀阀板脱落,泵压会突然上升,汇管压力和出站压力会突然下降,此时可以立即停泵并启动备用泵;如果是站内出口管线上某一阀板脱落,泵压和汇管压力会同时上升,出站压力突然下降,应停泵检修;如果是下一站进站阀板脱落,泵站汇管压力、出站压力会同时上升,可立即打开内循环阀门进行站内循环,事故确认后再安排停泵及检修。

倒流程时,由于关错阀门造成流程不通,压力会上升,造成事故。由于阀门开关有一段时间间隔,所以这种事故的压力上升速度稍慢一些,可以根据泵压、汇管压力和出站压力判断泵及管线是否憋压。

压力自动调节就是当出站压力超高或进站压力超低时,使用泵站出站调节阀进行节流调节,使出站压力下降,进站压力上升,保证泵站的进出站压力在允许的范围内工作。

泄压保护是在管道某些位置安装泄压阀门。当发生水击以及管道出现超压情况时,通过自动开启的泄压阀门将管道内部分液体泄放至泄压罐,从而削弱水击压力,防止水击造成危害。泄压阀一般安装在泵站的进站及出站处。安装在进站处的称低压泄压阀,安装在出站处的称高压泄压阀。

(四)截断阀失效

若截断阀选型不正确,或其调节参数不合适,导致出现泄漏事故时无法及时自动关断,就可能引发更大危险。

当管道出现意外事故需要手动紧急关断时,若截断阀位置不合适,交通不便利,使工作人员无法及时赶到,导致无法及时关断,将会使损失加剧。

若截断阀质量不合格或使用时间长后没有及时检修更换,使其关闭不严而发生原料继续内泄,在管线更换动火时,由于截断阀的内泄,就可能引发火灾事故。

若截断阀位于地势较低处时,因下雨等积水使截断阀室进水,雨水就会加剧阀门的腐蚀而出现隐患。

(五)管道拱起

新建管道建设时期温度与投产温度差距较大,设计补偿系数考虑不足或者投产预热时预热过快,管道有可能因热膨胀变形过大而埋下隐患或者拱起露出地面。

第二节　输油气场站事故类别

一、输油场站事故类别

(一)罐区

储罐在生产运行中,因腐蚀、附件质量、罐基础、操作不当等原因造成泄漏、跑油,进而遇到点火源,或雷击、静电接地系统失效,有可能导致火灾、爆炸,或者由于外部防护距离不够,造成站场内油气设施受损后引发次生灾害。同时储罐存在发生抽空、高空落物、触电事故、人员高空坠落事故等风险。

(二)油泵区

1. 泄漏火灾事故

(1)设备基础不稳固出现塌陷或不均匀沉降,机组安装不合理振动剧烈,泵抽空等引发机组故障或油气泄漏带来的危险。

(2)油气管线、阀门、仪表、泵等渗漏空间油气浓度达到火灾爆炸极限范围遇火源引起燃爆。

(3)防静电跨接不良,可能导致静电引起火灾。

(4)违反规定使用非防爆式电机、通排风设施防爆性能不足、防爆设施损坏,电线电阻过大或电器短路起火,电器、灯具打火,防爆隔墙不密封,遇油气可能导致火灾爆炸事故。

(5)施工违章动火,不穿戴符合规定的防静电劳动保护用品。

2. 机械伤害

油泵联轴器由于防护设施不全或无防护设施,可能造成人员机械伤害事故。

3.物体打击

压力仪表、阀件、盲板、杠杆等设备附件带压操作脱落,设备缺陷或操作失误造成爆炸,危险区域内人员有受到爆裂管件碎片物体打击的危险。

4.噪声

泵组及电动机等运行产生噪声,长时间在高强度噪声环境中作业,人的听觉系统易造成伤害,甚至导致不可逆的噪声性耳聋。噪声对人的心血管系统、消化系统等均有一定影响。

5.触电和电气火灾事故

设备、线路漏电或违章操作,可能引发触电事故,电气火花、发热、短路等还可能引发电气火灾事故。

(三)进站阀组及站内敷设管线

1.泄漏火灾事故

(1)进站阀组的控制阀门、取样阀门、压力表、泄压系统、计量标定设施等是主要危险点。取样阀门和压力表因保温不好,在冬季可能出现阀门冻裂现象,造成跑油事故。

(2)控制阀门因腐蚀或杂质的磨损,造成阀门内漏切断功能失效。

(3)阀门腐蚀或操作不当,闸板脱落造成输油系统的憋压事故。

(4)泄压系统气体压力不足等故障或流程不通畅,在上游系统故障或操作流程错误时可能导致系统憋压或故障超压。

(5)人员操作不当、调压设施等阀组内漏造成高低压互窜,上下游压力等级设计不合理造成下游超载、水击影响等,安全阀联锁报警、紧急放空系统等失效,承压设施有破裂的危险,直接带来人员物体打击,泄漏油气遇火源有燃烧或火灾爆炸的危险。

(6)管道或阀门因为防护不足造成腐蚀穿孔而发生油品泄漏着火;管道或阀门跨接不当发生静电火灾爆炸。

2.物体打击

(1)站内输油管道为地上敷设,超压爆裂引发物体打击事故。

(2)在设备顶部操作时误将工具零部件掉下造成物体打击。

(3)设备顶部平台上有杂物被风刮下等也能造成人身伤害事故。

(4)阀门冻堵人员检修或清理过程中出现辅助配件脱落引发物体打击的危险等。

3.高空坠落

有些架空设备的操作平台相对地面的位置超过 2 m,如果工作人员在进行高空作业时精力不集中、思想麻痹;遇大风;梯子、平台有油或有冰、水打滑时等均易造成人身伤害。

4.机械伤害

在设备维修或巡检时由于防护不足或违章操作存在机械伤害的危险。

(四)供配电系统

1. 电气伤害

主要包括电击或触电,在高压带电体(主变装置、输电母线、各种开关刀闸、高压配电装置等)、低压带电体(站用电直流系统设备、交流系统设备等)以及站外输电线路等部位,若人员误接触、设计不合理(高压带电体对地高度、安全防护、安全间距、安全通道不符合安全要求等)、违反操作规程和安全防护规定、设计安装使用不合格产品,可能发生人员触电烧伤甚至死亡的危险。不严格执行电器检修工作监护和工作许可证制度;警示标志和遮拦不符合标准要求;在电气设施维修时,因人为误送电或不停电检修时不具备完善的保护措施等将造成维修人员的触电危险。

2. 电气火灾危险

电气设备超负荷运行、过载、短路造成电气火灾;变压器油泄漏遇火源发生火灾;突然断电或来电而发生火灾事故;电缆沟内电缆过热进油气引发火灾爆炸事故;雷雨天气因防护设施失效,引发电气设备雷电损伤,严重时引发火灾的危险。

3. 机械伤害

机械防护设施不合格引发机械伤害事故。

4. 高压电网事故

特别是高压变配电站,如果继电器和自动装置不能起到预定的保护作用,造成高压断路器在短路事故中不动作,出现越级跳动闸,将会影响上一级或更大范围的供电系统停电。

5. 火灾爆炸

柴油发电机组燃料柴油存储或使用不当容易引发火灾爆炸的危险。

(五)仪表监控系统

自动控制系统的任务是保证整个输油管道安全、可靠、平稳、高效地运行,对整个系统的控制、运行和管理起着十分重要的作用。站内现场仪表是实现SCADA系统控制的关键。如压力检测、计量系统、可燃气体检测报警系统、通信系统等,这些系统及仪表的性能以及日常使用和维护直接关系到整个管道系统运行的安全。

如果因设备选型不当、质量存在问题或系统控制用软件不适合工艺要求,导致仪表和自控系统失灵,则系统参数(如温度、流量、压力、液位以及电力系统、阴极保护系统等的参数)无法实现有效控制,有可能造成抽空、超温失控、超压、设备损坏、泄漏,进而引起火灾爆炸事故。仪表及自动控制系统的问题主要表现在以下几个方面:

(1)爆炸危险区域划分不正确,仪表防爆类型选择不当。

(2)各类取源部件(一次仪表)的安装不正确,不能准确反映被检测参数;仪表安装的位置、环境不适合仪表工作条件。

(3)仪表的供电设备及供气、供液系统的安装不符合要求。

（4）仪表用电气线路的敷设不符合要求。

（5）仪表的接地不符合要求。

（6）仪表没按要求进行单体调校和系统整体调试。

（7）对数据、资料的非授权修改、增删。

（8）对网络系统的蓄意破坏。

（9）病毒的破坏。

（10）网络环境的意外或灾难性破坏，如停电或火灾等。

（11）传感器、仪表的可靠性差。

（12）各类安全联锁装置的失效。

（13）可燃气体报警器失灵，延误泄漏事故的处理时机。

（14）人员操作失误。

（15）自然条件因素的影响。

（六）给排水系统

主要危险有害因素是由于给水系统故障导致的紧急情况下缺水。由于排水系统设计不合理，导致排水不畅，引起站内生产区积水；易燃液体进入排水系统，随水到处漂浮，引发火灾事故。

（七）通风系统

主要危险有害因素是通风不畅，人员长期接触泄漏的油气，引起慢性中毒。在可能产生并集聚油气的部位排风不利，遇点火能引起爆炸。

（八）区域平面布置

若在施工过程中，没有按照施工图进行施工，导致安全间距不足或散发油气的设施在有火种危险设施的上风向，则易发生事故，并且小事故容易导致大事故；地坪坡度没有按照设计要求进行施工，则可能造成场区局部积水、破坏地基，从而导致事故的发生。站场内部新建的工艺设备设施与原有设施安全间距不足，也会为日后安全生产造成较大的隐患。

二、输气场站事故类别

（一）输气站场

1. 火灾爆炸

管道输送的天然气属易燃易爆物质，泄漏后与空气形成爆炸性混合物，若遇火源，易发生火灾爆炸等事故。

（1）管道及站场装置均为带压运行，在发生泄漏时，会造成天然气的快速扩散，在遇到点火源（如明火、雷电、电火花等）时，就会发生火灾甚至爆炸。

（2）站场天然气升到操作温度、操作压力必须保持一定的速率，升温、升压过快产生的热应力、压力会损坏设备,可造成重大事故。

（3）设备或管道因阀门内漏、腐蚀、安装质量差以及设备开停频繁、温度升降骤变等原因,极易引起设备、管道及其连接点、阀门、法兰等部位泄漏,造成着火爆炸。

（4）放空设施故障,会造成放空天然气的聚集,易造成火灾事故。

（5）在设备检修作业过程中由于违章检修、违章动火作业引起的爆炸等。

2. 物理爆炸

输气站场中输送天然气的管道、站场设施和管道都是压力容器和压力管道。其内部介质均为易燃、易爆的物质。由于金属材料疲劳、蠕变出现裂缝,过载运行,后继管道内料流不畅、操作失误、监控失灵,用作安全保护的安全阀等不能有效发挥作用或超过其有效的保护极限等,均可能导致管道或设施内部压力过高,压力无法释放,引发容器爆炸。特别是一旦发生容器爆炸,由于装置的易燃、易爆性,还可能导致二次更大的事故灾害。

压力容器或压力管道还可因管理不善而发生爆炸事故。例如,压力容器设计结构不合理;制造材质不符要求;焊接质量差;检修质量差;设备超压运行,致使设备或管道承受能力下降;安全装置和安全附件不全、不灵敏或失效;设备或管道超压时不能自动泄压;设备超期运行,带病运行;高低压系统的串联部位易发生操作失误,高压气体窜入低压系统,引起爆炸。带压设备或压力管道,若受外界不良影响,如外界挤压或撞击、管内外腐蚀严重或操作与管理上的失误,从而造成工艺参数失控或安全措施失效,可能引起压力管道在超出自身承受能力的情况下发生物理爆炸。

因设备容器的破裂（物理爆炸）而引发设备容器内可燃介质的大量外泄,从而造成更为剧烈的二次化学性燃烧或爆炸。

因管线压力调节失效,可能会造成下游超压爆炸。

3. 中毒和窒息

输气站场天然气中的主要成分甲烷对人基本无毒,但浓度过高时,使空气中氧含量明显降低,使人窒息。当空气中甲烷占 25%～30% 时,可引起头痛、头晕、乏力、注意力不集中、呼吸和心跳加速甚至昏迷。若不及时脱离,可致窒息死亡。长期接触天然气可能出现神经衰弱综合征。因此,天然气泄漏中毒也是十分突出的危险有害因素。输气管线、容器、阀门发生泄漏时,若环境通风不良,人员长期在低浓度天然气环境中作业身心易受到危害。在大量天然气突然泄漏时,危险区域人员有窒息的危险。

4. 触电

输气站场大量使用电气设备。电气设备及线路若有漏电及破损,且保护装置失效,人触及带电体时,有发生触电的危险。

输气站场的发电机、配电线路、各种电气带动的生产设备、照明线路及照明器具、设备检修时使用的配电箱及移动式电气设备或手持式电动工具等,存在电伤、直接接触电击及间接接触电击的可能。

在检修作业过程中,如未对高压电缆进行放电或者验电就贸然进行检修作业,就可能有被电击的危险;在对电气设备或线路的检修作业过程中,没有对正在检修的电气设备或线路挂临时接地线,可能因联系不周,突然送电而造成正在检修的作业人员发生电击事故。

再者,作业人员在作业过程中因思想麻痹、注意力不集中、过分接近带电体而发生电击或电伤事故;同时在检修过程中因大型起重设备在起吊作业过程中,其起重设备的钢丝绳等过分接近高压线等而发生起重机带电,造成起重机操作人员电击事故等。此外,因电气设备多年失修、老化等原因而发生电气设备的着火、爆炸事故等,造成人员伤害等;无电气特种作业证的人员从事电气作业;从事电气作业无专人进行监护等均有可能造成触电事故。

5.机械伤害和物体打击

输气站场的分离器、调压、计量装置等转动设备如防护措施不到位,或防护存在缺陷,或在事故及检修等特殊情况下,存在机械伤害的可能。

高处作业时作业人员从高处随意往下乱抛物体,放在高处脚手架上的物品与材料等堆放不稳发生塌落或滚动掉下,在检修作业过程中工器具安装不牢固及不慎脱落飞出,在检修作业过程中敲击物体后边、角飞溅,正在转动的机器设备零部件因安装不牢固而飞出,这些乱抛的物体、坠落的物品与材料、飞出的工器具、飞出的零部件与飞溅边角等均可造成对作业人员及周围人员的物体打击,以至造成伤害,甚至严重伤害。

引发站场事故的主要危险有害因素为站内管道破裂、站场设备故障和设备泄漏等。

(二)站场主要设备

由于工艺操作压力较高,且有不均匀变化,因此存在着由于压力波动、疲劳等引发事故的可能;若设备选型不当,将直接关系到站场安全运行。各站场均有过滤设备,当过滤分离器的滤芯堵塞时,如果差压变送计失灵,并且安全阀定压过高或发生故障时不能及时泄放,就会造成憋压或泄漏事故。

1.过滤分离器

过滤分离设备主要由过滤分离器和旋风分离器组成。当过滤分离器的滤芯堵塞,并且差压变送计没有及时检测到时,有可能发生憋压或泄漏事故。

2.收发球筒

在清管作业时,接收筒带压,如果仪表失灵或操作不当,就可能对操作人员或设备造成伤害,如清管器飞出造成物体打击事故。此外,清管出的固体废物中可能含有硫化亚铁,它具有自燃性,如果处理不当,可引发火灾事故。

3.加热设备

运行中由于控制不到位,保护系统故障,可能出现炉膛爆炸,加热设备外隔热层损坏可能发生人员灼烫。

4.阀门

若截断阀存在缺陷,可引发泄漏或不能及时切断气源的事故。阀体施焊时的焊渣或其他杂物溅落到阀板上,阀体的密封槽内未清洁干净而遗有杂物等都有可能导致截断阀内漏。

沿线若存在阀门关闭不严造成内漏,排污阀或放空阀失灵造成天然气外漏,调压装置阀门失灵造成高压气体窜入低压系统,上述原因均可引发各种事故的发生。

(三)仪表

站内现场仪表是实现 SCADA 系统和 ESD 系统控制的关键。其中温度检测系统、压力检测系统、火灾报警系统、可燃气体报警系统等与仪表的性能、使用及维护密切相关。当仪表故障或测量误差过大,会造成误判断泄漏而切断管道输送;当发生较小的泄漏时,如不能及时发现,将会造成大的泄漏事故。

(四)放空系统

输气管道需要置换介质时,需要采用点火放空的方式进行。一旦火炬系统出现故障,就要将管道中气体直排进大气,当这些气体与空气混合达到爆炸浓度极限时,存在爆炸危险。

(五)固体废物

由于腐蚀和积累,天然气输送系统中会有一些固体废物,主要成分是硫化亚铁、氧化铁和少量的其他氧化物如氧化镁、氧化锰、氧化铝等。其中的细小粉尘可能会堵塞过滤分离器的出口孔,使过滤分离器压力升高导致爆炸事故发生。清管作业中容易产生硫化亚铁,硫化亚铁与空气自燃,若不能及时对硫化亚铁进行处置,会导致燃烧情况发生。

(六)噪声

站场内噪声声源主要为放空系统、清管系统和机泵间等。作为备用电源的天然气发电机在运行时噪声比较大,清管系统、放空系统的噪声也比较大,但它们都是间歇运行,使用频率很低,故对操作人员听力影响不大。

(七)其他

站场内还存在着操作人员意外伤害的可能,如接触电气设备时可能发生触电事故;天然气泄漏发生火灾、爆炸或中毒窒息事故;承压设备上的零部件固定不牢或设备超压可能发生物体打击事故;加热设备使操作人员遭受高温烫伤。站内控制系统还会受到直击雷和感应雷的影响。尤其是在夏季雷电频发的地区,站内极易发生因雷击产生的控制系统元件损坏和强烈的信号干扰。操作人员由于自身技术水平不高或责任心不强,会导致误操作或违章操作,是事故发生的主要原因之一。

由于管理制度的不健全或没有得到有效地执行实施、操作规程的错误或缺失、违章指挥等原因,会造成事故发生。

三、线路截断阀室事故类别

线路截断阀室位于不同自然和社会环境中,无人值守,容易受到第三方破坏,也易受到雷击、大风、洪水等自然灾害破坏。另外,阀室还存在由于选址不良造成维护条件差;施工质量差造成阀室内设施组装、防腐等方面出现问题;由于误操作导致阀室暂时关闭等问题。

线路阀室故障主要分为导致介质泄漏的设备故障和阀门无法按要求操作两种类型。这两类故障的发生概率如表 2-1 和表 2-2 所列。从表中可以看出,导致天然气泄漏的设备故障频率非常小,在确保施工质量的前提下,可以避免事故发生。而由于阀门无法按要求操作导致故障的频率较高,有可能影响管道正常运行,造成大量天然气放空。

表 2-1　线路截断阀室中导致介质泄漏的设备故障频率

设备类型	规格/mm	失效模式	故障频率/(次/a)	数据来源
接头	305～2 660	穿孔	0.1	WASH1400
接头	<305	全口径破裂	0.1	WASH1400
管道	<102	全口径破裂	2	CCPS
法兰		全口径破裂	0.035	CCPS
		泄漏	0.085	Hydrocarbon1
阀门		全口径破裂	0.1	Hydrocarbon
		泄漏	2.2	Hydrocarbon

表 2-2　阀门无法按要求操作的故障频率

执行机构类型	故障类型	故障频率/(次/a)	数据来源
手动	所有故障	0.001 2	CCPS
电动	卡死	0.010	CCPS
气动	卡死	0.029	CCPS

第三节　油气管道安全评价法律法规

一、法律法规体系

我国的安全生产法律法规体系大致可分为四个层次:第一个层次为全国人民代表大会颁布的安全生产法律,第二个层次为国务院颁布的安全生产行政法规,第三个层次为国务院下属各部委颁布的政府规章,第四个层次为省(自治区、直辖市)、地区(市)、县等各级地方人民代表大会或政府颁布的地方性安全生产法规。

(一)法律

法律的制定权属全国人民代表大会及其常务委员会。法律由国家主席签署主席令予以公布。主席令中载明了法律的制定机关、通过日期和实施日期。关于法律的公布方式,《中华人民共和国立法法》明确规定法律签署公布后,应及时在人民代表大会常务委员会公报和在 20 全国范围内发行的报纸上刊登;此外还规定,人民代表大会常务委员会公报上刊登的法律文本为标准文本。如《中华人民共和国石油天然气管道保护法》《中华人民共和国安全生产法》等,属法律。

(二)行政法规

行政法规的制定权属国务院。行政法规由总理签署,以国务院令公布。国务院令中载明了行政法规的制定机关、通过日期和实施日期。关于行政法规的公布方式,《中华人民共和国立法法》明确规定行政法规签署公布后,应及时在国务院公报和在全国范围内发行的报纸上刊登;此外还规定,国务院公报上刊登的行政法规文本为标准文本。如国务院发布的《危险化学品安全管理条例》等,属行政法规。

(三)规章

规章的制定权是国务院各部委、中国人民银行、审计署和具有行政管理职能的直属机构或省、自治区、直辖市和较大的市的人民政府。《中华人民共和国立法法》规定,国务院公报或者部门公报和地方人民政府公报上刊登的规章文本为标准文本。如国家安全生产监督管理局发布的《非煤矿矿山企业安全生产许可证实施办法》《安全评价机构管理规定》等,属规章。

(四)地方性法规

地方性法规的制定权是省、自治区、直辖市人大及其常委会或较大的市的人民代表大会及其常委会。地方性法规的发布令中一般都载明地方性法规的名称、通过机关、通过日期和生效日期等内容。《中华人民共和国立法法》规定,常委会公报上刊登的地方性法规文本为标准文本。

二、油气管道安全评价有关的法律法规

2014 年 7 月 7 日,国家安监局办公厅发布了《国家安全监管总局办公厅关于明确石油天然气长输管道安全监管有关事宜的通知》(安监总厅管三〔2014〕78 号)文件,规定陆上石油天然气(城镇燃气除外)长输管道及其辅助储存设施(包括地下储气库,在港区范围内的除外,以下简称油气管道)的安全监管纳入危险化学品安全监管范畴,要求油气管道要严格按照有关危险化学品安全监管法律法规、规范标准实施监管。

根据该文件,纳入危险化学品安全监管范围的油气管道范围为:陆上油气田长输管道,以油气长输管道首站为起点;海上油气田输出的长输管道,以陆岸终端出站点为起点;进口油气长输管道,以进国境首站为起点。

2017 年 3 月 5 日,国家安全监管总局发布了安监总厅管三〔2017〕27 号文件,即《国家安全监管总局关于印发陆上油气输送管道建设项目安全评价报告编制导则(试行)和陆上油气输送管道建设项目安全审查要点(试行)的通知》,进一步规范和加强了油气输

送管道的安全监管工作。

与石油天然气管道密切相关的法律法规很多,国家各级政府法律法规的发布和废止是动态的,因此在安全评价中引用法律法规应及时检索,以确保最新版本。相关法律法规主要包括:

(1)《中华人民共和国安全生产法》;

(2)《中华人民共和国石油天然气管道保护法》;

(3)《中华人民共和国消防法》;

(4)《中华人民共和国特种设备安全法》;

(5)《中华人民共和国突发事件应对法》;

(6)《中华人民共和国水土保持法》;

(7)《中华人民共和国职业病防治法》;

(8)《公路安全保护条例》;

(9)《铁路安全管理条例》;

(10)《地质灾害防治条例》;

(11)《电力设施保护条例》;

(12)《中华人民共和国河道管理条例》;

(13)《中华人民共和国水土保持法实施条例》;

(14)《建设工程安全生产管理条例》;

(15)《安全生产许可证条例》;

(16)《生产安全事故报告和调查处理条例》;

(17)《危险化学品安全管理条例》;

(18)《危险化学品重大危险源监督管理暂行规定》;

(19)《危险化学品建设项目安全监督管理办法》;

(20)《危险化学品建设项目安全评价细则(试行)》;

(21)《陆上油气输送管道建设项目安全评价报告编制导则(试行)》;

(22)《陆上油气输送管道建设项目安全审查要点(试行)》;

(23)《生产安全事故应急预案管理办法》;

(24)《建设项目安全设施"三同时"监督管理办法》;

(25)《国家安全监管总局办公厅关于明确石油天然气长输管道安全监管有关事宜的通知》;

(26)《危险化学品事故应急救援预案编制导则》;

(27)《安全生产培训管理办法》;

(28)《危险化学品名录》。

(一)《中华人民共和国石油天然气管道保护法》

2010 年 6 月 25 日,《中华人民共和国石油天然气管道保护法》(以下简称《管道保护法》)由中华人民共和国第十一届全国人民代表大会常务委员会第十五次会议通过,自

2010年10月1日起施行。《管道保护法》首次从法律角度规定了石油、天然气管道有关各方的权利义务，理清了管道活动中的有关法律关系，规定了管道保护措施，明确了保护责任，是一部有效保护我国石油及天然气管道，保障石油、天然气输送安全，维护国家能源安全和公共安全的法律。这部法律有四个突出特点：一是强调管理企业是维护管道安全的主要责任人；二是明确政府、有关部门的管道保护责任；三是注意维护群众、土地权利人的合法权益；四是在充分考虑保障管道安全的同时，还注意贯彻节约用地、环境保护等原则。

1. 危害管道安全将追究刑事责任

（1）条文。

第8条：对危害管道安全的行为，任何单位和个人有权向县级以上地方人民政府主管管道保护工作的部门或者其他有关部门举报。接到举报的部门应当在职责范围内及时处理。

第51条：采用移动、切割、打孔、砸撬、拆卸等手段，损坏管道或者盗窃和哄抢管道输送、泄漏、排放的石油与天然气，尚不构成犯罪的，依法给予治安管理处罚。违反本法规定，构成犯罪的，依法追究刑事责任。

（2）解析。

近十年来，第三方破坏对我国油气管道事故的"贡献率"达40%，严重危害了油气管道的运营安全。目前，我国已经建成的长输管道已形成跨区域、跨国境管道运输。石油天然气管道是重要的能源基础设施，具有高压、易燃和易爆的特点，事关公共安全和经济安全。2002年4月10日最高人民法院对涉油犯罪出台的司法解释，明确将打孔盗油破坏管道构成犯罪的行为，定性为破坏压力容器罪。

大型工程施工、管道沿线不法分子打孔盗油盗气等，每年都引发多起油气管道安全事故。这些，都需要管道管理企业与各级政府加强工程规划与监管，加大对民众的法制宣传与执法力度，与油气管道经营企业共同努力，建立和完善保护油气管道安全的机制和体系。

2. 管道企业依法取得的土地不得侵占

（1）条文。

第12条：纳入城乡规划的管道建设用地，不得擅自改变用途。

第15条：依照法律和国务院的规定，取得行政许可或者已报送备案并符合开工条件的管道项目的建设，任何单位和个人不得阻碍。

第26条：管道企业依法取得使用权的土地，任何单位和个人不得侵占。

（2）解析。

中国石油锦州化工分公司有一条通往笔架山港口的石油管道，全长44 km，其中有8 km管道穿过市区和郊区。但在城区，管道上面有固定建筑；在城郊，农民在管道上方搭建蔬菜大棚。锦州市有关部门为此做了大量的工作。但十几年过去了，这种局面仍然没有解决。

上述案例的症结在于永久性占地。中国石油地方分公司无权永久性占地。石油管道占地大都属于临时占地。但按照石油管道的使用性质,这个管道应该是永久性的,占地也该变更为永久性占地,应该给农民永久性的补偿。这样,安全隐患才能消除。

油气管道已经在我国许多地方联网成片,但管道建设过程中的临时和永久性征地困难,却是阻碍工程建设进度的一大难题。

管道建设企业建设每条管道都要付出大量人力、物力做征地工作。由于无法可依,征地工作难以推行。因此,在相同情况下,不同的标段征地进度相差悬殊。现在,法律明确规定了管道用地的性质、征地的依据。依法征地,已成为今后管道建设征地的着力点。

3.管道企业补偿赔偿有法可依

(1)条文。

第 14 条:依法建设的管道通过集体所有的土地或者他人取得使用权的国有土地,影响土地使用的,管道企业应当按照管道建设时土地的用途给予补偿。

第 27 条:管道企业对管道进行巡护、检测、维修等作业,管道沿线的有关单位、个人应当给予必要的便利。因管道巡护、检测、维修等作业给土地使用权人或者其他单位、个人造成损失的,管道企业应当依法给予赔偿。

(2)解析。

征地补偿和拆迁补偿,国家都有明文规定。管道建设具有点多、线长的特点。管道建设永久性用地主要集中在站场、阀室。由于土地地域、性质、等级的不同,过去在赔偿上往往要执行不同的标准。

《管道保护法》规定了需要管道企业补偿或赔偿的情形。在今后依法补偿和赔偿中,更需要国家或管道途经省、自治区、直辖市依法出台配套的标准、措施和办法,使补偿与赔偿有法可依、遇事有据。

4.管道企业是维护安全主要责任人

(1)条文。

第 22 条:管道企业应当建立、健全管道巡护制度,配备专门人员对管道线路进行日常巡护。管道巡护人员发现危害管道安全的情形或隐患,应当按照规定及时处理和报告。

第 25 条:管道企业发现管道存在安全隐患,应当及时排除。对管道存在的外部安全隐患,应当向县级以上地方人民政府主管管道保护工作的部门报告。接到报告的主管管道保护工作的部门应当及时协调排除或者报请人民政府及时组织排除安全隐患。

(2)解析。

一直以来,我国管道保护的管理体制概括起来是"四级多头"。第一级是国务院能源主管部门,主管全国石油天然气管道工作。第二级是管道经过地区的省、自治区、直辖市人民政府的能源主管部门,负责本行政区域内的管道保护工作。第三级是县一级。第四级是管道企业。多头的管理容易造成职责不清、责任不明,不利于管道的保护。一旦管道出现安全问题,会出现耽搁管道安全处理时机以及责任推诿等现象。

《管道保护法》强调管道企业是维护管道安全的主要责任人,避免了责任推诿等现象,对管道企业的义务作了较多补充;为从源头上保证管道安全,增加了管道企业应保证管道建设工程质量的规定,要求管道企业在管道建设中应遵守法律、行政法规有关建设工程质量管理的规定。管道的安全保护设施应当与管道主体工程同时设计、同时施工、同时投入使用。

5.管道企业对事故要及时通报处理

(1)条文。

第 39 条:石油天然气管道发生事故,管道企业应当立即启动本企业管道事故应急预案,按照规定及时通报可能受到事故危害的单位和居民,采取有效措施消除或者减轻事故危害,并依照有关事故调查处理的法律、行政法规的规定,向事故发生地县级人民政府主管管道保护工作的部门、安全生产监督管理部门和其他有关部门报告。

接到报告的主管管道保护工作的部门应当按照规定及时上报事故情况,并根据管道事故的实际情况组织采取事故处置措施或者报请人民政府及时启动本行政区域管道事故应急预案,组织进行事故应急处置与救援。

(2)解析。

2003 年 3 月 11 日下午 3 时许,某地质队在位于绵阳市涪城区龙门镇清霞村 2 组进行成绵乐铁路客运专线涪江 3 号特大桥地质勘测钻探时,将埋于地下 1.8 m 深、直径 450 mm 的兰成渝输油管道钻破,造成柴油泄漏。现场指挥员立即组织人员对事发点周围 500 m 实施警戒,并对周边群众进行疏散,对泄漏出的柴油实施堵截。当地政府、公安、安监、环保等相关部门相继到达现场。现场立即成了抢险指挥部。兰成渝输油管线工作人员和中国石油绵阳销售分公司相关人员负责抢修。

法律首次明确石油天然气管道泄漏的石油和因管道抢修排放的石油造成环境污染的,管道企业应当及时治理。上述案例是典型的第三方破坏造成的事故。中国石油从自身安全生产和社会责任出发,动员了大量人力物力,最终圆满完成任务。在当时由谁来清理,没有明确规定。现在,《管道保护法》作出了明确规定。法律同时规定,因第三人的行为致使管道泄漏造成环境污染的,管道企业有权向第三人追偿治理费用。

(二)《中华人民共和国特种设备安全法》

《中华人民共和国特种设备安全法》(以下简称《特种设备安全法》)由中华人民共和国第十二届全国人民代表大会常务委员会第三次会议于 2013 年 6 月 29 日通过,自 2014 年 1 月 1 日起施行。

《特种设备安全法》明确规定了锅炉、压力容器、压力管道、电梯、起重机械、客运索道、大型游乐设施、专用机动车辆等特种设备必须建立安全信息档案,全程监督;换言之,新法案规定特种设备的管理就像汽车一样,从设计、制造、安装一直到报废,每个环节都要作记录,确保特种设备使用的"绝对安全"。《特种设备安全法》是一部对特种设备安全工作具有划时代意义的法律,标志着我国特种设备安全工作向着科学化、法制化方向迈出了里程碑式的一大步,特种设备安全工作进入了一个重要的历史时期。

1. 法律出台的必要性

从历史上看,一方面,特种设备事故曾经给人类带来了巨大的灾难,给无数个家庭造成了无法挽回的损失;另一方面,每一起重大事故往往也促使人们改变管理的方式,深化管理的理念,甚至出台强制性规定、规范、标准,为避免同类事故的再次发生作出了积极的努力。

近年来,随着我国经济的快速发展,特种设备数量也在迅速增加。特种设备本身所具有的危险性与迅猛增长的数量因素双重叠加,使得特种设备安全形势更加复杂。特种设备安全法的出台,必将为特种设备安全提供更加坚实的法制保障。

2. 与《特种设备安全监察条例》相比的特点

(1)进一步完善了特种设备管理的制度。《特种设备安全法》里所确立的特种设备管理体制为"三位一体",即企业是主体、政府是监管、社会是监督。原有的监察条例侧重于行政监管、政府管理。而《特种设备安全法》已经不是单纯地强调政府的监察,而是让它成为一个社会安全法。平安建设是全社会的事。这部法律确立了一个好的体制,"三位一体"比安全监察条例上升了一个层次,使它成为全社会安全管理的一个大法。

(2)《特种设备安全法》突出了两个原则:对特种设备实施分类监管和重点监管。分类监管是指针对特种设备不同的性能特点、危险程度对它实行不同的监管模式、手段和方法。分类监管体现了科学监管的原则,除了针对不同的性能以外,也是针对特种设备数量激增、监管受限设置的。《特种设备安全法》确立了重点监管原则,就是重点监管人口密集、公众聚集较多的场所,如车站、商场、学校等的特种设备,进行必要的检查、检验、检测,确保安全。

(3)进一步完善了监管的范围,使特种设备的监管形成完整的链条,增加了对经营、销售环节的监管。老条例侧重于生产、制造、使用环节,对销售没有特殊的规定。这次立法把特种设备销售包括出租都加以规范,增加了经营、销售、出租环节的监管,体现了闭环的管理。

(4)明确各方的主体责任,特别是突出了企业的主体责任。在特种设备的生产、制造、销售、使用等各个环节均涉及特种设备的责任,法律里都作了明确规定,包括制造企业、销售企业、使用单位都非常明确。另外,监管部门也非常明确,特种设备的安全监管部门是以国家质监总局为主,其他部门有相应职责。同时也突出了各级人民政府应加强对特种设备安全工作的领导协调管理。作为地方政府,保一方百姓的生命、财产安全是其天职,法律里明确了政府的责任。当然法律中还是突出强调了企业的责任主体,甚至可以说企业作为制造商是第一责任。

(5)《特种设备安全法》有个非常突出的特点,就是安全工作和节能工作相结合。在我国的能源消耗和使用中,特种设备消耗了我们国家大量的能源。以煤炭为例,有过一个统计,我国煤炭的消耗量的 70%都由锅炉消耗。在确保安全的前提下,如果在锅炉的设计、制造和使用各个方面能够采取相应的节能措施,都会为我们国家节能作出贡献。而且这两个密不可分,也不能偏废。所以安全监管和节能工作相结合在法里面确立为一个原则,是安全监管工作当中的一个特点,既保障了安全,又注重了生态和环保,是一个很好的制度设计。

(6)确立了特种设备的可追溯制度。可追溯制度是指从特种设备的设计、制造、安装一直到报废,每个环节都要作记录,设备上要有标牌,要随着出厂的设备有各类的参数资料、有文件,同时要进行保管,也有人称之为设备身份的制度。一旦发生问题,可以追溯到源头。

(7)确立了特种设备的召回制度。召回制度在我国最早是在 2004 年,由国家质检总局会同发改委、商务部、海关总署等共同发布了中国第一部缺陷汽车召回的管理规定。特种设备的召回制度应当是在市场经济条件下,后市场管理的一个方法。明确责任主体,适时召回。符合特种设备召回条件的,由企业主动召回;如果企业没有做到主动召回,政府部门责令企业召回。我国在这方面已经积累了一些经验,目前已有 10 部左右的法律法规都引入了召回制度,因此对于特种设备的召回也有了可靠的法律依据。

(8)确立了特种设备的报废制度。设备都有设计年限、使用年限和报废年限,到期了就应该更换、大修甚至报废。老条例对这方面的描述并不是特别清晰,这次立法强调了达到报废条件的要立刻报废,报废后还应由有关单位进行性能拆解,防止再次流入市场被人使用。很多人都有关在电梯里的经历,而出事的往往是老旧的电梯,所以特设法中规定了不能销售国家已经报废的特种设备,对保障安全非常有好处。

(9)在事故的责任赔偿中体现民事优先的原则。民事优先原则是指在发生了事故后,责任单位的财产在同时支付处罚和民事赔偿的时候,或者其他欠债的时候,当财产不足以同时赔付的时候优先赔付老百姓、优先赔付消费者。原则体现以人为本,对建设平安中国,保护老百姓的人身、财产安全是一个重大的发展政策。

(10)进一步加大了对违法行为的处罚力度。安全质量问题不断发生,很重要的一个问题可能就是处罚的力度不够,违法成本低。所以在这部法律中加强了处罚力度。违法行为处罚最高达到 200 万,同时对发生重大事故的当事人和责任人的个人处罚也作出了明确的规定:处罚个人上年收入的 30%~60%。当然,处罚不是目的,是为了教育,总结经验,提高预防的能力,产生警示的作用。除了行政罚款,严重的还要吊销许可证,触犯刑律的要移送司法机关,触犯治安条例的由公安机关处置。

这部法律从 10 个方面集中体现了以人为本,靠法律和制度来加强安全监管,保障平安建设的宗旨,也体现了我国平安建设走上了法治化、现代化的进程。

3. 特种设备安全监督管理体系

《特种设备安全法》第五条规定:国务院负责特种设备安全监督管理的部门对全国特种设备安全实施监督。县级以上地方各级人民政府负责特种设备安全监督管理部门对本行政区域内特种设备安全实施监督管理。

特种设备安全监督管理的含义是负责特种设备安全监督管理的政府行政机关为实现安全目的而从事的决策、组织、管理、控制和监督检查等活动的总和(三层四级制的管理)。

(三)《危险化学品重大危险源监督管理暂行规定》

《危险化学品重大危险源监督管理暂行规定》(国家安全生产监督管理总局令第 40 号)于 2011 年 7 月月 22 日由国家安全监管总局局长办公会议审议通过,并于 8 月 5 日以国家安全监管总局令第 40 号公布,自 2011 年 12 月 1 日起施行。后又根据 2015 年 5 月 27 日国家安全监管总局令第 79 号进行了修正。

1.制定《危险化学品重大危险源监督管理暂行规定》(以下简称《暂行规定》)的必要性

20 世纪 70 年代以来,随着石油化工行业迅猛发展,相继发生了意大利塞维索工厂环己烷泄漏、墨西哥城液化石油气爆炸、印度博帕尔农药厂异氰酸甲酯泄漏等与危险化学品有关的恶性重特大工业事故,引起国际社会的高度关注,防范重特大工业事故成为各国特别是发达国家危险化学品安全管理工作的重要任务。发达国家和有关国际组织从立法、管理、技术、制度等多个角度反思本国危险化学品安全管理工作,研究制订防范措施,提出了"重大危害""重大危害设施(国内通常称为重大危险源)"等概念。各国预防重大事故的实践表明:为了有效预防重大工业事故的发生,降低事故造成的损失,必须建立重大危险源监管制度和监管机制。我国颁布的《安全生产法》和《危险化学品安全管理条例》也从法律、法规层面对重大危险源的监督和管理提出了明确要求。

近年来,我国采取了一系列措施,强化危险化学品安全监管,全国危险化学品安全生产形势呈现稳定好转的发展态势。但由于危险化学品安全生产基础薄弱、企业安全管理水平不高、监管力量不足等原因,危险化学品重特大事故还时有发生,危险化学品领域的安全生产形势依然严峻。如 2006 年 7 月 28 日江苏省盐城市射阳县氟源化工有限公司反应釜爆炸,造成 22 人死亡,29 人受伤。2008 年 8 月 26 日广西维尼纶集团有限责任公司化工装置爆炸,造成 21 人死亡,60 人受伤。2009 年 7 月 15 日河南省洛阳市偃师市谷县镇的河南洛染股份有限公司硝化车间爆炸事故,造成 7 人死亡、9 人受伤。2010 年 7 月 16 日辽宁省大连保税区中石油国际储运有限公司原油罐区输油管道爆炸火灾事故,造成原油大量泄漏。这些重特大危险化学品事故反映出相关企业在重大危险源的安全管理方面存在缺陷,相关监管制度不够规范、完善。

为贯彻落实《安全生产法》《危险化学品安全管理条例》和《国务院关于进一步加强企业安全生产工作的通知》的有关要求,针对当前我国危险化学品重大危险源管理存在的突出问题,有必要制定专门规章,进一步加强和规范危险化学品重大危险源的监督管理,有效减少危险化学品事故,坚决遏制重特大危险化学品事故的发生。《暂行规定》的出台,将成为预防危险化学品事故,特别是遏制重特大事故发生的重要措施。

2.《暂行规定》的主要内容

《暂行规定》共 6 章、36 条,包括总则、辨识与评估、安全管理、监督检查、法律责任、附则及 2 个附件。《暂行规定》紧紧围绕危险化学品重大危险源的规范管理,明确提出了危险化学品重大危险源辨识、分级、评估、备案和核销、登记建档、监测监控体系和安全监督检查等要求，是多年来危险化学品重大危险源管理实践经验的总结和提炼。

3.《暂行规定》中需要重点说明的几个问题

（1）适用范围：《暂行规定》适用于从事危险化学品生产、储存、使用和经营单位的危险化学品重大危险源的辨识、评估、登记建档、备案、核销及其监督管理。不适用于城镇燃气、用于国防科研生产的危险化学品重大危险源以及港区内危险化学品重大危险源。民用爆炸物品、烟花爆竹重大危险源的安全监管应依据《民用爆炸物品安全管理条例》《烟花爆竹安全管理条例》的有关要求，也应符合《暂行规定》的有关要求。

此外，《暂行规定》颁布施行后，有关危险化学品重大危险源的监管将不再执行原国家安全监管局《关于开展重大危险源监督管理工作的指导意见》（安监管协调字〔2004〕56号）和国家安全监管总局《关于规范重大危险源监督与管理工作的通知》（安监总协调字〔2005〕125号）相关规定。

（2）危险化学品重大危险源的辨识：《暂行规定》中所称的危险化学品重大危险源，是指根据《危险化学品重大危险源辨识》（GB 18218—2009）标准辨识确定的危险化学品的数量等于或者超过临界量的单元。当危险化学品单位厂区内存在多个（套）危险化学品的生产装置、设施或场所并且相互之间的边缘距离小于 500 m 时，都应按一个单元来进行重大危险源辨识。

《危险化学品重大危险源辨识》是在《重大危险源辨识》（GB 18218—2000）的基础上修订而来的。同原标准相比，新标准大大拓宽了危险化学品重大危险源的辨识范围。原标准只给出 4 大类 142 种危险物质的辨识范围；而新标准采用了列出危险化学品名称和按危险化学品类别相结合的辨识方法，其中标准中的具体列出了 78 种危险化学品，按危险类别将危险化学品分为爆炸品、气体、易燃液体、易燃固体、易于自燃的物质、遇水放出易燃气体的物质、氧化性物质、有机过氧化物和毒性物质 9 类。

（3）危险化学品重大危险源的监测监控：安全监控系统或安全监控设施是预防事故发生、降低事故后果严重性的有效措施，也是辅助事故原因分析的有效手段，因此危险化学品重大危险源建立必要的安全监控系统或设施具有重要意义。《暂行规定》要求，危险化学品单位应当根据构成重大危险源的危险化学品种类、数量、生产、使用工艺（方式）或者相关设备、设施等实际情况，建立健全安全监测监控体系，完善控制措施。例如，重大危险源应配备温度、压力、液位、流量、组分等信息的不间断采集和监测系统，以及可燃气体和有毒有害气体泄漏检测报警装置，并具备信息远传、连续记录、事故预警、信息存储等功能；一级或者二级重大危险源应具备紧急停车功能。记录的电子数据的保存时间不少于 30 天。

特别针对危害性较大，涉及毒性气体、液化气体、剧毒液体的一级或者二级重大危险源，应当依据《石油化工安全仪表系统设计规范》《过程工业领域安全仪表系统的功能安全》等标准，配备独立的安全仪表系统（SIS）。

（4）危险化学品重大危险源的分级管理：《暂行规定》要求对重大危险源进行分级，由高到低分为四个级别,一级为最高级别。分级的目的是对重大危险源按危险性进行初步排序,从而提出不同的管理和技术要求。

《暂行规定》中提出的重大危险源分级方法,是在近年来开展的专题研究和大量试点验证工作的基础上提出的。在起草过程中,充分吸纳了国内部分省市的一些行之有效的做法。最终,考虑各种因素,提出采用单元内各种危险化学品实际存在量(在线量)与其在《危险化学品重大危险源辨识》中规定的临界量比值,经校正系数校正后的比值之和作为分级指标。事实证明,该方法简单易行、便于操作、一致性好,避免了原来依靠事故后果分级的比较复杂的方法。

校正系数主要引入了与各危险化学品危险性相对应的校正系数 β,以及重大危险源单元外暴露人员的校正系数 α。β 的引入主要考虑到毒性气体、爆炸品、易燃气体以及其他危险化学品(如易燃液体)在危险性方面的差异,以体现区别对待的原则。

α 的引入主要考虑到重大危险源一旦发生事故对周边环境、社会的影响。周边暴露人员越多,危害性越大,引入的 α 值就越大,其重大危险源分级级别就越高,以便于实施重点监管、监控。

(5)危险化学品重大危险源的可容许风险标准与安全评估:《暂行规定》提出通过定量风险评价确定重大危险源的个人和社会风险值,不得超过本规定所列出的个人和社会可容许风险限值标准。超过个人和社会可容许风险限值标准的,危险化学品单位应当采取相应的降低风险措施。

①提出可容许风险标准,为合理判定危险源的风险提供科学依据。通过研究和借鉴英国、荷兰、香港等国内外风险可接受标准,结合我国的现状,《暂行规定》提出以危险化学品重大危险源各种潜在的火灾、爆炸、有毒气体泄漏事故造成区域内某一固定位置人员的个体死亡概率,即单位时间内(通常为年)的个体死亡率作为可容许个人风险标准,通常用个人风险等值线表示。同时,提出以能够引起大于等于 N 人死亡的事故累积频率(F),也即单位时间内(通常为年)的死亡人数作为可容许社会风险标准,通常用社会风险曲线($F-N$ 曲线)表示。可容许个人风险标准和可容许社会风险标准,为定量风险评价方法结果分析提供指导。可容许个人风险和可容许社会风险标准的确定,为科学确定安全距离进行了有益尝试,也遵循了与国际接轨、符合中国国情的原则。

②引入定量风险评价方法,提高重大危险源安全管理决策科学性。定量风险评价是准确确定重大危险源现实安全状况,提高重大危险源安全监控与管理水平的有效手段,为危险化学品重大危险源的风险控制与管理决策提供科学依据,制定科学、合理的风险降低措施。发达工业化国家已广泛应用定量风险评价方法,大量实践证明了其科学性与合理性。近几年来,我国化工等高危行业企业逐渐应用定量风险评价方法,对涉及毒性气体、爆炸品、液化易燃气体的危险化学品重大危险源进行定量风险评价,积累了宝贵的经验。在此基础上,总局正在组织制定安全生产行业标准《化工企业定量风险评价导则》,将为重大危险源定量风险评价提供标准依据。

③依据《安全生产法》,《暂行规定》要求危险化学品单位应当对重大危险源进行安全

评估。考虑到进一步减轻企业的负担,避免不必要的重复工作,这一评估工作可以由危险化学品单位自行组织,也可以委托具有相应资质的安全评价机构进行。安全评估可以与法律、行政法规规定的安全评价一并进行,也可以单独进行。

对于那些容易引起群死群伤等恶性事故的危险化学品,如毒性气体、爆炸品或者液化易燃气体等,是安全监管的重点。因此,《暂行规定》中规定,如果其在一级、二级等级别较高的重大危险源中存量较高时,危险化学品单位应当委托具有相应资质的安全评价机构,采用更为先进、严格并与国际接轨的定量风险评价的方法进行安全评估,以更好地掌握重大危险源的现实风险水平,采取有效控制措施。

(6)危险化学品重大危险源的备案登记与核销。

《暂行规定》规定,危险化学品单位新建、改建和扩建危险化学品建设项目,应当在建设项目竣工验收前完成重大危险源的辨识、安全评估和分级、登记建档工作,并向所在地县级人民政府安全生产监督管理部门备案。另外对于现有重大危险源,当出现重大危险源安全评估已满三年、发生危险化学品事故造成人员死亡等 6 种情形之一的,危险化学品单位应当及时更新档案,并向所在地县级人民政府安全生产监督管理部门重新备案。

《暂行规定》要求,县级人民政府安全生产监督管理部门行使重大危险源备案和核销职责。为体现属地监管与分级管理相结合的原则,对于高级别重大危险源备案材料和核销材料,下一级别安监部门也应定期报送给上一级别的安监部门。

4. 贯彻实施《暂行规定》的意义

目前,《首批重点监管的危险化工工艺》和《首批重点监管的危险化学品名录》均已公布,《危险化学品重大危险源监督管理暂行规定》作为总局部门规章也已出台。至此,国家安全监管总局在危险化学品安全监管方面"两重点一重大"监管体系正式形成。通过抓"重点监管危险工艺",来提升本质安全水平;通过抓"重点监管危险化学品",来控制危险化学品事故总量;通过抓"重大危险源",来遏制较大以上危险化学品事故。特别是《暂行规定》采用的先进的管理理念和科学的管理方法,将对提高我国危险化学品重大危险源安全管理水平产生积极的推动作用。

(四)《陆上油气输送管道建设项目安全审查要点(试行)》

《陆上油气输送管道建设项目安全审查要点(试行)》(以下简称《审查要点》)已于2017 年 3 月 15 日以国家安全监管总局办公厅文件(安监总厅管三〔2017〕27 号)印发执行。

1. 编制背景

陆上油气输送管道安全监管纳入危险化学品安全监管范畴后,陆上油气输送管道建设项目(以下简称油气管道建设项目)按照《危险化学品建设项目安全监督管理办法》开展安全审查。《危险化学品建设项目安全监督管理办法》对油气管道建设项目安全审查要求不够具体;另外,随着全社会更加关注安全生产工作,安全生产要求不断提高,需要对油气管道建设项目安全审查重点和内容进一步严格规范。为进一步做好陆上油气输送管道安全监管工作,根据《中华人民共和国安全生产法》《中华人民共和国石油天然气管道保护法》《危险化学品建设项目安全监督管理办法》等法律、法规、规章相关要求,国家安全监管总局监管三司组织编制了《审查要点》,进一步完善和规范油气管道建设项目安全条件和安全设施设计审查工作,突出重点,严格审查要求,提升本质安全水平和安全保障能力。

2. 主要内容

《审查要点》共有 5 个部分,明确了油气管道建设项目安全条件审查和安全设施设计审查的主要内容,提出了安全条件和安全设施设计审查不予通过的判定条件。

(1)重点审查内容。

①安全条件审查的主要内容是危险有害因素的辨识与安全条件的分析及评价,重点关注管道沿线附近有相互影响的敏感区域评价,以及站场、阀室和放空系统周边公共安全的评价。

②安全设施设计审查的主要内容是工程设计、安全防护技术措施是否安全、合规、可行,重点关注管道通过人口密集区、规划区等敏感区域的说明及防护措施,以及站场选址的合理性分析、与周边安全距离的说明及防护措施。

(2)新增审查内容。

①安全条件审查:A. 建设单位、可行性研究报告编制单位合法性评价;B. 国内首次使用的新工艺、新技术、新材料、新设备应经省部级单位组织的安全可靠性论证或经过工程实践验证;C. 是否对评价范围内的油库进行重大危险源辨识;D. 水工保护和水土保持方案、地震安全性评价和地质灾害危险性评估安全措施采纳情况;E. 对首站、典型站场可能发生的事故进行定量评价。

②安全设施设计审查:A. 设计资质合规性;B. 识别影响管道系统安全的危险有害因素,评价管道系统失效后的后果;C. 开展油气管道高后果区识别工作。

第四节　油气管道行业几种常见的安全评价方法

一、安全评价方法分类

安全评价方法的分类方法很多,常用的有按照评价结果的量化程度分类法、按评价的推理过程分类法、按针对的系统性质分类法、按安全评价要达到的目的分类法。

(一)按照工程、系统生命周期和安全评价目的分类

根据工程、系统生命周期和安全评价的目的分为安全预评价、安全验收评、安全现状评价、专项安全评价等 4 类。

(二)按评价结果的量化程度分类法

按照安全评价结果的量化程度可分为定性安全评价方法和定量安全评价方法。

1. 定性安全评价方法

定性安全评价方法主要是根据经验和直观判断能力对生产系统的工艺、设备、设施、环境、人员和管理等方面的状况进行定性地分析,安全评价的结果是一些定性的指标,如是否达到了某项安全指标、事故类别和导致事故发生的因素等。

属于定性的安全评价方法有安全检查表法、专家现场询问观察法、事故引发和发展分析法、作业条件危险性评价法、故障类型和影响性分析、危险可操作性研究等。

2. 定量安全评价方法

定量安全评价方法是运用基于大量的实验结果和广泛的事故资料统计分析获得的指标或规律(数学模型),对生产系统的工艺、设备、设施、环境、人员和管理等方面的状况进行定量地计算,安全评价的结果是一些定量的指标,如事故发生的概率、事故的伤害(或破坏)范围、定量的危险性、事故致因因素的事故关联度或重要度等。

按照安全评价给出的定量结果的类别不同,定量安全评价方法还可以分为概率风险评价法、伤害(或破坏)范围评价法和危险指数评价法。

(1)概率风险评价法:概率风险评价法是根据事故的基本致因因素的事故发生概率,应用数理统计中的概率分析方法,求取事故基本致因因素的关联度(或重要度)或整个评价系统的事故发生概率的安全评价方法。故障类型及影响分析、故障树分析、逻辑树、概率理论分析、马尔可夫模型分析、模糊矩阵法、统计图表分析法等都可以用基本致因因素的事故发生概率来计算整个评价系统的事故发生概率。

(2)伤害(或破坏)范围评价法:伤害(或破坏)范围评价法是根据事故的数学模型,应用计算数学方法,求取事故对人员的伤害模型范围或对物体的破坏范围的安全评价方法。液体泄漏模型、气体泄漏模型、气体绝热扩散模型、池火火焰与辐射强度评价模型、火球爆炸伤害模型、爆炸冲击波超压伤害模型、蒸汽爆炸超压破坏模型、毒物泄漏扩散模型和锅炉爆炸伤害 TNT 当量法都属于伤害(或破坏)范围评价法。

(3)危险指数评价法:危险指数评价法是应用系统的事故危险指数模型,根据系统及其物质、设备(设施)和工艺的基本性质和状态,采用推算的办法逐步给出事故的可能损失、引起事故发生或使事故扩大的设备、事故的危险性以及采取安全措施的有效性的安全评价方法。常用的危险指数评价法有道化学公司火灾爆炸危险指数评价法,蒙德火灾爆炸毒性指数评价法,易燃、易爆、有毒重大危险源评价法。

(三)其他安全评价分类法

按照安全评价的逻辑推理过程,安全评价方法可分为归纳推理评价法和演绎推理评价法。归纳推理评价法是从事故原因推论结果的评价方法,即从最基本的危险有害因素开始,逐渐分析导致事故发生的直接因素,最终分析到可能的事故。演绎推理评价法是从结果推论原因的评价方法,即从事故开始,推论导致事故发生的直接因素,再分析与直接因素相关的间接因素,最终分析和查找出致使事故发生的最基本危险有害因素。

按照安全评价要达到的目的,安全评价方法可分为事故致因因素安全评价方法、危险性分级安全评价方法和事故后果安全评价方法。事故致因因素评价方法是采用逻辑推理的方法,由事故推论最基本危险有害因素或由最基本的危险有害因素推论事故的评价法,该类方法适用于识别系统的危险有害因素和分析事故,这类方法一般属于定性安全评价法。危险性分级安全评价法是通过定性或定量分析给出系统危险性的安全评价方法,这类方法适用于系统的危险性分级,该类方法可以是定性安全评价法,也可以是定量安全评价法。事故后果安全评价方法可以直接给出定量的事故后果,给出的事故后果可以是系统事故发生的概率、事故的伤害(或破坏)范围、事故的损失或定量的系统危险性等。

此外,按照评价对象的不同,安全评价方法可分为设备(设施或工艺)故障率评价法、人员失误率评价法、物质系数评价法、系统危险性评价法等。

目前常用的安全评价方法主要有安全检查表法、预先危险分析法、事故树分析法、危险指数法、故障假设分析法、故障假设分析/检查表法、危险与可操作性研究、故障类型和影响分析、事件树分析、人员可靠性分析、作业条件危险性评价法等。

1. 安全检查表法

为了查找工程、系统中各种设备设施、物料、工件、操作、管理和组织措施中的危险有害因素,事先把检查对象加以分解,将大系统分割成若干小的子系统,以提问或打分的形式,将检查项目列表逐项检查,避免遗漏,这种方法称为安全检查表法(简称 SCA)。

(1)编制安全检查表的主要依据:①有关标准、规程、规范及规定;②同类企业安全管理经验及国内外事故案例;③通过系统安全分析确定的危险部位及防范措施;④有关技术资料。

(2)安全检查表的优点:①能够事先编制,故可有充分的时间组织有经验的人员来编写,做到系统化、完整化,不至于漏掉能导致危险的关键因素。②可以根据规定的标准、规范和法规检查遵守的情况,提出准确的评价。③表的应用方式是有问有答,给人的印象深刻,能起到安全教育的作用。表内还可注明改进措施的要求,隔一段时间后重新检查改进情况。④简明易懂,容易掌握。

(3)安全检查表的分类:安全检查表的分类方法有很多种,如可按基本类型分类,可按检查内容分类,也可按使用场合分类。

目前,安全检查表有 3 种类型:定性检查表、半定量检查表和否决型检查表。定性安全检查表是列出检查要点逐项检查,检查结果以"对""否"表示,检查结果不能量化。半定量检查表是给每个检查要点赋以分值,检查结果以总分表示,有了量的概念,这样,不同的检查对象也可以相互比较;但缺点是检查要点的准确赋值比较困难。否决型检查表是给一些特别重要的检查要点作出标记,这些检查要点如不满足,检查结果视为不合格,这样可以做到重点突出。

在检查表的每个提问后面也可以设备注栏,说明存在的问题及拟采取的改进措施等。每个检查表应注明检查时间、检查者、直接负责人等,以便分清责任。

由于安全检查的目的、对象不同,检查的内容也有所区别,因而应根据需要制定不同的检查表。

安全检查表可适用于工程、系统的各个阶段。安全检查表可以评价物质、设备和工艺等,常用于专门设计的评价。安全检查表法也能用在新工艺(装置)的早期开发阶段,判定和估测危险,还可以对已经运行多年的在役(装置)的危险进行检查。此外,还可用于安全验收价、安全现状评价、专项安全评价。

(4)应用示例:某原油长输管道管道安全预评价安全检查表见表 2-3。

本安全检查表编制主要内容根据《输油管道工程设计规范》(GB 50253—2014)、《油气输送管道穿越工程设计规范》(GB 50423—2013)等国家现行标准的有关内容。

表 2-3　原油长输管道线路工程安全检查表

序号	检查内容	参考依据	检查结果	情况说明
一	线路选择			
1	管道线路的选择,应根据该工程建设的目的和资源、市场分布,结合沿线城镇、交通、水利、矿产资源和环境敏感区的现状与规划,以及沿途地区的地形、地貌、地质、水文、气象、地震自然条件,通过综合分析和多方案技术经济比较确定线路总体走向	GB 50253—2014/4.1.1		
2	中间站场和大、中型穿跨越工程位置选择应符合线路总体走向;局部线路走向应根据中间站场和大、中型穿跨越位置进行调整	GB 50253—2014/4.1.2		
3	管道不应通过饮用水水源一级保护区、飞机场、火车站、海(河)港码头、军事禁区、国家重点文物保护范围、自然保护区的核心区	GB 50253—2014/4.1.3		
4	输油管道应避开滑坡、崩塌、塌陷、泥石流、洪水严重侵蚀等地质灾害地段,宜避开矿山采空区、全新世活动断层。当受到条件限制必须通过上述区域时,应选择其危害程度较小的位置通过,并采取相应的防护措施	GB 50253—2014/4.1.4		
5	埋地输油管道同地面建(构)筑物的最小间距应符合下列规定:(1)原油、成品油管道与城镇居民点或重要公共建筑的距离不应小于 5 m(2)原油、成品油管道临近飞机场、海(河)港码头、大中型水库和水工建(构)筑物敷设时,间距不宜小于 20 m(3)原油管道与公路并行敷设时,管道应敷设在公路用地范围边线以外,距用地边线不应小于 3 m	GB 50253—2014/4.1.6		

（续表）

序号	检查内容	参考依据	检查结果	情况说明
6	在管道线路中心线两侧各 5 m 地域范围内,禁止下列危害管道安全的行为:(1)种植乔木、灌木、藤类、芦苇、竹子或者其他根系深达管道埋设部位可能损坏管道防腐层的深根植物(2)取土、采石、用火、堆放重物、排放腐蚀性物质、使用机械工具进行挖掘施工(3)挖塘、修渠、修晒场、修建水产养殖场、建温室、建家畜棚圈、建房以及修建其他建筑物、构筑物	《中华人民共和国石油天然气管道保护法》第三十条		
7	管道与架空输电线路平行敷设时,其距离应符合现行国家标准《66 kV 及以下架空电力线路设计规范》(GB 50061)及《110 kV～750 kV 架空输电线路设计规范》(GB 50545)的有关规定	GB 50253—2014/4.1.7		
二	管道敷设			
1	输油管道应采用地下埋设方式,当受自然条件限制时,局部管段可采用土堤埋设或地上敷设	GB 50253—2014/4.2.1		
2	当埋地输油管道同其他埋地管道或金属构筑物交叉时,其垂直净距不应小于 0.3 m,两条管道的交叉角不宜小于 30°;管道与电力、通信电缆交叉时,其垂直净距不应小于 0.5 m	GB 50253—2014/4.2.11		
三	线路截断阀室			
1	输油管道沿线应设置线路截断阀	GB 50253—2014/4.4.1		
2	原油、成品油管道线路截断阀的间距不宜超过 32 km,人烟稀少地区可适当加大间距	GB 50253—2014/4.4.2		
3	埋地输油管道沿线在河流的大型穿跨越及饮用水水源保护区两端应设置线路截断阀。在人口密集区管段或根据地形条件认为需要截断的,宜设置线路截断阀	GB 50253—2014/4.4.4		
4	截断阀应设置在交通便利、地形开阔、地势较高、检修方便且不易受地质灾害及洪水影响的地方	GB 50253—2014/4.4.5		
四	管道标识			
1	管道沿线应设置里程桩、标志桩、转角桩、阴极保护测试桩和警示牌等永久性标志,管道标志的标识、制作和安装应符合现行行业标准《油气管道线路标识设置技术规范》(SY/T 6064)的有关规定	GB 50253—2014/4.6.1		
2	里程桩应沿管道从起点至终点,每隔 1 km 至少设置 1 个。阴极保护测试桩可同里程桩合并设置	GB 50253—2014/4.6.2		

（续表）

序号	检查内容	参考依据	检查结果	情况说明
3	管道穿跨越人工或天然障碍物时,应在穿跨越处两侧及地下建(构)筑物附近设置标志桩	GB 50253—2014/4.6.4		
4	埋地管道通过人口密集区、有工程建设活动可能和易遭受挖掘等第三方破坏的地段应设置警示牌,并宜在埋地管道上方埋设管道警示带	GB 50253—2014/4.6.5		
五	管材			
1	输油管道所采用的钢管、管道附件的材质选择应根据设计压力、温度和所输液体的物理性质,经技术经济比较后确定。采用的钢管和钢材应具有良好的韧性和可焊性	GB 50253—2014/5.3.1		
2	输油管道线路用钢管应采用管线钢,钢管应符合现行国家标准《石油天然气工业管线输送系统用钢管》(GB/T 9711)的有关规定;输油站内的工艺管道应优先采用管线钢,也可采用符合现行国家标准《输送流体用无缝钢管》(GB/T 8163)规定的钢管管道穿越	GB 50253—2014/5.3.2		
1	穿越工程设计前,应根据有关部门对管道工程的环境影响评估报告、灾害性地质评估报告、地震安全评估报告及其他涉及工程的有关法律法规,合理地选定穿越位置。穿越有防洪要求的重要河段,应根据水务部门的防洪评价报告,选定穿越位置及穿越方案	GB 50423—2013/3.1.2		
2	选择的穿越位置应符合线路总走向。对于大、中型穿越工程,线路局部走向应按所选穿越位置调整	GB 50423—2013/3.3.3		
3	水域穿越管段可采用挖沟埋设、水平定向钻敷设、隧道敷设等形式。大、中型穿越工程宜作方案比选	GB 50423—2013/3.3.5		
4	水域穿越位置应选在岸坡稳定地段。若需在岸坡不稳定地段穿越,则两岸应做护坡、丁坝等调治工程,保证岸坡稳定	GB 50423—2013/3.3.13		
5	管道穿越铁路(公路)应保持铁路或公路排水沟的通畅。穿越处应设置标志桩	GB 50423—2013/3.5.3		
6	在穿越铁路、公路的管段上,不应设置水平或竖向曲线及弯管	GB 50423—2013/3.5.5		
7	穿越铁路或二级及二级以上公路时,应采用在套管或涵洞之内敷设穿越管段。穿越三级及三级以下公路时,管段可采用挖沟直接埋设	GB 50423—2013/3.5.6		

2. 预先危险分析法

预先危险分析方法(简称 PHA)是一种起源于美国军用标准安全计划的方法。主要用于对危险物质和重要装置的主要区域等进行分析,包括设计、施工和生产前对系统中存在的危险性类别、出现条件、导致事故的后果进行分析,其目的是识别系统中的潜在危险,确定其危险等级,防止危险发展成事故。

(1)通过预先危险性分析,力求达到 4 项基本目标:

①大体识别与系统有关的一切主要危险、危害。在初始识别中暂不考虑事故发生的概率。

②鉴别产生危害的原因。

③假设危害确实出现,估计和鉴别对人体及系统的影响。

④将已经识别的危险、危害分级,并提出消除或控制危险性的措施。

(2)分级标准如下:

Ⅰ级——安全的,不至于造成人员伤害和系统损坏。

Ⅱ级——临界的,不会造成人员伤害和主要系统的损坏,并且可能排除和控制。

Ⅲ级——危险的,会造成人员伤害和主要系统损坏,为了人员和系统安全,需立即采取措施。

Ⅳ级——破坏性的,会造成人员死亡或众多伤残,以及系统报废。

(3)分析步骤:预先危险性分析步骤:确定系统→调查收集资料→系统功能分解→分析识别危险性→评价风险等级→制定防范措施→实施措施。

(4)基本危害的确定:在石油天然气管道安全评价中可能遇到的一些基本危害有火灾、爆炸、凝管、机械伤害、触电、噪声等。

(5)预先危险性分析表基本格式:预先危险性分析的结果一般采用表格的形式。表格的格式和内容可根据实际情况确定。

(6)应用示例。

火灾爆炸事故:发生火灾爆炸危险主要是指管道正常输送的原油发生了泄漏,或其挥发的可燃气体浓度达到爆炸极限,遇到了点火源,发生火灾、爆炸事故。

A. 原油泄漏原因分析。

a. 管道腐蚀对于埋地管道来说,腐蚀是威胁其长期安全运行的主要因素,腐蚀会缩短管道的使用寿命,降低管道输送能力,引起意外事故的发生。因此应选择有效的防腐措施,来减缓、削弱腐蚀对管线的损坏和影响。

内壁腐蚀是介质中的水在管道内壁生成一层亲水膜并形成原电池所发生的电化学腐蚀,或者其他有害介质直接与金属作用引起的化学腐蚀。特别是在管道的弯头处、低洼积水处、气液交界面,电化学腐蚀异常强烈,管壁大面积腐蚀减薄或形成一系列腐蚀深坑及沟槽,这些就是管线易于起爆和穿孔的地点。输送的原油中含有硫及硫化物时,在管线内氧气(活化剂)的作用下,也会产生内腐蚀。另外若管线中存在硫酸盐还原菌,由于其一般附着于管线表面的水膜中，在此作用下，利用硫酸盐类进行繁殖。在硫和细菌的作用下，管线的腐蚀将会不断加剧。

外壁腐蚀需从管道所处环境分析，土壤或水中管道易受土壤腐蚀、细菌腐蚀和杂散电流腐蚀。土壤对管线的腐蚀以电化学腐蚀为主。电化学腐蚀是因为土壤是一种导电介质，含水土壤具有电解溶液的特性，从而在不均匀的土壤中构成原电池，产生电化学腐蚀。

另外，施工过程中的现场防腐处理未达到质量要求，或在管线运输、储存、搬运、施工中破坏了防腐层，都能够加速对管材的腐蚀。比如现场补口作业，由于补口在现场进行，施工条件差，必须重视该工序，确保施工质量。

b. 施工质量及管材缺陷在施工中，由于各种原因使施工质量较差，可能导致管道泄漏。进行焊接施工时，由于操作人员的技术问题、所用焊接方法不恰当、选用的焊接材料不合适、在焊接时由于存在温度差使材质被破坏等原因，造成焊接处开裂，从而导致原油的泄漏；在现场施工时，使管材受到了机械损伤；对管道进行敷设的管沟质量差；管线进行安装时质量不过关等原因。

管道本身存在质量的问题如管材加工质量差，管材本身存在缺陷（如晶粒粗大、管材中含杂质超标、管材的金相组织不均匀）等，可能导致管道在今后运行中发生泄漏。

c. 地质作用、自然条件等自然环境的主要危险有害因素有地震、洪水等造成管道的位移、变形、弯曲、裸露、断裂等。

d. 人为因素人为的误操作，倒错流程，形成憋压以及其他原因造成管道破裂，导致原油泄漏。

e. 第三方破坏、管道沿线打孔盗油是目前国内造成管道破坏泄漏的主要原因之一。

另外输油管道因占压会导致管道变形甚至泄漏，一旦泄漏，就可能引起火灾事故。第三方的违章施工、作业挖断管道等也会造成原油泄漏。

f. 穿越段管段断裂由于河床演变的平面摆动或形态变化和纵向冲刷，将导致岸坡和埋设于河床下的管道裸露、悬空，可能造成管道断裂、毁坏。穿越段河流上的采沙活动可能会造成管道的破坏。

g. 其他可能造成泄漏的原因管道的螺旋焊口与直焊口处易发生应力集中处，管线较短的地方对接（如站场内管线焊接）时产生对接应力处，管线弯头处，管线接口处的防腐层破损等，是容易发生泄漏的薄弱环节，造成管道内流体的泄漏。

由于阀门、法兰、垫片等选择不当或老化损坏造成的原油泄漏；泵、阀门、流量计等设备仪表的连接处泄漏等。

B. 火源分析。

a. 明火火源在原油泄漏场所等处违章动火、携带火种等违禁品、违章吸烟以及在维修、施工中未严格执行动火方案或防范措施不得当等原因产生明火。

b. 电气火源在火灾爆炸危险场所使用的电器防爆等级不够或未采用防爆电器；防爆电器设备和线路的安装不符合标准、规范的要求。

c. 静电火源操作人员防护用品穿戴不符合要求,产生静电;设备的防静电设计不合理;已有的防静电措施失效等原因。

d. 雷电火源设备的防雷设施失效;防雷设施安装不符合要求;防雷设施已经损坏;未设防雷设施等原因。

e. 其他原因火源管道沿线经过当地农田、果园、树林等,其中农民烧荒、林区火灾等可能会造成管道火灾事故。

通过预先危险性分析(表 2-4)可以看出,管道存在的主要危险危害因素有火灾、爆炸、凝管事故、水击事故,截断阀失效事故等。其中火灾、爆炸主要是因为原油泄漏遇火源引起的,其危险等级为Ⅳ级;凝管事故则是由于输送介质发生凝固堵塞管道所致,其最终结果是导致停输甚至发生超压爆炸,因此其危险等级一般也划分为Ⅳ级;另外水击事故的危险等级划分为Ⅲ级或Ⅳ级;截断阀失效事故的危险等级划分为Ⅲ级。但需要说明的是,危险等级的划分不是绝对的,有些危险等级划分较低的事故在特定条件下也可能演变为高等级的危险事故。

表 2-4　管道预先危险分析汇总表

危险因素	设想事故模式	可能的事故类别	可能的事故后果	事故等级	安全技术措施
1. 管道、阀门、法兰、绝缘接头连接处等因外力破坏;或因加工、材质、焊接等导致管道质量不合格;或安装不当等而发生管道破损造成泄漏。2. 自然灾害(如雷击、地震、地质灾害)造成管道破裂泄漏。3. 存在点火源,如违章动火、外部火灾蔓延、电气火花、雷击、烧荒等	原油泄漏遇点火源引发火灾、爆炸	火灾爆炸	原油跑损、人员伤亡、停产、造成严重经济损失	Ⅳ级	1. 从设计上充分考虑可能的事故状态,对于能发生的自然灾害、地质灾害应给予充分考虑。2. 严格控制设备及其安装质量:①保证管道、阀门、法兰制造和安装质量。②对管道及其仪表要定期检验、检测。③加强管理、严格工艺,防止原油跑、冒、滴、漏。④保持安全设施齐全、完好。⑤严格执行接地防静电、防雷电措施。⑥按时巡查,发现隐患及时维修

（续表）

危险因素	设想事故模式	可能的事故类别	可能的事故后果	事故等级	安全技术措施
1. 低于安全起输量。2. 停输时间过长。3. 设计时未有效检测化验原油的凝固点和黏度。4. 输送温度过低或流速过低、输量过小。5. 自然灾害影响。6. 发生原油初凝时处理不及时	原油凝固导致管道停输	凝管事故	停产、设备损坏、造成严重经济损失	Ⅳ级	1. 根据实际设计合理的出站温度。2. 严格执行操作规程。3. 确保安全起输量和安全停输时间。4. 制定科学的防凝管措施
1. 突发事故（如突然停电）。2. 工作人员操作失误。3. 截断阀误动作。4. 水击保护失效	振动引起管道、设施破坏	水击事故	管线破裂导致原油跑损、停产、设备损坏、造成严重经济损失	Ⅲ级或Ⅳ级	1. 泄放保护。2. 超前保护。3. 管道增强保护。4. 严格工艺操作。5. 保障可靠供电
1. 截断阀选型不正确，或其调节参数不合适。2. 截断阀位置不合适，使工作人员无法及时靠近操作。3. 截断阀质量不合格，或使用时间长后没有及时检修更换	截断阀无法及时有效关闭，导致原油泄漏	截断阀失效事故	原油跑损，造成经济损失	Ⅲ级	1. 选择正确型号的截断阀，严格控制截断阀制造和安装质量。2. 从设计上充分考虑，发生事故时，操作人员能够及时靠近并关闭截断阀。3. 对截断阀要定期检验、检测

　　从危险等级的划分可以看出，防范的重点是火灾爆炸事故、凝管事故、截断阀失效事故等。因此，在管道设计、施工和投产运行中，应严格按照各项标准、规范等要求进行。如管材、防腐材料、焊接材料等必须保证合格；管线在运输过程中避免损伤管线，使管线接口变形、防腐层损坏等；管线焊接时严格按照标准规范进行；根据要求对管线进行探伤；管线内杂物、水要清理干净；按要求进行防腐等。

另外对于其他危险,在实际生产中,也必须建立、健全各项规章制度,并严格遵守。同时还需制订严格的防范措施及应急预案,防止事故的发生。

3. 事故树分析法

事故树分析技术是美国贝尔电话实验室于 1962 年开发的,它采用逻辑的方法,形象地进行危险的分析工作,可以作定性分析,也可以作定量分析。

事故树分析是系统安全工程中一种常用的有效的危险分析方法,是把可能发生或已发生的事故,与导致其发生的层层原因之间的逻辑关系,用一种称为"事故树"的树形图表示出来,它构成一种逻辑树图。然后,对这种模型进行定性和定量分析,从而可以把事故与原因之间的关系直观地表示出来,而且可以找出导致事故发生的主要原因和计算出事故发生的概率。它的主要功能有以下 5 个方面:

(1)对导致事故的各种因素及其逻辑关系做出全面的阐述。

(2)便于发现和查明系统内固有的或潜在的危险因素,为安全设计、制定技术措施及采取管理对策提供依据。

(3)使作业人员全面了解和掌握各项防灾要点。

(4)对已发生的事故进行原因分析。

(5)便于进行逻辑运算。

事故树分析过程大致可分为以下 7 个步骤:

(1)确定顶上事件:所谓顶上事件,就是我们所要分析的对象事件。分析系统发生事故的损失和频率大小,从中找出后果严重,且较容易发生的事故,作为分析的顶上事件。

(2)确定目标:根据以往的事故记录和同类系统的事故资料,进行统计分析,求出事故发生的概率(或频率),然后根据这一事故的严重程度,确定我们要控制的事故发生概率的目标值。

(3)调查原因:事件调查与事故有关的所有原因事件和各种因素,包括设备故障、机械故障、操作者的失误、管理和指挥错误、环境因素等,尽量详细查清原因和影响。

(4)画出事故树:根据上述资料,从顶上事件起进行演绎分析,一级一级地找出所有直接原因事件,直到所要分析的深度,按照其逻辑关系,画出事故树。

(5)定性分析:根据事故树结构进行化简,求出最小割集和最小径集,确定各基本事件的结构重要度排序。计算顶上事件发生概率:首先根据所调查的情况和资料,确定所有原因事件的发生概率,并标在事故树上,根据这些基本数据,求出顶上事件(事故)发生概率。

(6)进行比较:要根据可维修系统和不可维修系统分别考虑。对可维修系统,把求出的概率与通过统计分析得出的概率进行比较,如果二者不符,则必须重新研究,看原因事件是否齐全,事故树逻辑关系是否清楚,基本原因事件的数值是否设定得过高或过低等。对不可维修系统,求出顶上事件发生概率即可。

(7)定量分析:定量分析包括下列三个方面的内容:当事故发生概率超过预定的目标值时,要研究降低事故发生概率的所有可能途径,可从最小割集着手,从中选出最佳方案;利用最小径集,找出根除事故的可能性,从中选出最佳方案;求各基本原因事件的临界重要度系数,从而对需要治理的原因事件按临界重要度系数大小进行排队,或编出安全检查表,以求加强人为控制。

4. 危险指数方法

危险指数方法是通过评价人员对几种工艺现状及运行的固有属性(以作业现场危险度、事故概率和事故严重度为基础,对不同作业现场的危险性进行鉴别)进行比较计算,确定工艺危险特性、重要性大小,并根据评价结果,确定进一步评价的对象或进行危险性的排序。危险指数方法可以运用在工程项目的可行性研究、设计、运行、报废等各个阶段,作为确定工艺及操作危险性的依据。

5. 故障假设分析方法

故障假设分析方法(简称 WI)是一种对系统工艺过程或操作过程的创造性分析方法。使用该方法的人员应对工艺熟悉,通过故障假设提问的方式来发现可能潜在的事故隐患,即假想系统中一旦发生严重的事故,找出促成事故的潜在因素,分析在最坏的条件下潜在因素导致事故的可能性。与其他方法不同的是,该方法要求评价人员了解基本概念并用于具体的问题中,有关故障假设分析方法及应用的资料甚少,但是它在工程项目发展的各个阶段都可能经常采用。

6. 故障假设分析/检查表分析方法

故障假设分析/检查表分析方法(简称 WI/CA)是由具有创造性的假设分析方法与安全检查表法组合而成的,它弥补了单独使用时各自的不足。例如,安全检查表法是一种以经验为主的方法,用它进行安全评价时,成功与否很大程度上取决于检查表编制人员的经验水平。如果检查表编制的不完整,评价人员就很难对危险性状况进行有效的分析。而故障假设分析方法鼓励评价人员思考潜在的事故和后果,它弥补了安全检查表编制时可能存在的经验不足。相反,安全检查表可以把故障假设分析方法更系统化。

故障假设分析/检查表分析方法可用于项目的任何阶段。与其他大多数的评价方法相类似,这种方法同样需要具有熟悉工艺的人员完成,常用于分析工艺中存在的最普遍的危险。虽然它也能够用来评价所有层次的事故隐患,但该方法一般主要用于对生产过程危险进行初步分析,然后可用其他方法进行更详细的评价。

7. 危险与可操作性研究

HAZOP 是一种定性的安全评价方法。其基本过程是按照引导词,找出过程中工艺状态的变化,即可能出现的偏差,然后分析找出偏差的原因、后果及应该采取的安全对策措施。

危险与可操作性研究是基于这样一种原理,即背景各异的专家们若在一起工作,就能够在创造性、系统性和风格上相互影响和启发,能够发现和鉴别更多的问题,要比他们独立工作并分别提供工作结果更为有效。虽然危险与可操作性研究起初是专门为评价新设计和新工艺而开发的,但是该方法同样可以用于整个工程、系统项目生命周期的各个阶段。另外,危险与可操作性分析与其他安全评价方法的明显不同之处是,其他方法可由某人单独去做,而危险与可操作性研究则必须由一个多方面的、专业的、熟练的人员组成的小组来完成。

8. 故障类型和影响分析

故障类型和影响分析(简称 FMEA)是系统安全工程的一种分析方法,根据系统可以划分为子系统、设备和元件的特点,按实际需要将系统进行分割,然后分析各自可能发生的故障类型及产生的影响,以便采取相应的对策,提高系统的安全可靠性。

9. 事件树分析

事件树分析法(简称 ETA)是用来分析普通设备故障或过程波动导致事故发生的可能性的安全评价方法。事故是设备故障或工艺异常引发的结果。与故障树分析不同,事件树分析是使用归纳法,而不是演绎法,事件树分析可提供记录事故后果的系统性方法,并能确定导致事故后果事件与初始事件的关系。

事件树分析适用于分析那些产生不同后果的初始事件(设备故障和过程波动称为初始事件)。事件树强调的是事故可能发生的初始原因以及初始事件对事件后果的影响,事件树的每一个分支都表示一个独立的事故序列,对一个初始事件而言,每一独立事故序列清楚地界定了安全功能之间的功能关系。

10. 人员可靠性分析

人员可靠性行为是人机系统成功的必要条件。人的行为受很多因素影响,这些"行为成因要素"(简称 PSFs)与人的内在因素有关,也与外在因素有关。内在因素如紧张、情绪、修养和经验等。外在因素如工作空间和时间、环境、监督者的举动、工艺规程和硬件界面等。影响人员行为 PSFs 数不胜数,尽管有些 PSFs 是不能控制的,但许多却是可以控制的,可以对一个过程或一项操作的成功或失败产生明显的影响。在众多评价方法中,也有些评价方法(如故障假设分析/检查表分析、危险与可操作性研究等)能够把人为失误考虑进去,但它们还是主要集中于引发事故的硬件方面。当工艺过程中手工操作很多时,或者当人机界面很复杂,难以用标准的安全评价方法评价人为失误时,就需要特定的方法去评估这些人为因素。一种常用的方法叫做"作业安全分析法"(简称 JSA),但该方法的重点是作业人员的个人安全。JSA 是一个良好的开端,但就工艺安全分析而言,人员可靠性分析(简称 HRA)方法更为有用。人员可靠性分析方法可用来识别和辨识 PSFs,从而减少人为失误的机会。该方法分析的是系统、工艺过程和操作人员的特性,识别失误的源头。不与整个系统的分析相组合而单独使用 HRA,就会突出人的行为,而忽视设备特性的影响。如果上述系统已知是一个易于由人为失误引起事故的系统,这种方法就不适用了。所以,在大多数情况下,建议将 HRA 方法与其他安全评价方法结合使用。一般来说,HRA 应该在其他评价方法(如 HAZOP)之后使用,识别出具体的、有严重后果的人为失误。

11. 作业条件危险性评价法

美国的 K. J. 格雷厄姆(Keneth J. Graham)和 G. F. 金尼(Gilbert F. Kinney)研究了人们在具有潜在危险环境中作业的危险性,提出了以所评价的环境与某些作为参考环境的对比为基础的作业条件危险性评价法(LEC)。该方法是将作业条件的危险性(D)作为因变量,事故或危险事件发生的可能性(L)、暴露于危险环境的频率(E)及危险严重程度(C)作为自变量,确定它们之间的函数式。根据实际经验,他们给出了三个自变量在各种不同情况的分数值,采取对所评价的对象根据情况进行打分的办法,然后根据公式计算出其危险性分数值,再在按经验将危险性分数值划分的危险程度等级表或图上查出其危险程度的一种评价方法。该方法是简单易行的一种评价方法。

二、道化学火灾爆炸危险指数评价法

(一)道化学火灾爆炸危险指数评价法的概述

道化学火灾爆炸危险指数评价方法是以物质的闪点(或沸点)为基础,代表物质潜在能量的物质系数,结合物质的特定危险值、工艺过程及特殊工艺的危险值,计算出系统的火灾、爆炸指数,以评价该系统火灾、爆炸危险程度的方法。

道化学火灾爆炸危险指数评价方法的目的:量化潜在火灾、爆炸和反应性事故的预期损失;确定可能引起事故发生或使事故扩大的装置;向有关部门通报潜在的火灾、爆炸危险性;使有关人员及工程技术人员了解到各工艺部门可能造成的损失,以此确定减轻事故严重性和总损失的有效、经济的途径。

(二)道化学火灾爆炸危险指数评价法的评价程序

1. 选取工艺单元

在计算火灾、爆炸危险指数时,只评价从预防损失角度考虑对工艺有影响的工艺单元,包括化学工艺、机械加工、仓库、包装线等在内的整个生产设施。在选取工艺单元时,需要考虑以下重要参数:潜在化学能(物质系数);工艺单元中危险物质的数量;资金密度;操作压力和操作温度;导致火灾、爆炸事故的历史资料;对装置起关键作用的单元。

2. 确定物质系数(MF)

在火灾、爆炸物危险性指数的计算和其他危险性评价时,物质系数(MF)是最基础的参数,它表示物质由燃烧或其他化学反应引起的火灾、爆炸中释放能量大小的内在特性。

物质系数是由美国消防协会规定的物质可燃性 N_f 和化学活泼性(或不稳定性)N_r 从表 2-5 中求取。

表 2-5 物质系数确定表

液体、气体的	N_f(依据 NFPA325 M 或 NFPA49)	反应性或 不稳定性				
易燃性或可燃性		$N_r=0$	$N_r=1$	$N_r=2$	$N_r=3$	$N_r=4$
不燃物	$N_f=0$	1	14	24	29	40
F. P. >93.3℃	$N_f=1$	4	14	24	29	40
37.8℃<F. P. <93.3℃	$N_f=2$	10	14	24	29	40
22.8℃<F. P. <37.8℃ 或 F. P. <22.8℃ 并且 B. P. 多 37.8℃	$N_f=3$	16	16	24	29	40
或 F. P. <22.8℃并且 B. P. >37.8℃	$N_f=4$	21	21	24	29	40

注:表中 F. P. 表示闭杯闪点;B. P. 表示标准温度和压力下的沸点;N_f 表示物质可燃性等级表示物质化学活泼性(不稳定性)。

3．计算工艺单元危险系数

工艺单元危险系数(F_3)＝一般工艺危险系数(R)×特殊工艺危险系数(F_2)

一般工艺危险系数(R)选取参见表 2-6,F_3 的取值范围为 1～8,若 F_3>8 则按 8 计。

表 2-6 一般工艺危险系数取值表

一般工艺危险	危险系数范围	采用危险系数
基本系数	1.00	1.00
放热化学反应	0.3～1.25	
吸热反应	0.20～0.40	
物料处理与输送	0.25～1.05	
密闭式或室内工艺单元通道	0.25～0.90	
排放和泄漏控制	0.20～0.35	
一般工艺危险系数	0.25～0.50	

4．计算火灾、爆炸物危险性指数（F 或 EI）

火灾、爆炸物危险性指数用来估算生产过程中事故可能造成的破坏情况,它等于物质系数(MF)和工艺单元危险系数(F_3)的乘积。

美国道化学公司《火灾爆炸物危险性指数评价法》(第 7 版)还将火灾、爆炸物危险性指数划分成 5 个危险等级(表 2-7),便于了解单元火灾、爆炸的严重度。

表 2-7 危险等级划分

	1~60	61~96	97~127	128~158	>159
危险等级	最轻	较轻	中等	很大	非常大

5. 安全措施补偿系数

安全措施补偿系数 $\qquad C_1 = C_1 \cdot C_2 \cdot C_3$

式中,C_1 为工艺控制补偿系数,见表 2-8;C_2 为物质隔离补偿系数,见表 2-9;C_3 为防火措施补偿系数,见表 2-10。

表 2-8 工艺控制补偿系数(C_1)

项目	补偿系数范围	采用补偿系数
应急电源	0.98	
冷却装置	0.97~0.99	
抑爆装置	0.84~0.98	
紧急停车装置	0.96~0.99	
计算机控制	0.93~0.99	
惰性气体保护	0.94~0.96	
操作规程(程序)	0.91~0.99	
化学活性物质检查	0.91~0.98	
其他工艺危险分析	0.91~0.98	

表 2-9 物质隔离补偿系数(C_2)

项目	补偿系数范围	采用补偿系数
遥控阀	0.96~0.98	
卸料(排空)装置	0.96~0.98	
排放装置	0.91~0.97	
联锁装置	0.98	

表 2-10 防火措施补偿系数(C_3)

项目	补偿系数范围	采用补偿系数
泄漏检测装置	0.94~0.98	
结构钢	0.95~0.98	
消防水供应系统	0.94~0.97	
特殊系统	0.91	

（续表）

项目	补偿系数范围	采用补偿系数
喷洒系统	0.74～0.97	
水幕	0.97～0.98	
泡沫灭火装置	0.92～0.97	
手提式灭火器材(喷水枪)	0.93～0.98	
电缆防护	0.94～0.98	

6. 工艺单元危险分析汇总

（1）暴露半径。对于已计算出来的 F 或 EI，可以用它乘以 0.84 或转换成暴露半径。这个暴露半径表明了生产单元危险区域的平面分布，它是一个以工艺设备的关键部位为中心，以暴露半径为半径的圆。

（2）暴露区域：暴露区域面积 $S = \pi R^2$。

（3）暴露区域内财产价值。可由区域内含有的财产的更换价值来确定，即更换价值 ＝0.82×原来成本×增长系数。

（4）危害系数的确定。危害系数是由单元危险系数 F_3 和物质系数 MF 给出的，它代表了单元中物料泄漏或反应能量释放所引起的火灾、爆炸事故的综合效应。

7. 计算基本最大可能财产损失（基本 MPPD）

基本最大可能财产损失是假定没有任何一种安全措施来降低的损失。其计算式为

基本 MPPD＝暴露区域内财产价值×危害系数＝更换价值×危害系数

8. 计算实际最大可能财产损失（实际 MPPD）

实际最大可能财产损失＝基本最大可能财产损失×安全措施补偿系数

它表示在采取适当的防护措施后，事故造成的财产损失。

9. 计算可能工作日损失（MPDO）

估算最大可能工作日损失（MPDO）是评价停产损失（BI）的必经步骤，根据物料储量和生产需求的不同状况，停产损失往往等于或超过财产损失。最大可能工作日损失（MPDO）可以根据实际 MPPD 来计算。

10. 计算停产损失（BI）

停产损失（按美元计）按下式计算：

$$BI = (MPDO/30) \times VPM \times 0.7$$

式中，VTM 为每月产值；0.7 为固定成本和利润所占比例。最后根据造成损失的大小确定单元安全程度。

三、安全评价方法选择

在安全评价过程中，选择合适的评价方法是安全评价人员所关心的主要问题之一，

而熟练掌握各种安全评价方法的内容、适用条件和范围是做好安全评价工作的基础。

目前常用的安全评价方法有很多,每种评价方法都有其适用的范围和应用条件,有其自身的优缺点,对具体的评价对象,必须选用合适的方法才能取得良好的评价效果。如果使用了不适用的安全评价方法,不仅浪费工作时间,影响评价工作正常开展而且可能导致评价结果严重失真,使安全评价失败。因此,在安全评价中,合理选择安全评价方法是十分重要的。

(一)安全评价方法的选择原则

在进行安全评价时,应该在认真分析并熟悉被评价系统的前提下,选择安全评价方法。选择安全评价方法应遵循充分性、适应性、系统性、针对性和合理性原则。

1.充分性原则

充分性是指在选择安全评价方法之前,应该充分分析评价的系统,掌握足够多的安全评价方法,并充分了解各种安全评价方法的优缺点、适应条件和范围,同时为安全评价工作准备充分的资料。也就是说在选择安全评价方法之前,应准备好充分的资料,供选择时参考和使用。

2.适应性原则

适应性是指选择的安全评价方法应该适应被评价的系统。被评价的系统可能是由多个子系统构成的复杂系统,各子系统的评价重点可能有所不同,各种安全评价方法都有其适应的条件和范围,应该根据系统和子系统、工艺的性质和状态,选择适应的安全评价方法。

3.系统性原则

系统性是指安全评价方法与被评价的系统所能提供的安全评价初值和边值条件应形成一个和谐的整体。也就是说,安全评价方法获得的可信的安全评价结果,是必须建立在真实、合理和系统的基础数据之上的,被评价的系统应该能够提供所需的系统化数据和资料。

4.针对性原则

针对性是指所选择的安全评价方法应该能够提供所需的结果。由于评价的目的不同,需要安全评价提供的结果可能是危险有害因素识别、事故发生的原因、事故发生概率、事故后果、系统的危险性等,安全评价方法能够给出所要求的结果才能被选用。

5.合理性原则

在满足安全评价目的、能够提供所需的安全评价结果前提下,应该选择计算过程最简单、所需基础数据最少和最容易获取的安全评价方法,使安全评价工作量和要获得的评价结果都是合理的,不要使安全评价出现无用的工作和不必要的麻烦。

(二)选择安全评价方法应注意的问题

选择安全评价方法时应根据安全评价的特点、具体条件和需要,针对被评价系统的实际情况、特点和评价目标,认真地分析、比较。必要时,要根据评价目标的要求,选择几种安全评价方法进行安全评价,相互补充、分析综合和相互验证,以提高评价结果的可靠性。在选择安全评价方法时应该特别注意以下 4 方面的问题:

1. 充分考虑被评价系统的特点

根据被评价系统的规模、组成、复杂程度、工艺类型、工艺过程、工艺参数以及原料、中间产品、产品、作业环境等,选择安全评价方法。

2. 评价的具体目标和要求的最终结果

在安全评价中,由于评价目标不同,要求的评价最终结果是不同的,如查找引起事故的基本危险有害因素、由危险有害因素分析可能发生的事故、评价系统的事故发生可能性、评价系统的事故严重程度、评价系统的事故危险性、评价某危险有害因素对发生事故的影响程度等,因此需要根据被评价目标选择适用的安全评价方法。

3. 评价资料的占有情况

如果被评价系统技术资料、数据齐全,可进行定性、定量评价并选择合适的定性、定量评价方法。反之,如果是一个正在设计的系统,缺乏足够的数据资料或工艺参数不全,则只能选择较简单的、需要数据较少的安全评价方法。

4. 安全评价的人员

安全评价人员的知识、经验、习惯,对安全评价方法的选择是十分重要的。

第三章 油气储运自动化

油气储运系统是连接油气生产、加工、分配、销售等环节的纽带,它主要包括油气集输、长距离管道输送、储存与装卸等,在保障国家能源供应、维护能源安全中具有重要意义。为了保证安全生产、提高经济效益,达到节能、降耗、改善环境和增加效益的目的,必须实现油气储运系统自动化。

第一节 自动控制系统的基本概念

一、油气储运自动化的基本内容

利用各种仪表和设备代替人的一些复杂性、重复性的劳动,按照人们所预定的要求,自动地进行生产和操作,这种管理生产的办法,称为工业生产自动化。

按照功能不同,油气储运自动化系统可分为若干类型,一般包括自动检测、开环控制、逻辑控制、自动切断、自动控制、火灾消防等方面的内容,在实际应用中它们常常组合使用。

自动检测系统只能完成"了解"生产过程进行情况的任务;开环控制系统和逻辑控制系统只能按照预先规定好的步骤进行某种周期性操纵;自动切断系统只能在工艺条件进入某种极限状态时,采取安全措施,以避免生产事故的发生;火灾消防系统只能在火灾发生后进行灭火,起到保护作用;只有自动控制系统能自动排除各种干扰因素对工艺参数的影响,使它们始终保持在预先规定的数值上,保证生产维持在正常或最佳的工艺操作状态。因此,自动控制系统是油气储运自动化的核心部分。

二、自动控制系统

(一)自动控制系统的组成

自动化系统由自动检测系统、逻辑控制系统、自动切断系统、自动控制系统、火灾消防系统等组成。自动控制系统在石油、天然气开采和储运中应用最多,也是最主要的系统。

工业生产过程中,对各个工艺过程的工艺参数(比如压力、温度、流量、物位等)有一定的控制要求,这些工艺参数对产品的数量和质量起着决定性的作用。因此,在人工控制的基础上发展起来的自动控制系统,可以借助于一整套自动化装置,自动地克服各种干扰因素对工艺生产过程的影响,使生产能够正常运行。

比如储罐高低液位报警:储罐高低液位报警系统,可为储罐液位安全提供保护,当液位过高或过低时,触发传感器发出报警信息,并自动切断泵阀,停止操作,防止出现溢油或抽空现象。储罐高低液位报警系统由三部分组成:控制器、高液位传感器、低液位传感器。控制器安装于控制室内,高/低液位传感器安装于储罐上。其中高/低液位传感器,根据不同的储罐结构,有不同型式可选,如:侧装式、外贴式等。控制器与高/低液位传感器之间的信号连接,除正常的施工布线以外,在不适合挖沟布线的情况下,还可以选择"无线"方式,控制器和传感器分别增加无线传输模块,即可以实现设备远程间的信号传输。

在自动控制系统中,除了必须具有的自动化装置外,还必须具有控制装置所控制的生产设备即被控对象。在自动控制系统中,将需要控制其工艺参数的生产设备或机器称为被控对象,简称对象。油气储运环节中,换热器、泵和压缩机以及各种容器,储罐都是常见的被控对象。

(二)自动控制系统的分类

自动控制系统的分类方法有很多种,每一种方法反映出自动控制系统在某一方面的特点。按照被控变量的名称来分类,有压力控制系统、温度控制系统、流量控制系统及液位控制系统等。按照被控变量的数量来分类,有单变量控制系统和多变量控制系统。按照控制器具有的控制规律来分类,有比例控制系统、比例积分控制系统及比例积分微分控制系统等。在分析自动控制系统的特性时,经常将控制系统按照被控变量的给定值的不同来分类,这样可以分成以下三类。

1. 定值控制系统

"定值"是恒定给值的简称。工艺生产中,若要求控制系统的作用是使被控制的工艺参数保持在一个生产指标上不变,或者要求被控变量的给定值不变,就需要采用定值控制系统。在工业生产过程中,大多数工艺参数(温度、压力、流量、液位、成分等)都要求保持恒定。因此,定值控制系统是工业生产过程中应用最多的一种控制系统。

2. 随动控制系统

随动控制系统是被控变量的给定值随时间不断变化的控制系统,且这种变化不是预先规定的,而是未知的时间函数。该系统的目的就是使所控制的工艺参数准确而快速地跟随给定值的变化而变化。

3. 程序控制系统(顺序控制系统)

程序控制系统是被控变量的给定值按预定的时间程序变化的控制系统。这类系统在间歇生产过程中应用比较普遍。

(三)自动控制系统的过渡过程和性能指标

1. 控制系统的静态与动态

自动控制系统在运行中有两种状态:一种是系统的被控变量不随时间而变化的平衡状态,称为静态;另一种是系统的被控变量随时间而变化的不平衡状态,称为动态。

当一个自动控制系统的输入(给定和干扰)和输出均恒定不变时,整个系统就处于一种相对稳定的平衡状态,系统的各个组成环节如变送器、控制器、控制阀都不改变其原先的状态,它们的输出信号也都处于相对静止状态,这种状态就是上述的静态或定态。例如,在前述锅炉汽包水位控制系统中,当给水量与蒸汽量相等时,水位保持不变,此时称系统达到了平衡,亦即处于静态。值得注意的是这里的静态与习惯上所讲的静止是不同的。这里所说的静态并非指系统内没有物料与能量流动,而是指各个参数的变化率为零,即参数保持不变。因此自动控制系统在静态时,生产仍在进行,物料和能量仍然有进有出,只是平稳进行,没有改变。

假若一个系统原来处于静态,由于受到干扰,系统平衡受到破坏,被控变量(即输出)发生变化,自动控制装置就会运作,产生一定的控制作用来克服干扰的影响,力图使系统恢复平衡。从干扰发生开始,经过控制,直到再建立平衡,在这段时间内整个系统的各个环节和变量都处于变化的过程中,这种状态称为动态。

2. 控制系统的过渡过程

一个生产过程经常会受到各种扰动的影响,使被控变量偏离设定值,原来的稳定状态遭到破坏。当自动控制系统的输入发生变化后,被控变量(即输出)随时间不断变化,这个过程称为过渡过程,也就是系统从一个平衡状态过渡到另一个平衡状态的过程。

控制系统在过渡过程中,被控变量是随时间变化的。被控变量随时间的变化规律首先取决于作用于系统的干扰形式。在生产中,出现的干扰是没有固定形式的,且多半属于随机性质。为了便于了解控制系统的动态特性,通常是在系统的输入端施加一些特殊的试验输入信号,然后研究系统对该输入信号的响应。最常采用的试验信号是阶跃输入信号。

实践表明,阶跃扰动作用对控制系统的被控变量影响最大。

在生产过程中,阶跃扰动最为多见。例如,负荷的改变、阀门开度的突然变化、电路的突然接通或断开等。另外,设定值的变化通常也是以阶跃形式出现的。

对于一个定值控制系统来说,当系统受到阶跃干扰作用时,系统的过渡过程有非周期衰减过程、衰减振荡过程等幅振荡过程和发散振荡过程。

3. 控制系统的性能指标

一个控制系统在受到外来干扰作用或设定值发生变化后,应平稳、迅速、准确地回到(或趋近)设定值上。因此,从稳定性、快速性和准确性三个方面提出各种单项控制指标和综合性控制指标。这些控制指标仅适用于衰减振荡过程。

假定自动控制系统在阶跃输入作用下,被控变量的变化曲线如图 3-1 所示。这是属于衰减振荡的过渡过程。图 3-1 上横坐标 t 为时间,纵坐标 y 为被控变量离开给定值的变化量。

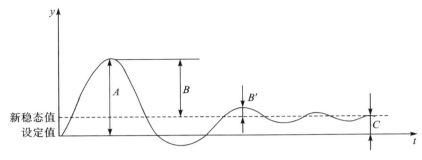

图 3-1 被控变量的变化曲线

假定在时间之前,系统稳定,且被控变量等于给定值,即 $y=0$;在 $t=0$ 的瞬间,外加阶跃干扰作用,系统的被控变量开始按衰减振荡的规律变化,经过相当长时间后,y 逐渐稳定在 C 值。

自动控制系统控制质量的好坏,取决于组成控制系统的各个环节,特别是过程的特性,也就是被控对象的特性。自动控制装置应按对象的特性加以适当的选择和调整,两者要很好地配合,才能达到预期的控制质量。总之,影响自动控制系统过渡过程品质的因素是很多的,在系统设计和运行过程中都应给予充分注意。只有在充分了解这些环节的作用和特性后,才能进一步研究和分析设计自动控制系统,提高系统的控制质量,这样才能有助于加快生产速度,提高产品的数量和质量。

(四)管道及仪表流程图

管道及仪表流程图(PID)是自控设计的文字代号、图形符号在工艺流程图上描述生产过程控制的原理图,是控制系统设计、施工中采用的一种图示形式。

在绘制 PID 图时,图中采用的图例符号要按照有关的技术规定进行。

1. 图形符号

过程检测和控制系统图形符号包括测量点、连接线(引线、信号线)和仪表圆圈等。

(1)测量点。测量点是由过程设备或管道引至检测元件或就地仪表的起点,一般与检出元件或仪表画在一起表示,如图 3-2 所示。

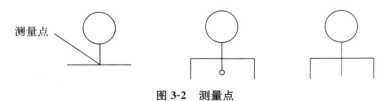

图 3-2 测量点

(2)连接线。通用的仪表信号线均以细实线表示。连接线表示交叉及相接时,采用如图 3-3 所示的形式。必要时也可用加箭头的方式表示信号的方向。

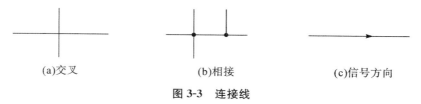

(a)交叉　　　　　　　(b)相接　　　　　　(c)信号方向

图 3-3　连接线

(3)仪表(包括检测、显示、控制)的图形符号。仪表的图形符号是直径为 12 mm(或 10 mm)的细实圆圈。仪表安装位置的图形符号如图 3-4 所示。

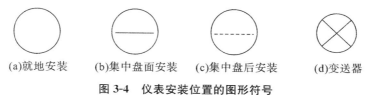

(a)就地安装　　(b)集中盘面安装　(c)集中盘后安装　(d)变送器

图 3-4　仪表安装位置的图形符号

执行器的图形符号是由执行机构和调节机构的图形符号组合而成,如图 3-5 所示。

(a)气动执行器　　(b)电动执行器　　(c)带阀门定位器　(d)带电-气转换器

图 3-5　执行器的图形符号

2.文字符号

(1)仪表功能。字母代号仪表功能标志是用几个大写英文字母的组合表示对某个变量的操作要求,如 TIC、PICA 等。其中第一位或前两位字母称为首位字母,表示被测变量,剩余一位或多位称为后继字母,表示对该变量的操作要求,仪表信号中表示被测变量和仪表功能的字母代号见表 3-1。

表 3-1　仪表信号中表示被测变量和仪表功能的字母代号

字母	第一位字母		后继字母
	被测变量	修饰词	功能
A	分析		报警
C	电导率		控制(调节)
D	密度	差	
E	电压		检测元件
F	流量	比(分数)	

（续表）

字母	第一位字母		后继字母
	被测变量	修饰词	功能
I	电流		指示
K	时间或时间程序		自动手动操作器
L	物位		
M	水分或湿度		
P	压力或真空		
Q	数量或件数	积分、累积	积分、累积
R	放射性		记录或打印
S	速度或频率	安全	开关、联锁
T	温度		传送
V	振动、机械监视		阀、挡板、百叶窗
W	重量、力		套管
Y	事件		继动器或计算器
Z	位置		驱动、执行或未分类的终端执行机构

（2）仪表位号。在检测、控制系统中，构成回路的每个仪表（或元件）都用仪表位号来标识。在管道及仪表流程图中，仪表位号由字母代号组合和回路编号两部分组成。回路的编号由工序号和顺序号组成，一般用三位至五位阿拉伯数字表示，其第一位表示工序号，后续数字（两位或三位数字）表示仪表位号。

在管道及仪表流程图中，仪表位号的标注方法是：字母代号填写在仪表圆圈的上半圆中；回路编号填写在下半圆中。

第二节　被控对象的特性分析

自动控制系统的控制品质是由组成系统的各个环节即被控对象、测量变送装置、控制器和执行器的特性所决定，其中被控对象是否易于控制，对整个控制系统运行的好坏起着重要作用。在油气储运过程中，最常见的被控对象是各类换热器、储罐、泵、压缩机、阀门、除尘器等。

一、被控对象的特性

所谓对象特性就是指对象在输入信号的作用下，输出信号即被控变量随时间变化的特性。一般将被控变量看作对象的输出量，也叫输出变量，而将干扰作用（扰动变量）和控制作用（操纵变量）看作对象的输入量，也叫输入变量。干扰作用和控制作用都是引起被控变量变化的因素。

（一）对象的负荷

当生产过程处于稳定状态时，在单位时间内流入或流出对象的物料或能量称为对象的负荷或生产能力。负荷的改变是由生产需要决定的，设备和机器只能限制负荷的极限值。当负荷在极限范围内时，设备就能正常运转。由于生产的调整而需要改变负荷时，往往会影响对象的特性。

在自动控制系统中，对象负荷变化情况（大小、快慢和次数）都可以看作是系统的扰动，它直接影响控制过程的稳定性。如果对象的负荷变化速度相当急剧，又很频繁，那么就要求自动控制系统具有较高的灵敏度，能够在被控变量偏差很小时就开始控制，以便迅速恢复平衡。所以对象的负荷稳定是有利于控制的。

（二）对象的自衡

如果对象的负荷改变后，无须外加控制作用，被控变量就能自行趋近于一个新的稳定值，这种性质称作对象的自衡性。

如自衡液位的液体储槽，当它处于稳定状态时，流入量与流出量相等，液体保持在某一高度。如果流入量突然增加，液位开始上升。由于液位的升高，流出量将随着液体静压力的增大而增加，最后当流入量与流出量再次相等时，液位又自行稳定在一个新的高度。

若在自衡液位的储槽出口安装一台泵，此时流出量由泵的转速决定而与液位高度无关。若流入量突然增加，则液位将一直上升，不能自行重新稳定，所以它是无自衡特性的对象。

由此可见，具有自衡特性的对象有利于进行控制，更易于获得满意的控制质量。

（三）对象数学模型的建立

研究对象的特性是用数学的方法来描述出对象输入量与输出量之间的关系，这种对象特性的数学描述就称为对象的数学模型。与对象的特性相对应，数学模型也有静态数学模型和动态数学模型之分。动态数学模型描述了对象的输出变量与输入变量之间随时间而变化的规律。

1. 机理建模

通过对对象内部运动机理的分析，根据其物理或化学变化规律，推导出描述对象输入、输出变量之间关系的数学模型。针对不同的物理过程，可采用不同的定理和定律。

静态数学模型比较简单，一般可用代数方程式表示。动态数学模型的形式主要有微分方程、传递函数、差分方程及状态方程等。对于线性的集中参数对象，通常采用常系数线性微分方程式来描述。

2. 实验建模

实验建模的方法就是在所要研究的对象上，施加一个人为的输入信号（输入量），并对该对象的输出量进行测试和记录，得到一系列实验数据（或响应曲线），这些数据或曲线则可以用来表示对象的特性，或者对这些数据或曲线再加以必要的数据处理，使其转化为描述对象特性的数学模型。

实验建模的主要特点是把被研究的对象视为一个黑匣子，完全从外部特征上来测试和描述它的动态特性，不需要深入了解其内部机理，特别是对于一些复杂的对象，实验建模比机理建模要简单和省力。

对象特性的实验测取法有很多种，这些方法常以所加输入形式的不同来区分，现做简单介绍。

（1）阶跃扰动法。阶跃扰动法又称反应曲线法或飞升曲线法。当过程处于稳定状态时，在对象的输入端施加一个幅度已知的阶跃信号，测取对象的输出随时间的变化响应曲线，根据响应曲线，再经过处理，就能得到对象特性参数。

根据如图 3-6 所示的简单水槽对象的动态特性，表征水槽工作状况的物理量是液位 h，测取输入流量 Q_1 改变时输出 h 的反应曲线。假定在时间 t_0 之前，对象处于稳定状况，即输入流量 Q_1 等于输出流量 Q_2，液位维持 A 不变。在 t_0 时刻，突然开大进水阀，然后保持不变。Q_1 改变的幅度可以用流量仪表测得，假定为 A。这时若用液位仪表测得 h 随时间的变化规律，便是简单水槽的反应曲线，如图 3-7 所示。

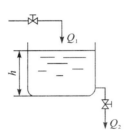 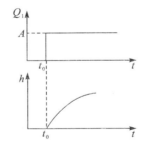

图 3-6　简单水槽对象　　　　图 3-7　水槽的阶跃反应曲线

（2）矩形脉冲扰动法。矩形脉冲扰动法是当对象处于稳定工况下，在时间 t_0 突然加一个阶跃干扰，幅值为 A，在 t_1 时刻突然除去阶跃干扰，这时测得的输出量随时间的变化规律。如图 3-8 所示，用矩形脉冲干扰来测取对象特性时，由于加在对象上的干扰，经过一段时间后即被除去，因此干扰的幅值可取得比较大，以提高实验精度，对象的输出量又不至于长时间地偏离给定值，因而对正常生产影响较小。

（3）周期扰动法。周期扰动法是在对象的输入端施加一系列频率不同的周期性信号来测取对象的动态特性，如图 3-9 的正弦信号。

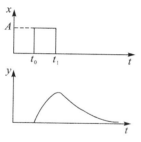

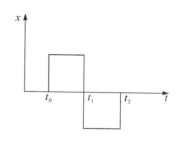

图 3-8　矩形脉冲特性曲线　　　　　图 3-9　正弦信号

机理建模与实验建模各有其特点,比较实用的方法是将两者结合起来,称为混合建模。这种建模的途径是先由机理分析的方法提供数学模型的结构形式,然后对其中某些未知的或不确定的参数利用实测的方法给予确定。这种在已知模型结构的基础上,通过实测数据来确定其中的某些参数,称为参数估计。以换热器建模为例,可以先列写出其热量平衡方程式,而其中的换热系数 K 值等可以通过实测的试验数据来确定。

三、对象特性的参数及其对过渡过程的影响

（一）放大系数及其对控制过程的影响

简单水槽的对象特性为

$$T\frac{\mathrm{d}h}{\mathrm{d}t}+h=kQ_1$$

假定输入信号为阶跃信号为

$$Q_1=0,t<0$$
$$Q_1=A,t\geq0$$

如图 3-10(a)所示,为了求得在 Q 作用下 A 的变化规律,对上述微分方程求解,得

$$h(t)=KA(1-\mathrm{e}^{-t})$$

该式为单容水槽受到阶跃作用后(即进水阀开大)其被控变量 h 随时间变化的规律。其响应曲线如图 3-10(b)所示,称为阶跃响应曲线。

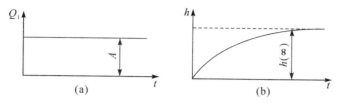

图 3-10　水槽的液位变化曲线

当 $t\rightarrow\infty$ 时,被控变量不再变化而达到了新的稳态值,此值 $h(\infty)=KA$,这就是说,一阶水槽的输出变化量与输入变化量之比是一个常数,即

$$K=\frac{h(\infty)}{A}$$

因此,放大系数 K 的物理意义可以理解为:如果有一定的输入变量 A,通过对象就被放大 K 倍,最终变为输出变量 $h(\infty)$。它表示对象受到输入作用后,重新达到平衡状态时的性能是不随时间而变的,所以是对象的静态性能。

K 的大小反映对象的输入对输出影响的灵敏程度,对象的放大系数 K 越大,则表示当对象的输入量有一定变化时,对输出的影响也越大。对于同一个对象,不同的输入变量与被控变量之间的放大系数的大小有可能各不相同。

对象的输入至输出的信号联系通道分为控制通道与干扰通道,控制通道的放大系数(一般用 K_0 表示)越大,表示控制作用对被控变量的影响也越强;干扰通道的放大系数(一般用 K_f 表示)越大,表示干扰作用对被控变量的影响也越强。所以,在设计控制方案时,总是希望 K_0 要大一些,K_f 要尽量小一些。K_0 越大,控制作用对干扰的补偿能力也越强,越有利于克服干扰;K_f 越小,干扰对被控变量的影响就越小。但也不能太大,否则过于灵敏,使过程不易控制,难以达到稳定。

2. 时间常数 T 及其对控制过程的影响

从大量的生产实践中发现,有的对象受到干扰后,被控变量变化很快,较迅速地达到了稳定值;有的对象在受到干扰后,惯性很大,被控变量要经过很长时间才能达到新的稳态值。如图 3-11 所示,甲、乙两个水槽,甲水槽的截面积大于乙水槽,当进水流量改变同样一个数值时,乙水槽的液位变化很快,并迅速趋向新的稳态值。而甲水槽的惰性大,液位变化慢,需经过很长时间才能稳定。

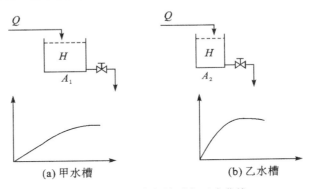

图 3-11　时间常数的对象反应曲线

这说明对于不同的对象,或同一个对象对于不同的输入变量,其输出对输入变化的响应速度是不一样的,有的快有的慢。一般用时间常数 T 来描述对象对输入响应的快慢程度。

当 $t = T$ 时,有

$$h(T) = KA(1 - e^{-1}) = 0.632KA = 0.632h(\infty)$$

这就是说,当对象受到阶跃输入后,被控变量达到新稳态值的 63.2% 所需的时间,就是时间常数 T。实际工作中,常用这种方法求取时间常数。显然,时间常数越大,被控变量的变化也越慢,达到新的稳定值所需的时间也越大。

求导,可得到液位 h 在 t 时刻的变化速率,即

$$\frac{\mathrm{d}h}{\mathrm{d}t}=\frac{KA}{T}\mathrm{e}^{-t}$$

当 $t=0$ 时,有

$$\frac{\mathrm{d}h}{\mathrm{d}t}\Big|_{t=0}=\frac{KA}{T}=\frac{h(\infty)}{T}$$

当 $t=\infty$ 时,有

$$\frac{\mathrm{d}h}{\mathrm{d}t}\Big|_{t=0}\rightarrow 0$$

从图 3-12 可以看出,该曲线在起始点处的切线斜率,就是 $t=0$ 液位变化的初始速率 $\frac{h(\infty)}{T}$。这条切线与新的稳定值 $h(\infty)$ 的交点所对应的时间正好等于 T。因此,可以把时间常数 T 的物理意义理解为当对象受到阶跃输入作用后,被控变量如果保持初始速度变化,达到新的稳态值所需的时间就是时间常数。由于实际上被控变量的变化速度是越来越小的。所以被控变量变化到新的稳态值所需要的时间要比了长得多。理论上说,需要无限长的时间。但是当 $t=3T$ 时,有

$$h(3T)=KA(1-\mathrm{e}^{-3})=0.95KA=0.95h(\infty)$$

也就是说,在加入输入作用后,只需经过 $3T$ 时间,液位已经变化了全部变化范围的 95％。这时,可以近似地认为动态过程基本结束。所以,时间常数:T 是表示在输入作用下,被控变量完成其变化过程所需要的时间的一个重要参数。

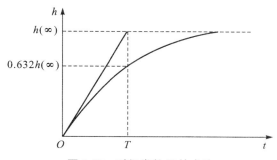

图 3-12　时间常数 T 的求法

很多对象在输入变化后,输出不是随之立即变化,而是需要间隔一段时间才发生变化的,这种现象称为滞后现象。滞后时间是描述过程滞后现象的动态参数,包括纯滞后和容量滞后。

(1)传递滞后。传递滞后又称纯滞后,常用 t_0 表示。它的产生一般是由于介质的输送需要一段时间而引起的。

图 3-13(a)所示的反应器,料斗中的固体用带式输送机送至加料口,再由加料口进入反应器内进行反应。当以料斗的加料量作为对象的输入,反应器内溶液浓度作为输出

时，其反应曲线如图 3-13(b)所示，该图中所示的 t_0 为纯滞后时间：

$$t_0 = \frac{L}{U}$$

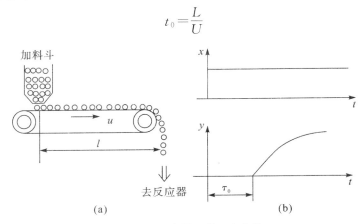

图 3-13　反应器及其反应曲线

假设该对象为一阶对象，则数学表达式为

$$T\frac{\mathrm{d}y(t)}{\mathrm{d}t} + y(t) = kx(t - t_0)$$

当假定 $y(t)$ 的初始值：$y(0)=0$，$x(t)$ 是一个发生在 $t=0$ 的阶跃输入，设幅值为 A，对上述方程式求解，可得

$$y(t) = KA(1 - \mathrm{e}^{-t})(t \geqslant t_0)$$

可见，具有纯滞后的一阶对象与无纯滞后的一阶对象，它们的反应曲线在形状上完全相同，只是具有时滞的反应曲线在时间上错后一段时间 t_0。

(2)容量滞后。容量滞后又称过渡滞后，常用 t_h 表示。它是多容量过程的固有属性，一般是由于物料或能量的传递需要通过一定阻力而引起的。图 3-14 所示为具有容量滞后对象的反应曲线，对象在受到阶跃输入作用 x 后，被控变量 y 开始变化很慢，然后加快，最后又变慢直至逐渐接近稳定值。

纯滞后和容量滞后尽管本质上不同，但实际上很难严格区分，所以当容量滞后与纯滞后同时存在时，常常把两者结合起来统称滞后时间 t，如图 3-15 所示。

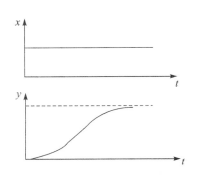

图 3-14　具有容量滞后对象的反应曲线

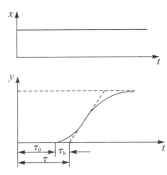

图 3-15　滞后时间 t 示意

滞后时间 t 对系统控制过程的影响,需按其与过程的时间常数 T 的相对值 t/T 来考虑,同时控制通道和扰动通道存在的时滞对控制过程的影响也不尽相同。

第三节　自动控制系统

一、概述

随着现代工业生产规模的不断扩大,生产过程的日益复杂,自动控制系统已经成为工业生产过程中必不可少的设备,它是保证现代工业生产安全、优化、低能耗、高效益的主要技术手段。自动控制系统的任务是根据不同的工业生产过程和特点,采用测量仪表、控制装置和计算机等自动化工具,应用控制理论,设计自动控制系统,来实现工业生产过程的自动化,保证生产过程良好、高效地操作运行。

与其他工业生产一样,在石油和天然气储运工艺过程中,也可以广泛地采用自动控制系统。比如,在采输工艺管线和站库上装有各种自动化仪表,对原油及天然气的压力、温度、流量、液位等参数进行自动检测和控制。也可采用"三遥"装置,对远距离泵站的单井的油气压力和温度进行遥测,对井口电动球阀进行遥控,对其阀位状态进行通讯。

自动化系统是由自动检测系统、自动信号联锁保护系统、自动操作系统、自动控制系统组成的。自动控制系统在石油、天然气开采和储运中应用最多,也是最主要的系统,例如泵房自动化、油品管道自动调和、油品灌装等生产过程。在大型油气处理联合站,简单控制系统多达 100 个。以下将主要介绍简单控制系统、复杂控制系统和计算机控制系统。

二、简单控制系统

简单控制系统是使用最普遍、结构最简单的一种自动控制系统。随着工业技术的发展,控制系统的类型越来越多,复杂控制、计算机控制系统的应用也日趋广泛,但就目前而言,简单控制系统仍然占据着主要地位,其分析、设计方法是其他各类控制系统分析和设计的基础。在选择控制方案时,只有当简单控制系统不能满足控制要求时,才考虑采用其他较复杂的控制方案。简单控制系统研究的问题,在其他各类控制系统中也基本适用。

(一)简单控制系统的组成

简单控制系统由一个测量变送环节(测量元件及变送器)、一个控制器、一个执行器、一个被控对象组成。由于该系统中只有一条由输出端引向输入端的反馈路线,因此也称为单回路控制系统。

输油管道的流量控制系统:输油管道是被控对象,流量是被控变量,孔板流量计配合变送器将检测到的流量信号送往流量控制器。控制器的输出信号送往执行器,通过改变控制阀的开度来实现流量控制。

在储槽的液位控制系统中,储槽是被控对象,液位是被控变量,液位送器将反映液位高低的信号送往液位控制器。控制器的输出信号送往执行器,改变控制阀开度使储槽输出流量发生变化以维持液位稳定。

简单控制系统由四个基本环节组成,即被控对象(简称对象)、测量变送装置、控制器和执行器。对于不同对象的简单控制系统尽管其具体装置与变量不相同,但都可以用相同的方块图来表示,这是简单控制系统所具有的共性。在该系统中有着一条从系统的输出端引向输入端的反馈路线,也就是说,该系统中的控制器是根据被控变量的测量值与给定值的偏差来进行控制的,这是简单反馈控制系统的又一特点。

(二)控制方案的设计

所谓控制方案的设计是指被控变量的选择、操纵变量的选择及控制器的选择。

1.被控变量的选择

自动控制系统是为生产过程服务的,自动控制的目的是使生产过程自动按照预定的目标进行,并使工艺参数保持在预先规定的数值上(或按预定规律变化)。因此,在构成一个自动控制系统时,被控变量的选择十分重要。它关系到自动控制系统能否达到稳定运行、增加产量、提高质量、节约能源、改善劳动条件、保证安全等目的。如果被控变量选择不当,将不能达到预期的控制目标。

被控变量的选择与生产工艺密切相关。影响生产过程的因素很多,但并不是所有影响因素都必须加以控制。所以设计自动控制方案时必须深入分析工艺,找到影响生产的关键变量作为被控变量。所谓关键变量,是指对产品的产量、质量以及生产过程的安全具有决定性作用的变量。

2.操纵变量的选择

当被控变量确定以后,接着就要考虑影响被控变量波动的干扰因素有哪些,采用什么手段去克服,选用哪个变量去克服干扰最有效,最能使被控变量回到给定值上。人们经常把这个被选择用来克服干扰的变量称为操纵变量。操纵变量最多见的是流量。

在大多数情况下,使被控变量发生变化的影响因素往往有多个,而且各种因素对被控变量的影响程度也不同。现在的任务是从影响被控变量的许多因素中选择一个作为操纵变量,而其他未被选中的因素均被视为系统的干扰。究竟选择哪一个影响因素作为操纵变量,只有在对生产工艺和各种影响因素进行认真分析后才能确定。

干扰变量是由干扰通道施加到对象上,起着破坏作用,使被控变量偏离给定值。操纵变量由控制通道施加到对象上,使被控变量回到给定值上,起着校正作用。这是一对矛盾的变量,它们都与对象特性有密切关系。所以,在选择操纵变量时,要认真分析对象的特性。

首先来分析控制通道特性对控制质量的影响。

(1)对象静态特性的影响。在选择操纵变量时,一般是希望控制通道的放大系数 K。

要大一些。因为 K_0 大,表示操纵变量对被控变量的影响大,控制作用灵敏,抑制干扰能力强;同时,大,过渡过程的余差也小,控制精度可得到提高。但是 K_0 数值过大,控制作用过于灵敏,易使调节过头,引起振荡。因此,当有多个操纵变量可供选择时,在工艺条件允许的情况下应选择控制通道放大系数 K_0 比较大的作为操纵变量。

另外,对象干扰通道的放大系数 K_f 则越小越好。K_f 越小,表示干扰对被控变量的影响不大,过渡过程的超调量不大。

(2)对象动态特性的影响。

①时间常数的影响。控制通道时间常数 T_0 越大,反应速率越慢,被控变量变化越缓和。但控制作用不及时,过渡过程的最大偏差加大,过渡时间加长,使控制质量差;相反,时间常数 T_0 较小时,反应灵敏,控制及时,过渡时间短。但 T_0 当太小时,容易引起控制作用过于频繁而造成控制过程振荡,稳定性变差。因此在 T_0 太大或太小的情况下,都比较难以控制,控制系统一般希望控制通道的时间常数 T_0 大小适当。

干扰通道的时间常数越大,表示干扰对被控变量的影响越缓慢,所以干扰通道的时间常数大一些是有利于控制的。

②纯滞后的影响。控制通道纯滞后 t_0 的存在,会使控制作用落后于被控变量的变化,容易引起超调和振荡,使被控变量的最大偏差增大,过渡时间增加,控制质量变差。滞后越大,这种现象越严重,系统的控制质量也越差。因此,在设计自动控制系统时,应尽量避免或减小控制通道纯滞后 t_0 的影响。

纯滞后对干扰动通道,相当于使扰动隔一段时间 t_f 后再进入被控过程,结果只是使控制过程推迟一段时间 t_f 后再开始。相当于整个过渡过程曲线推迟了时间 t_f,不影响控制过程的品质。

(3)测量变送环节对控制系统的影响。测量元件与变送器是控制系统的"眼睛",也是系统进行控制作用的依据。所以,要求它能准确地、及时地反映被控变量的状况。如果测量不准确,则会产生失调或误调,影响之大,不容忽视。

测量元件安装点选择不合适会带来纯滞后,称为测量滞后。比如一个流量控制系统,由于测量点距离控制阀较远,控制阀调节管道流量的变化经 $t_f = l/v$ 的时间,变送器才能检测到,这种纯滞后使控制质量大大降低。

①传递滞后。在使用气动单元组合仪表时比较明显,对于电动单元组合仪表可忽略不计。实现集中控制后,控制器安装在控制室内,而变送器、控制阀安装在现场设备上。它们之间有很远的距离,气压信号从变送器至控制器之间的传递就产生了滞后。

②测量滞后。测量滞后是指由测量元件时间常数所引起的动态误差,它是由测量元件本身的特性所决定的。

测温元件测量温度时,由于存在着热阻和热容,即其本身具有一定的时间常数 T_m,因而测温元件的输出总是滞后于被控变量的变化,从而引起幅值的降低和相位的滞后。测温元件时间常数对被控变量的影响如图 3-16 所示,若被控变量故阶跃变化时,测量值 z 慢慢靠近 y,如图 3-16(a)所示。显然,前一段两者差距很大;若 y 故递增变化,而 z 则一直跟不上去,总存在偏差,如图 3-16(b)所示;若 y 做周期性变化,z 将落后一个相位,如图 3-16(c)所示。假如把这种测量元件用于控制系统,那么,控制器接收到的将是一个失真信号,它就不能正常发挥校正作用,因此控制系统的控制质量也将随之下降。需要减小时间常数,常采用快速热电偶代替工业用热电偶和温包。另外,可通过正确选择测量元件的安装位置、正确使用微分环节等途径来克服测量滞后。

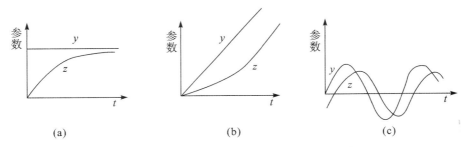

图 3-16   测温元件时间常数对被控变量的影响

3.控制器的选择

在控制系统中,仪表选型确定以后,对象特性是固定的,不好改变;测量元件及变送器的特性比较简单,一般也是不可改变的;执行器加上阀门定位器可有一定程度的调整,但灵活性不大;主要可以改变参数的就是控制器。系统设置控制器的目的,也是通过它改变整个系统的动态特性,以达到控制的目的。

一个控制系统的质量取决于被控对象的特性、干扰的形式和大小、控制方案以及控制器参数的整定等因素。然而,一旦系统按照设计方案安装就绪,对象各通道的特性已成定局,这时系统的控制质量主要取决于控制器参数的设置。控制器参数的整定就是求取能够满足某种控制质量指标要求的最佳控制器参数。整定的实质是通过调整控制器参数使其特性与被控对象的特性相匹配,以获得最为满意的控制效果。

(1)临界比例度法。临界比例度法是目前应用较多的一种方法。它是先通过试验得到临界比例度 δ_k 和临界周期 T_k,然后根据经验总结出来的关系式求取控制器的各参数值。

在闭环的控制系统中,将控制器变为纯比例作用,即将 T_1 放在"∞"位置上。T_D 放在"0"位置上。加干扰后,逐渐减小比例度使过渡过程曲线产生等幅振荡时,记下控制器此时临界比例度 δ_k,由曲线上求取临界周期 T_k。取得 δ_k 和 T_k 以后,根据表 3-2 的经验公式计算出控制器各参数值。

表 3-2   经验关系式

调节作用	比例度 $\delta\%$	积分时间 T_1/mm	微分时间 T_D/min
比例	$2\delta_k$	—	—
比例积分	$2.2\delta_k$	$0.85T_k$	—
比例积分微分	$1.7\delta_k$	$0.5T_k$	$0.125T_k$

临界比例度法比较简单方便,容易掌握和判断,适用于一般的控制系统,但是对于临界比例度很小或不存在临界比例度的系统不适用。因为临界比例度很小,则控制器输出的变化一定很大,被控变量容易超出允许范围,影响生产的正常进行。

临界比例度法是要使系统达到等幅振荡后,才能找出 δ_k 与 T_k,对于工艺上不允许产生等幅振荡的系统不适用。

(2)衰减曲线法。衰减曲线法通过使系统产生衰减振荡来整定控制器的参数值,在闭环的控制系统中,先将控制器变为纯比例作用,并将比例度预置在较大的数值上。在达到稳定后,用改变给定值的办法加入阶跃干扰,观察被控变量记录曲线的衰减比,然后从大到小改变比例度,直至出现 4∶1 衰减曲线的过渡过程,记下控制器此时比例度 δ_S,在过渡过程曲线上取得振荡周期 T_s,根据表 3-3 的经验公式,求出相应的 δ、T_D、T_1 值。

表 3-3　经验关系式

调节作用	$\delta/\%$	$T_1/\min$	$T_D/\min$
比例	δ_S	—	
比例积分	$1.2\delta_S$	$0.5T_S$	—
比例积分微分	$0.8\delta_S$	$0.3T_S$	$0.1T_S$

衰减曲线法适用于一般情况下各种参数控制系统。但对于干扰频繁、记录曲线不规则且呈锯齿形的控制系统不适用,因为不能得到正确的衰减比例度 δ_S 和衰减周期 T_S。

(3)经验凑试法。经验凑试法是在长期的生产实践中总结出来的一种整定方法。它是根据经验先将控制器参数 δ、T_D、T_1 放在一个数值上,直接在闭合控制系统中,通过改变给定值施加干扰,在记录仪上看过渡过程曲线。运用 δ、T_D、T_1 对过渡过程的作用为指导,按照规定顺序,对比例度 δ、积分时间 T_1 和微分时间 T_D 逐个整定,直到获得满意的过渡过程为止。此方法又称为看曲线调参数法。

各类控制系统中控制器参数的经验数据见表 3-4。特殊系统的控制器参数可适当超出此范围。

表 3-4　各类控制系统中控制器参数的经验数据

控制系统	$\delta/\%$	$T_1/\min$	$T_D/\min$	特点
温度	20～60	3～10	0.5～3	比例度小,积分时间长,加微分
流量	40～100	0.1～1		比例度大,积分时间短
压力	30～70	0.4～3		比例度略小,积分时间略长
液位	20～80	1～5		比例度小,积分时间长

在一个自动控制系统投入运行时,控制器的参数必须整定,才能获得满意的控制质量。同时,在生产进行过程中,如果工艺操作条件改变,或负荷有很大变化,被控对象的特性就要改变,控制器的参数也必须重新整定。

三、复杂控制系统

复杂控制系统又称多回路控制系统,通常包含两个以上的变送器、控制器或者执行器,构成的回路数也是多于一个。复杂控制系统种类繁多,根据系统的结构和所担负的任务来说,常见的复杂控制系统有串级、均匀、比值、分程、前馈、取代、三冲量等控制系统。

(一)串级控制系统

串级控制系统是所有复杂控制系统中应用最多的一种,当要求被控变量的误差范围很小,简单控制系统不能满足要求时,可考虑采用串级控制系统。

1.组成原理

为了对串级控制系统有一个初步认识,首先分析一个具体实例。管式加热炉是炼油、化工生产中的重要装置之一。无论是原油加热或重油裂解,对炉出口温度的控制都十分重要。将温度控制好,一方面可延长炉子寿命,防止炉管烧坏;另一方面可保证后面精馏分离的质量。为了控制炉出口温度,可以设置温度控制系统,根据加热炉出口温度的变化来控制燃料阀门的开度,即改变燃料量来维持加热炉出口温度,保持在工艺所规定的数值上,这是一个简单的控制系统。

加热炉对象是通过炉膛与被加热物料之间的温差进行热传递的,燃料量的变化或燃料热值的变化首先要反映到炉膛温度上。为此,选择炉膛温度为被控变量,燃料量为操纵变量,设计单回路控制系统,以维持炉出口温度为某一定值。该系统的特点是控制通道的时间常数缩短为 3 min 左右,对于燃料和燃烧条件方面的主要干扰具有很强的抑制作用。但是炉膛温度毕竟不能真正代表炉的出口温度。如果炉膛温度控制好了,其炉的出口温度并不一定就能满足生产的要求,这是因为即使炉膛温度恒定,原料油本身的流量或入口温度变化仍会影响炉的出口温度,所以该方案仍然不能达到生产工艺的要求。

综上分析,为了充分应用上述两种方案的优点,选取炉出口温度为被控变量,选择炉膛温度为中间辅助变量,把炉出口温度控制器的输出作为炉膛温度控制器的给定值,而由炉膛温度控制器的输出去操纵燃料量的控制方案。这样就构成了炉出口温度与炉膛温度的串级控制系统。

根据前面所介绍的串级控制系统画出典型形式的方块图。包括主测量、变送和副测量、变送分别表示主变量和副变量的测量、变送装置。系统中有两个闭合回路,副回路是包含在主回路中的一个小回路,两个回路都是具有负反馈的闭环系统。

2.工作过程

(1)干扰作用于副对象。当系统的干扰只是燃料油的压力或组分波动时,首先影响炉膛温度,于是副控制器立即发出校正信号,控制控制阀的开度,改变燃料量,克服上述干扰对炉膛温度的影响。

(2)干扰作用于主对象。当炉膛温度相对稳定,而进入加热炉的原料油流量发生变化时,必然引起炉出口温度变化。在主变量偏离给定值的同时,主控制器开始发挥作用,并产生新的输出信号,使副控制器的给定值发生变化。

(3)干扰同时作用于主对象和副对象。若干扰作用使主、副变量按同一方向变化,即主、副变量同时升高或同时降低,此时主、副控制器对执行器的控制方向是一致的,加强控制作用,有利于提高控制质量。

由于串级控制系统的特点和结构,它主要适合于被控对象的测量滞后或纯滞后时间较大,干扰作用强而且频繁,或者生产负荷经常大范围波动,简单控制系统无法满足生产工艺要求的场合。此外,当一个生产变量需要跟随另一个变量而变化或需要相互兼顾时,也可采用这种结构的控制系统。但也不能盲目地套用串级控制系统,否则,不仅会造成设备的浪费,而且用得不对还会引起系统的失控。

3.均匀控制系统

(1)均匀控制问题的提出:在连续生产过程中,每一装置或设备都与其前后的装置或设备有紧密的联系。前一个装置或设备的出料量就是后一装置或设备的进料量。各个装置或设备相互联系,相互影响。为了解决前后两塔供求之间的矛盾,可在两塔之间增加一个中间缓冲罐,这样既能满足甲塔液位控制的要求,又缓冲了乙塔进料流量的波动。但由此却增加了设备投资且使生产流程复杂化。而且在个别生产过程中,某些化合物易于分解或聚合,不允许储存时间过长,所以这种方法不能完全解决问题。

(2)均匀控制的特点:均匀控制的特点是在工艺允许的范围内,前后装置或设备供求矛盾的两个参数都是变化的,其变化是均匀缓慢的。

①表征前后供求矛盾的两个变量都应该是缓慢变化的。

②前后互相联系又互相矛盾的两个变量应保持在工艺操作所允许的范围内。

均匀控制要求在最大干扰作用下,液位能在上下限内波动,而流量应在一定范围内变化,避免对后道工序产生较大的干扰。

(3)均匀控制方案。

①简单均匀控制系统。为了实现均匀控制,在整定控制器参数时,要按均匀控制思想进行。通常采用纯比例控制器,且比例度放在较大的数值上,要同时观察两个变量的过渡过程来调整比例度,以达到满意的均匀。有时为防止液位超限,也引入较弱的积分作用。

②串级均匀控制系统。在串级均匀中,副回路用来克服塔压变化;主回路中,不对主变量提出严格的控制要求,采用纯比例,一般不用积分。整定控制参数时,主、副控制器都采用纯比例控制规律,比例度一般都比较大。整定时不是要求主、副变量的过渡过程呈某个衰减比的变化,而是要看主、副变量能否均匀地得到控制。

4.比值控制系统

比值控制系统中,需要保持比值关系的两种物料必然有一种处于主导地位,称为主物料,又称为主动量或主流量,用Q_1表示。另一种物料按主物料进行配比,称为从物料,又称为从动量或副流量,用 Q_2 表示。例如在燃烧过程中,当燃料量增大或减小时,空气的流量也随之增大或减小,在此过程中,燃料量就是主流量,处于主导地位,空气就是副流量,处于配比地位。Q_1 和 Q_2 之间应满足关系:

$$Q_2 = KQ_1$$

式中,K 为副流量与主流量的流量比值。

上式表明,副流量 Q_2 按一定比例关系随主流量 Q_1 的变化而变化。

常见的比值控制系统有开环比值、单闭环比值、双闭环比值和变比值控制系统 4 种。

(1)开环比值控制系统。开环比值控制系统是最简单的比值控制方案,比值器发挥控制器的作用,使副流量流路上的阀门开度由主流量的大小决定,副流量跟随主流量变化,完成流量配比操作。

开环比值控制系统的优点是结构简单,操作方便,投入成本低。因其为开环特性,副流量没有反馈校正,在副流量本身存在干扰时,系统不能予以克服,无法保证两流量间的比值关系。在生产中很少采用这种控制方案。

(2)单闭环比值控制系统。为了克服开环比值控制方案的不足,可以在副流量的流路上设计一个闭合回路,在副流量上设计流量副回路,用来稳定副流量,当副流量受到干扰时,仍然能保证副流量按比例准确地跟随主流量变化。

单闭环比值控制系统与串级控制系统具有相类似的结构形式,但两者是不同的。单闭环比值控制系统的主流量 Q_1,相似于串级控制系统中的主变量,但主流量并没有构成闭环系统,Q_2 的变化并不影响到 Q_1。尽管它也有两个控制器,但只有一个闭合回路,这就是两者的根本区别。

单闭环比值控制系统的优点是比值控制比较精确,能较好地克服进入副流量回路的干扰,并且结构形式也较为简单,实施方便,在生产中得到了广泛应用,尤其适用于主物料在工艺上不允许进行控制的场合。但是当主流量波动幅度较大时,该方案无法保证系统处于动态过程的流量比。

(3)双闭环比值控制系统:双闭环比值控制系统是在单闭环比值控制的基础上,增加了主流量 Q_1 控制回路而构成的。当主流量变化时,一方面通过主流量控制器 F_1C 对它进行控制,另一方面通过比值控制器 K 乘以适当的系数后作为副流量控制器的给定值,使副流量跟随主流量的变化而变化。

该系统具有两个闭合回路,分别对主、副流量进行定值控制。同时,由于比值控制器的存在,副流量能跟随主流量的变化而变化。不仅实现了比较精确的流量比值控制,而且也确保了两物料总量的基本不变;双闭环比值控制系统的提降负荷比较方便,只要缓慢地改变主流量控制器的给定值,就可以提降主流量,同时副流量也就自动跟随提降,并保持两者比值不变。

(4)变比值控制系统:有些生产过程要求两种物料的比值根据第三个参数的变化而不断调整以保证产品质量,这种系统称为变比值控制系统。

图 3-17 所示为合成氨生产过程中煤造气工段的变换炉比值控制系统。水蒸气与半

水煤气的实际比值可由水蒸气流量、半水煤气流量经测量变送后计算得到,并作为流量比值控制器 FC 的测量值。而 FC 的给定值来自温度控制器 TC,最后通过调整蒸汽量(实际是调整了蒸汽与半水煤气的比值)来使变换炉催化剂层的温度恒定在工艺要求的设定值上。

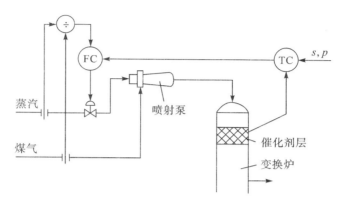

图 3-17 合成氨生产过程中煤造气工段的变换炉比值控制系统

从系统的结构来看,实际上是变换炉催化剂层温度与蒸汽、半水煤气的比值串级控制系统。系统中温度控制器 TC 按串级控制系统中主控制器的要求来选择,比值系统按单闭环比值控制系统的要求来确定。

第四节 输油气管道数据采集与监控(SCADA)系统

长距离输油气管道和区域性油品管网,由于距离长,设备多,生产运行过程复杂,尤其是密闭输油工艺的大型管道,其运行调度指挥的难度大,采用计算机数据采集和监测控制系统(SCADA)进行生产管理是管道自动控制的基本模式。

目前,SCADA 系统一般由设在管道控制中心的小型计算机或服务器通过数据传输系统对设在泵站、计量站或远控阀室的可编程序控制器 PLC 定期进行查询,连续采集各站的操作数据和状态信息,并向 PLC 发出操作和调整设定值的指令。这样,中心计算机对整个管道系统进行统一监视、控制和调度管理。各站控系统的核心是可编程序控制器 PLC。它们与现场传感器、变送器和执行器或泵机组、加热炉的工业控制计算机等连接,具有扫描、信息预处理及监控等功能,并能在与中心计算机的通信一旦中断时独立工作,站上可以做到无人值守。SCADA 系统是一种可靠性高的分布式计算机控制系统。

一、SCADA 系统的组成

管道工业所采用的现代 SCADA 系统的配置形式,一般由远程可编程序控制器(PLC 或 RTU)、控制中心和站控计算机系统、网络及通信系统、应用软件组成。

现代 SCADA 系统是一种集散型控制系统。其控制层次通常分为三级：控制中心级、站控级及设备控制级，在一些大型系统中还设有分控制中心这一级。这种结构体现了集中管理、分散控制的现代系统控制原则，特别适用于油气长输管道这种分散性大系统的运行管理和控制。控制中心级对全线进集中监视、控制和调度管理，站控级的任务可独立对输油站进行控制，设备控制级是对泵机组、加热炉、阀门等设备进行就地控制。

自动化仪表包括检测仪表、变送器和执行器等，是计算机控制系统的基础部分。各种检测装置是监控与数据采集系统的数据源，检测的准确性直接影响监控的有效性。应根据安全可靠、经济合理的原则选择仪表、变送器等的类型，其检测精度及安全防爆性能等应能满足使用要求。

(一)控制中心主计算机系统

SCADA 系统控制中心的主计算机是系统的核心，按冗余(双机)方式配置，双机互为热备用。主机可以与控制中心的操作员控制台及站场的 PLC 进行通信。控制中心的操作员能在控制台通过带鼠标的显示终端监视系统运行状态，向 PLC 发出操作命令，实现对管道的远距离控制。该系统的外围设备均可为两台主机共享。正常时，主机实时把数据备份到备用计算机的内存储器中，一旦在线主机发生故障，主机自动脱离在线控制，由备用机代之，外围设备也自动切换到备用机上。这种切换也可手动进行，以便定期维护主机和相关设备。

主机系统中还装有一台或几台以微处理机为核心的工程师终端，用来进行程序的开发，工程计算和管理等。它可以与备用主机共用文件。

现在，一台主机可以与多台 PLC 进行通信并对其进行控制。主机监控 PLC 的数量，取决于主机的运行速度和存储容量大小。

另外，对于区域内的每条管道不一定都设控制中心，位于总调度室的主机可以实现对多条管道的监控。近年来随着通信技术的发展，长输管道控制呈现区域化、集中管理的趋势。位于河北廊坊的中国石油管道调度控制中心由计算机群管理所属的多条油气管道，其中的每台计算机都能够切换到某一管道，对于处于重点、热点的某管道能够同时用多台计算机进行全线各站的监控。

(二)站控系统

站控系统由站控计算机、可编程序控制器 PLC 组成。对于小规模站场，也可采用小型 PLC 或以微处理器为基础的各种数字控制器。

长输管道的自控对象除了过程变量的压力、温度、流量和液位等参数外，较多的是开关控制，如阀门的开关、机泵的启停、事故跳闸等。它们都不是一般的开关、启停，设备的动作必须按一定的逻辑顺序。设置在站场或所监控设备处的控制装置必须具备较强的逻辑功能、通信能力和数据处理能力。

在现代 SCADA 系统中，控制中心对各站场的控制是由各站控系统分别实施的。控制中心对站场发出一个指令，而如何去完成指令则由站控系统实施，故它是 SCADA 系统中一个很重要的控制级。为了提高其可靠性，站控系统的 PLC 多数采用双机冗余配置，热备用运行。

1. 可编程序控制器(PLC)

可编程序控制器是在继电器控制和计算机控制的基础上开发出来，并逐渐发展成以微处理器为核心，把自动化技术、计算机技术、通信技术融为一体的新型自动控制装置。目前已被广泛地应用于工业控制中。

PLC 是一种存储程序控制器。用户根据某一具体的控制要求，编制好程序后，用编程器输入到 PLC 的用户程序存储器中寄存。PLC 的控制作用是通过用户程序来实现的。

PLC 主要由中央处理器(CPU)、存储器(RAM、ROM)、输入输出模块(I/O 接口)、编程器及外围设备组成。

(1)中央处理器。中央处理器是 PLC 的核心，它在系统程序的控制下，完成数字运算、逻辑运算，协调系统内各部分工作等任务。

(2)存储器。存储器是 PLC 存储系统程序、用户程序及运算数据的单元，与一般的 PC 机一样，PLC 的存储器有只读存储器(ROM)和随机读写存储器(RAM)两大类。

(3)输入输出接口。输入输出接口是 PLC 与工业控制现场各类信号连接的单元。输入口用来接收生产过程的各种参数，输出口用来发出 PLC 运行后得出的控制信息。输入输出接口分为以下三类：开关量、模拟量和智能接口。

(4)编程器。编程器用来编制、调试用户程序，也可用来监视 PLC 的工作状态，调用和显示一些内部状态和系统参数。编程器除了输入和显示程序外，还具有故障诊断功能，如显示出错编码数、指示故障性质等。

目前，PLC 已实现了产品系列化，正朝着大型化、高功能、标准化的方向发展。美国、日本、英国、德国等国均各有数十家公司从事 PLC 的研制和生产，产品更新很快。这为 PLC 的应用带来很大的方便，用户可以在品种齐全的系列化产品中挑选合适的类型。

以上特点使 PLC 在工业控制领域中得到了广泛应用。

2. 远程终端装置(RTU)

RTU 是传统的 SCADA 系统的基础。以微处理机为基础的 RTU 逐步发展成为具有控制中心一部分功能的智能终端装置，称"智能"RTU。它可以是 SCADA 系统的一个组成部分，也可以独立操作。"智能"RTU 具有以下特点：能在现场处理数据，即使与控制中心失去通信联络后，仍能保持监控功能，自动对控制进行决策，独立完成操作。为节省通信费用，采集的数据可以在现场储存，定期由主机取回报告。由于"智能"RTU 的问世，使集中控制的 SCADA 系统发展成先进的集散型控制系统。

(三)SCADA 系统网络

SCADA 系统网络包括控制中心主计算机网络、主计算机对 PLC(或 RTU)网络(数据传输系统)及就地 PLC 网络，用于实现系统的通信。

1. 主计算机网络

主计算机网络将主计算机、存储器、打印机及显示终端相互连接起来进行通信。常采用总线结构的"以太网"作局部计算机网络。标准的、开放型的以太网可以适应目前及今后发展的数据传输速率变化的要求而不影响系统的运行及改造。网络采用冗余配置，当一方有故障时可自动切换。

2. 数据传输系统

SCADA 系统的数据传输系统由通信控制器（CCM）、调制解调器（MODEM）及通信线路组成。通信控制器是数据通信的枢纽，实现计算机与通信线路、PLC 的连接。调制解调器完成远距离通信所需要的调制解调功能：将数字信号转换成适于传输的模拟信号，经过信道传输后，再转换成原来的数字信号。在数据传输系统中，经常采用光缆、卫星线路、电话线和微波线路等。控制中心与站控系统的通信通道有两种方式，互为备用。通常主通道采用通信卫星或光缆，备用通道为异步传输的公网拨号方式，基于两个远程局域网（LAN）互联系统，用路由器互联。

（1）光纤通信。近些年，光纤通信得到迅速发展。它的载波介质是光而不是电，故不受外界电磁干扰，传输速率高，通信容量大，保密性好。光纤的抗腐蚀能力强、重量轻，可以与管道同沟敷设，是长输管道的最佳通信方式之一。

（2）卫星通信。长输管道上应用的甚小天线地球站卫星通信系统即 VSAT 系统是一种可以传输话音、数据、图像等信息的通信系统。它包括通信卫星、全地面站和甚小口径终端 VSAT。长输管道 SCADA 系统中多采用双反射系统。VSAT 将 PLC 送来的信息发射给通信卫星，卫星将信息送至主地面站，主地面站又通过卫星将这些信息传送到与 SCADA 系统控制中心相连的 VSAT。

卫星通信的优点之一是投资与通信距离无关，特别适用于长输管道这种通信距离长、范围大的情况。VSAT 网的通信费用比微波、光纤的费用低，扩容费也较便宜，故国外许多管道公司在新建或改建管道时常采用卫星通信。

（3）微波通信。微波通信在早期的管道上应用广泛，有成熟的设计、施工及运行经验。它的主要优点是投资省，通信容量大，可靠性高，建站较灵活。其中继站距离比光纤通信短。

（4）高频无线电通信。为了给巡线、抢修提供移动通信手段，常采用高频无线电通信。它用于短距离通信时是最经济的。

（四）软件

SCADA 系统的功能和灵活性在很大程度上取决于所采用的软件。SCADA 系统计算机软件一般可分为三个主要部分：计算机操作系统软件、SCADA 系统软件和应用软件。

SCADA 系统为实时系统，需要专门的计算机操作系统才能在实时环境中工作，这些操作系统软件一般由计算机制造厂商提供。SCADA 系统的系统软件一般包括：远程终端查询软件、数据采集软件、传送指令软件、建立及管理实施数据库软件、显示、记录报警、报告生成软件及运行调度决策指导软件等。系统软件一般由研究开发 SCADA 系统的专业公司提供。

应用软件主要包括：动态模拟软件、泄漏检测定位软件、水击动态分析软件、运行工况预测软件、优化运行软件、清管器跟踪软件、批量/组份跟踪软件、培训模拟软件等。它们一般由管道公司或专门的软件公司开发。

二、SCADA 系统的功能

（一）控制中心主计算机系统的功能

（1）监视各站的工作状态及设备运行情况，采集各站主要运行数据和状态信息。

监视过程是以扫描方式进行的，即按一定顺序依次对各站的 PLC 进行查询。若发现某站的运行状态异常或运行参数超限，则通过屏幕显示及打印机打印自动报警。

（2）根据操作人员的要求或控制软件的要求向 PLC 发出操作指令，对各站场进行遥控。

（3）根据操作人员的要求，在显示屏幕上随时提供有关管道系统运行状态的图形显示及历史资料的比较和趋势显示。

（4）在显示终端上进行操作人员培训。

（5）按规定时间间隔记录和打印各站的主要运行状态的图形显示及历史资料的比较和趋势显示。

（6）记录管道系统所发生的重大事情的报警、操作指令等。

（7）运行有关的应用软件，对水击、检漏、清管、批量跟踪等工况进行监测、控制，进行数据分析、处理，系统优化运行模拟、调度决策指导等。

（二）站控系统功能

（1）过程变量巡回检测和数据处理。

（2）向控制中心报告经选择的数据和报警。

（3）提供运行状态、工艺流程、动态数据的画面、图像显示、报警、存储、记录、打印。

（4）除执行控制中心的控制命令外，还可独立进行工作，实现 PID 及其他控制。

（5）实现流程切换。

（6）进行自诊断程序，并把结果报告控制中心。

（7）可燃气体浓度检测与消防设施状态监测。

（8）站场与线路阴极保护参数监测与记录。

（9）提供给操作人员操作记录和运行报告。

（三）数据传输系统功能

SCADA 系统的数据传输系统是一个重要的环节。它利用各种通信线路，把主计算机与分散在远处的 PLC 有机地连接起来，实时进行数据信息的交换和处理。

三、我国长输管道应用 SCADA 系统的概况

20 世纪 80 年代中期,我国开始引进和应用 SCADA 技术,先后在东黄复线、铁大线采用。20 世纪 90 年代以后的新建长距离油气管道,如库鄯原油管道、兰成渝成品油管道、西气东输管道,甬沪宁原油管道、西南成品油管道都采用了先进的 SCADA 系统。

2002 年投产的兰成渝成品油管道,长 1 251.9 km,顺序输运多种成品油。全线共设工艺站场 16 座,其中有兰州首站,临洮、成都、内江三座分输泵站,陇西、广元等 10 座分输站和重庆末站。全线采用密闭顺序输送,成都设控制调度中心。

兰成渝管道的自动控制和自动保护系统的设计特点如下。

(1)管道采用了先进的分布式 SCADA 系统,由成都调度控制中心的计算机控制系统、各个站场(包括线路紧急截断阀室)的计算机控制系统和卫星信道通信系统三大部分组成。按系统控制优先级分为就地控制、站控和控制中心控制。

(2)站场系统承担该站的数据采集、控制、联锁保护等任务,为调度控制中心提供数据,接受和自动执行调度中心下达的命令。在站控系统中,对于每个相对独立的工艺单元、设备、电气系统等都采用一个控制子系统,以网络形式将这些子系统连接起来,每个子系统都能够单独承担其控制任务,使功能分开,危险分散。

(3)成都调度控制中心承担管道全线数据采集、处理、存储、归档和运行控制、故障处理、安全保护、报警等任务,同时完成批量计划、批量跟踪、顺序输送、汇漏检测、管道运行优化等任务,并向中油股份管道分公司调度控制中心双向反馈信息。

(4)在调度控制中心的专用工作站中,配备有模拟仿真系统软件。该软件作为 SCADA 系统的一部分,可相对独立运行,人有完整准确的评价管道的运行历史、解释管道当前发生的事件、预测管道安全、平稳、高效、经济运行的功能,预测结果可在操作工作站上显示,作为操作人员对管道运行调度的参考。

四、SCADA 系统的安全

SCADA 系统承担着油气管道的几乎全部运行操作、调节和监控工作,本身的安全可靠性能的重要意义是不言而喻的。为此对它的安全设计、安全运行提高出了很高的要求。

(一)对油气管道 SCADA 系统的要求

1. 可靠性好

即使一套 SCADA 系统设计得再先进,其元器件经常损坏,软件总是出故障,使维护人员一刻也离不开现场,那这套系统就很不可靠也不实用。因此在设计 SCADA 系统时要专门进行可靠性设计,采取一系列可靠性技术。如陕京输气管道的 SCADA 系统既要求具有很高的先进性又要具有很高的可靠性,在设计上可用性要求达到 99.8%。为了保证这一高的可靠性,首先要求系统具有容错能力,要求非关键元器件的故障不能影响整

个系统的正常运行,其次对关键设备采取冗余配置,如 DCC 采取双主机热备用、剂量站 PLC 采取双 CPU 配置。在计量站,流量计算机获取色谱分析数据采用双通道数据通信。另外模块化设计、抗干扰和防雷击措施、热插拔技术和故障的自诊断等一系列措施,也保证了系统可靠性的提高。SCADA 系统承包商的选择也是决定系统可靠性的关键,在选承包商时,既要考察系统所采用的硬件,更要考察采用的软件,从操作系统、视窗软件到系统软件、应用软件等方面一一加以考察。所有采用的软件应当是在投入现场使用前已进入成熟阶段,且具有相当的业绩。

2. 可操作性、可维护性好

SCADA 系统管理者和使用者是生产技术人员和操作人员,尤其是国内油气管道操作人员的文化水平相对较低,SCADA 系统的可操作性和可维护性显得就非常重要,SCADA 系统要易于操作、便于维护。系统组态软件是 SCADA 系统的重要组成部分,系统开发人员在用它生成系统时要灵活方便。人机界面(MMI)的设计是一个重点,这往往要求控制人员和工艺人员密切配合,共同设计出一个界面要友好便于操作的 MMI。另外硬件模块能够热插拔,逻辑程序注释清楚,端子接线图标注清晰等方面,都给系统的操作维护带来极大的方便。

3. 关键设备容错能力强

为了实现系统的高可靠性,要求 SCADA 系统中重要的关键设备具有很强的容错能力,对它们采取冗余配置。基于这一要求,调控中心采用双主机、双以太网、双通讯处理机配置,站控系统 PLC 采用双 CPU 配置。冗余配置的工作模式为主从方式,当主机在线工作时,从机处于热备状态,它时刻监视主机的工作状态,并从主机获取数据使从机与主机数据库保持完全一致。当主机一旦出现故障,从机就立刻将主机的工作接管过来,自动由从机变成主机,这一切换过程要求做到无扰动,以不使管道输送发生任何突变;而发生故障的主机修复后则变为从机,这时系统的主从关系发生了一次转换。

4. 采用三级控制连锁

目前国内外油气管道都采用三级控制的管理模式:DCC 远程控制,站场控制,现场手动控制。为了避免矛盾指令,SCADA 系统在某时刻只能实行一种模式,其他模式被锁定。DCC 控制为第一级控制,当控制权在中控室(DCC),这时站场的状态处于"遥控"状态。虽然 DCC 的控制级别最高,但它远离现场控制任务少,可发的命令也有限,即紧急截断 ESD 指令、阴保数据采集指令、设定值指令等。站场控制为第二级控制,一旦 DCC 计算机出现故障,这时要将站场的状态切换到"站控",站控系统就全面接管站场的监控任务。现场手动控制是在 DCC 控制和站控全都失灵情况下的第三级控制,这时现场设备处于手动状态,依靠操作人员的现场手动操作实现对设备的控制。

(二)管道 SCADA 系统的安全

由于油气属于易燃易爆物品,因此尤其管道的 SCADA 系统设计要将防火防爆纳入设计范畴,有条件也可以设置自动消防系统。另外选择相应的防爆类型的仪器仪表。在控制室信号引入点,加设隔离措施,在雷暴多发地域加雷击保护装置。

在软件的设计上设置了操作权限,无论在 DCC 还是在站场,对不同的系统操作人员设置了相应的系统访问密码。最高级别为系统管理员,他能进入系统内部修改数据库和程序;最低级别是操作员,他仅能进行日常操作。

控制软件是安全性设计的重要一环,它直接对工艺设备进行操作,稍有疏漏就可能酿成严重的生产事故。从软件设计上要充分考虑逻辑条件的关联及互锁。另外,三级控制模式的设计,即使自控系统全部失灵,也能通过手动操作保证管线的安全运行。

如果 SCADA 系统与企业网连接,尤其当企业网与 Internet 连接时,系统设计就必须考虑网络安全问题,在软件/硬件方面采取积极的措施,防止 SCADA 系统因不良分子的侵入而遭受破坏。安全性存在于 SCADA 系统设计的方方面面,只有考虑周详、设计严密才能保障管线的生产安全。

第四章 管道完整性管理

第一节 完整性管理概述

一、管道完整性管理概述

管道完整性管理是根据不断变化的管道因素,对油气管道运营中面临的风险因素进行识别和技术评价,制定相应的风险控制对策,不断改善识别到的不利影响因素,从而将管道运营的风险水平控制在合理的、可接受的范围内。通过监测、检测、检验等各种方式,获取与专业管理相结合的管道完整性的信息,对可能使管道失效的主要威胁因素进行检测、检验,据此对管道的适应性进行评估,最终达到持续改进、减少和预防管道事故发生、经济合理地保证管道安全运行的目的。

管道完整性管理(PIM)也是对所有影响管道完整性的因素进行综合的、一体化的管理,包括拟定工作计划、工作流程和工作程序文件,开展风险分析和安全评价,了解事故发生的可能性和将导致的后果并制定预防和应急措施,定期进行管道完整性检测与评价,了解管道可能发生事故的原因和部位,采取修复或减轻失效威胁的措施,强化员工培训以提高人员素质等。

(一)管道完整性的含义

(1)在物理上是完整的,在功能上是健全的。

(2)管道完整性是指管道受控,始终处于安全可靠的状态。

(3)管道管理者不断采取措施和改进方法来防止管道事故的发生,确保管道的完整。

(4)在时间上是全寿命周期,即覆盖了设计、施工、运行、废弃全过程。

(二)管道完整性管理的原则

管道完整性管理的原则有以下6点:

(1)在设计、建设和运行新管道系统时,应融入管道完整性管理的理念和做法。

(2)结合管道的特点,进行动态的完整性管理。

(3)建立管道完整性管理机构,制定管理流程,并辅以必要的手段。

(4)对所有与管道完整性管理有关的信息进行分析整合。

（5）必须持续不断地对管道进行完整性管理。

（6）在管道完整性管理过程中不断采用各种新技术。

国内管道企业借鉴国外管道完整性管理经验，结合国内管道管理的实际情况与特点，简捷明了地将管道完整性管理的六步循环法（图 4-1）：数据收集、高后果区识别、风险评价、完整性评价、维修维护和效能评价。此外为保证六个环节的正常实施，还需要系统的支持技术、一套与管理体系结合的体系文件及标准规范和管道完整性管理数据库及基于数据库搭建的系统平台。中国石油天然气集团公司等企业编制了企业标准《管道完整性管理规范》（Q/SY 1180），是国内首套对管道完整性管理的各个环节进行了详细规定、给出了具体操作方法的标准。

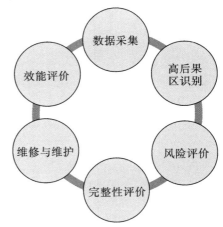

图 4-1　管道完整性管理的六步循环法

管道完整性管理是一个与时俱进的连续过程。由于管道失效模式是一种时间依赖的模式，腐蚀、老化、疲劳、自然灾害、机械损伤等都能够引起管道失效，因此必须持续不断地开展完整性管理，对管道进行风险分析、检测、完整性评价、维修及人员培训，以达到管道本质安全的目的。

二、完整性管理技术法规与标准体系

（一）国外技术法规与标准体系

美国于 2002 年颁布了《管道安全改进法》（HR3609），于 2006 年颁布了《管道检测、防护与执行法令》（S3961），这些法规既是对美国《管道安全法》（49USC601）的补充，同时也大力推行了完整性管理的法令。同时，按照法律的要求，美国运输部颁布了联邦规章 49-CFR190~198 系列。基于大量坚实的技术研究与工程实际经验，形成了一套体系完善的法规与标准体系，包括管道完整性管理标准、管道安全检测标准、管道安全评价标准、管道维修与维护标准、管道完整性检测评价人员资质标准等内容，支撑了美国在管道方面的法律、法规要求。

在完整性检测评价环节，美国针对不同失效模式，采取有针对性的完整性管理过程。针对压力管道运行与维护中的完整性理念，《管道安全法》（49USC601）、《管道安全改进法》（HR3609）和《管道检测、防护与执行法令》（S.3961）三部法令明确提出了具体的相关要求。针对具体类型的管理，联邦规则提出了针对性的检测与管理要求；针对具体的失效模式，提出系列的技术标准，对检测方法、评价准则、维修维护与相关人员资质要求方面，均给出了明确规定。

（二）国内技术法规与标准体系

国内管道完整性管理开展初期，主要是参照欧美的标准和规范，将《输气管道系统完整性管理》(ASMEB31.8S)和《危险液体管道的完整性管理》(API1160)采标为石油行业标准《输气管道系统完整性管理》(SY/T 6621)和《危险液体管道的完整性管理》(SY/T 6648)。另外,石油企业也根据国内行业的实际情况制定了符合自身需求的标准和规范,2010年中石油管道公司制定了《管道完整性管理规范》,该规范明确了开展管道完整性管理的目标、内容、流程、实施方式和相关的标准及专利技术,使管道管理者可以据此逐步开展完整性管理工作,对国内管道完整性的发展起到了巨大的推动作用。

我国的油气管道完整性管理标准体系的基本框架已基本形成,关于管道完整性管理,近几年基于完整性管理的检测评估类规范在参考国外同类标准的基础上相继出台,于2005年、2006年陆续出台了《输气管道系统完整性管理》(SY/T 6621—2005)和《危险液体管道的完整性管理》(SY/T 6648—2006)及《管道完整性管理规范》(Q/SY 1108—2014)等行业规范,SY/T 6648—2006于2016年进行了修订,为管道完整性管理指明了方向,目前《油气运输管道完整性管理规范》(GB 32167—2015)已于2016年3月起实施。该标准明确了数据采集与整合、高后果区识别、风险评价、完整性评价、风险减缓与维修维护、效能评价等内容,为做好管道完整性管理提供了依据。

三、国内外现状及发展趋势

(一)国外发展现状

管道完整性管理技术起源于20世纪70年代,当时美国等工业发达国家在第二次世界大战以后兴建的大量油气长输管道已进入老龄期,各种事故频繁发生,造成了巨大的经济损失和人员伤亡,大大降低了各管道公司的盈利水平,同时也严重影响和制约了上游油(气)田的正常生产。为此,美国首先开始借鉴经济学和其他工业领域中的风险分析技术来评价油气管道的风险性,以期最大限度地减少油气管道的事故发生率,尽可能地延长重要干线管道的使用寿命,合理地分配有限的管道维护费用。

加拿大、墨西哥等国家也先后于20世纪90年代加入了管道风险管理技术的开发和应用行列,欧洲管道工业发达国家和管道公司从20世纪80年代开始制定和完善管道风险评价的标准,建立了油气管道风险评价的信息数据库,深入研究各种故障因素的全概率模型,研制开发实用的评价软件程序,使管道的风险评价技术向着定量化、精确化和智能化的方向发展。英国油气管网公司20世纪90年代初就对油气管道进行了完整性管理,制订了一整套的管理办法和工程框架文件,使管道维护人员了解风险的属性,及时处理突发事件。经过几十年的发展和应用,许多国家已经逐步建立起管道安全评价与完整性管理体系和各种有效的评价方法。世界各国管道公司也已形成了本公司的完整性管理体系,大都参考国际标准,如ASME、API、NACE、DIN标准,编制本公司的二级或多级操作规程,细化完整性管理的每个环节,把国际标准作为指导大纲。

美国政府明确要求各管道公司开展完整性管理工作。美国运输部安全办公室(OPS)针对管道经营者,于2002年初确定了管道经营商的完整性管理的职责,明确提出,管道完整性管理运营商的责任在于对管道和设备进行完整性评价,避免或减轻周围环境对管道的威胁，对管道外部和内部进行检测，提出准确的检测报告，采取更快、更好的修复方法及时进行泄漏监测。OPS对运营商的完整性管理计划进行检查，检查影响输气管道高风险地区的管段是否都已确定和落实，管段的基准数据检测计划及完整性管理的综合计划以及计划的执行情况等。

美国油气研究所（GRI）决定今后将重点放在管道检测的进一步研究和开发上，认为利用高分辨率的先进检测装置及先进的断裂力学和概率计算方法，一定能获得更精确的管道剩余强度和剩余使用寿命的预测和评估结果。

美国 Amoco 管道公司（APL）从 1987 年开始采用专家评分法风险评价技术来管理所属的油气管道和储罐，到 1994 年为止，已使年泄漏量由原来的工业平均数的 2.5 倍降到 1.5 倍，同时使公司每次发生泄漏的支出降低 50%。

美国科洛尼尔（Colonial）管道公司把管理的重点放在管道的安全和可靠性上，管理计划包括管道内部的检测，油罐内部的检测、修理和罐底的更换，阴极保护的加强，线路修复等内容。利用在线检测装置和弹性波检测器，实施以风险为基础的管理方法。并每年进行一次阴极保护系统的调查和利用飞机实施沿线巡逻。该管道公司采用风险指标评价模型（即专家打分法）对其所运营管理的成品油管道系统进行风险分析，有效地提高了系统的完整性。该公司开发的风险评价模型 RAM 将评价指标分为腐蚀、第三方破坏、操作不当和设计因素等四个方面，该模型可以帮助操作人员确认管道的高风险区和管道事故对环境及公众安全造成的风险，明确降低风险的工作重点，根据降低风险的程度与成本效益对比，制订经济有效的管道系统维护方案，使系统的安全性不断得到改善。

以壳牌公司（Shell）为代表的国外大型石油公司，将石油企业的完整性管理通称为资产完整性管理，分为管道完整性管理、设施完整性管理、结构完整性管理和井场完整性管理四个部分。

加拿大最大的管道公司努发（NOVA）拥有管道 15 600 km，多数已运营近 40 年。该公司非常重视管道风险评价技术的研究，已开发出第一代管道风险评价软件。该公司将所属管道分成 800 段，根据各段的尺寸、管材、设计施工资料、油（气）的物理化学特性、运行历史记录以及沿线的地形、地貌、环境等参数进行评估，对超出公司规定的风险允许值的管道加以整治，最终使之进入允许的风险值范围内，保证了管道系统的安全经济运行。20 世纪 90 年代中期，该公司对其油气管道干线进行扩建，需要穿越爱得森地区 5 条大型河流，在选择最佳施工技术时遇到了困难。由于环境管理比过去更严格，传统的选线最低费用的方法已经不再适用，需要一个权衡费用、风险和环境影响的决策方法，在收集了线路、环境、施工单位等最新资料和对不同河流穿越方法的局限性进行鉴别后，结合每一个穿越方案的不确定性和风险进行了决策及风险分析，最终对各穿越方案 35 年净现值有影响的所有因素以及极端状态进行了量化评估后，作出了正确的选择。

加拿大 Enbridge 公司从 20 世纪 80 年代末到 90 年代中期，开展了管道完整性和风险分析方面的研究，该公司首先制订宏观的完整性管理程序，成立专业的管理组织机构，制定管道完整性管理目标并进行实施，形成管道完整性管理体系。这个公司管道完整性管理的实施分四个步骤:制订计划、执行计划、实施总结、监控改进。实现这四个步骤的途径包括制定政策、确定目标、管理支持、明确职责、培训人员、编制技术要求和程序说明书等。这个完整性管理系统是一个动态循环过程,确保完整性技术方法在实施过程中不断进步和加强。Enbridge 公司完整性管理提出的目标是确保管道安全和增强安全意识,使用最先进的管理和支持技术努力达到"零"事故标准。在实施完整性管理中,该公司建立了技术体系,主要包括开展完整性管理的条件、完整性管理支持技术和完整性管理实施方式。同时,该公司还建立了管道数据库,配备了管理及检测设备,明确了管理职责与分工,完善管理文件体系和标准法规。

Enbridge 公司管道数据库管理管道核心数据,提供了企业决策支持系统或业务管理系统所需要的信息,将企业日常营运中分散不一致的数据经归纳整理之后转换为集中统一的、可随时取用的深层信息。Oracle 管道数据库储存了管道完整性管理所需要的全部数据和文件,数据库中的数据通过 APDM 模型规范存储,根据 ARCGIS 地理信息平台建立地理信息系统可视化地图界面,在此界面上,开发和应用管道完整性的评估、决策、维抢修等应用软件,从而实现完整性管理的可视化、智能化,数据共享。完整性管理的设备主要包含现场测量设备、检测设备、监测设备等。

澳大利亚 GASNET 公司将完整性管理重点放在第三方破坏方面,因为外界干扰和第三方破坏对管道而言是最大的威胁。由于电站设施的增加、定向钻的大量使用、通信光缆的铺设以及承包商建设公路、铁路的增加,都使得这种威胁增大。使用的工具设施包括挖掘机、钻机、钻孔器和定向钻,威胁同时也来自其他主体授权资产机构的建设和维护以及在管道维护工作中发生的问题。主要采取应用 AS2885.1 减轻风险标准,每年都要对每一条管道进行风险评估,GASNET 要求最小埋深为 1 200 mm,临时管道要求最小埋深为 900 mm。管道与道路交叉口要浇灌混凝土,增加壁厚以及在道路最低处埋深1.2 m,此外还要挖建排水沟漕。

印度尼西亚 VICO 东卡曼里丹管道公司实施管道完整性管理,制订了管道完整性管理纲要,将维护和检测作为管道完整性管理的重要内容,开发并建立了管道完整性管理系统,使有效资产和净利润最大化,使健康、安全和环境风险最小化,在管道运行期间要确保资产的完整性。同时制订网络应急计划,根据每个参股公司的告知/通信以及活动支持来提供标准的应急反应,内容包括通信录、电话号簿、管道地图、报告及表格抢修程序、管道缺陷类型及其所在位置、管道修理及修理顺序以及抢修材料等。

意大利 SNAM 公司经营 29 000 km 的天然气管网系统,其中包括输气干线与支线。有的已运行超过了 50 年,80%管网受到杂散电流的强烈影响,大部分运行压力高于 2.4 MPa。SNAM 公司实施了完整性管理策略,使系统保持高度安全及低成本,节约了 1/3 的维修费用。

目前,发达国家的油气管道完整性管理已形成较为系统的理论和方法,完整性管理技术也正逐步由基于规范预测的完整性管理技术标准向基于风险评价的完整性管理方案决策发展,完整性管理技术已成为全球石油行业研究的热点。在管理上,国际大型油气管道企业以管道完整性管理为核心,建立起了专业化分工明确、管理职责到位的管理体系与运行机制。

(二)国内发展现状

我国在 20 世纪 80 年代初,由原机械工业部和原化学工业部组织全国 20 个单位开展了"压力容器缺陷评定规范"的研究和编制,形成了 CVDA—1984 规范。20 世纪 80 年代后期,国际上结构完整性评价方法的研究和发展十分迅速,CVDA—1984 规范已明显落后。"八五"期间,由劳动部组织全国 20 多个单位参加开展了"在役锅炉压力容器安全评估与爆炸预防技术研究"国家重点科技攻关项目,重点研究了失效评价图技术,形成了面型缺陷断裂评定规程 SAPV—95(草案)。"九五"期间,由劳动部组织继续开展"在役工业压力管道安全评估与重要压力容器寿命预测技术研究"国家重点科技攻关项目。

我国油气管道的安全评价与完整性管理开始于 1998 年,主要应用在输油管道上。中国石油管道公司管道科技研究中心做了一定的基础工作,建立了管道完整性管理体系和管道基础数据库,确定了完整性数据库的 APDM 模型,实现了管道数据与管道地理信息系统的有机结合,建立了缺陷评价系统,开发了风险评价和管理系统,并在兰成渝管道上初步应用,同时完成了秦京输油管道风险评估工作,成立了管道完整性管理专门机构,促进了管道完整性管理的发展。

陕京线 2001 年提出了完整性管理,并首先在国内实施管道完整性管理试点,随后中国石油开始全面推广实施管道完整性管理,已经建成完整性管理体系和信息化系统。我国陕京输气管道的管理者在实践中发现,随着管理的深化,必须建立一种将各方面的管理统一起来的管理模式,该模式是将管理从基于事件的管理模式、基于时间的管理模式、基于可预测的管理模式统一到基于可靠性为中心的完整性管理模式。西气东输管道公司侧重于地质灾害和第三方破坏风险评价方面。管道公司侧重于老管道的完整性,西部管道侧重于国际评级。

中国石油借助其所属的管道科技研究中心(廊坊)等内部技术力量,从 2004 年起通过十多年的研究和应用,已经全面推广实施管道完整性管理,已经掌握了管道完整性管理的核心支持技术,如管道数据管理技术(基于 GIS)、风险评价技术、检测技术、完整性评价技术和各种维抢修技术及专业的团队,建成了管道完整性管理体系和信息化系统,实现了管道数据的集中管理存储和完整性管理业务流程的信息化。

中石化将完整性管理划分到了不同的部门,在管道储运分公司成立了管道检测中心,正在研发系列漏磁内检测器,开发了仪长、中洛管道完整性管理软件。在天然气分公司进行了川气东送、榆济数字化管道建设和山东输气管网基线检测和评估等。在普光气田每年一次内检测,开发了腐蚀监测综合管理系统。

中海油的完整性管理起步较晚,将完整性管理的推广大致分为四步:现状调研、试点应用、全面推广、改善提高。其中调研、试点工作已于 2012 年、2013 年完成,目前处于推广阶段。开始之初,中海油就在总部机关层面成立了完整性管理的领导小组和专项工作组,积极开展其相关资产的完整性管理工作,如正积极开展海上设备设施、海管完整性管理工作等。

　　延长石油管道运输公司于 2016 年起开展完整性管理工作,制定了《完整性管理技术手册》企业标准,将管道完整性管理理念融合应用于管道可研设计、项目建设、生产运营以及废弃处置等全生命周期过程。

第二节　管道数据采集与管理

　　管道完整性的数据采集可以分为建设期数据采集和运行期数据采集两部分,是实施管道完整性管理循环的首要步骤,也是最为关键和基础的环节。数据的完整性、准确性制约着后续完整性管理过程中的高后果识别、风险评价、完整性评价、效能评价的准确性和有效性。国际上各管道运营公司都建立了针对自己管道特点的数据采集方法和标准,国内目前还没有专门针对管道行业的数据采集统一标准。中石油管道公司(现国家管网公司)基于长期实践和研究,提出了一套适合中国管道特点的数据采集方法,该方法以数据采集为核心,融合了当前的测量技术、影像处理技术、地理信息处理等多项技术,实现了数据的自动和批量采集。

一、管道建设期数据采集

　　管道建设期数据采集是指在管道规划、设计、施工、竣工阶段,为满足管道运营期完整性管理需要应收集的数据。数据采集主要分为基础地理数据、影像数据、GPS 首级控制点和管道专业数据采集四部分。具体要求如下:

(一)基础地理数据要求

1. 数据格式及坐标系统要求

(1)要求数字地图文件为 ARC GIS Geo Database 格式。

(2)要求遥感影像为 GeoTiff 格式。

2. 数字地图要求

(1)1∶250 000 数字地图:①应提供覆盖管线(含支线)两侧至少各 50 km 范围。②地图应至少包含行政区划、公路、铁路、水系、居民地、等高线、数字高程模型(DEM-Digital Elevation Model)等基础地理图层。③数字地图标准依据国家同比例尺地图的分层、属性、编码标准。

(2)1∶50 000 数字地图:①应覆盖管线两侧至少各 10 km 范围;②地图应至少包含行政区划、公路、铁路、水系、居民地、建筑物、土地及植被、地震带、等高线、DEM 数字高程等基础地理图层;③数字地图标准依据国家同比例尺地图的分层、属性、编码标准。

(3)1∶2 000～1∶5 000 数字地图:①应覆盖管线两侧至少各 2 km 范围;②主要包含建筑、道路、水系、应急等数据层;③详细参照标准《管道完整性管理规范第六部分:数据库表结构》(Q/SY 1180.6—2009)。

(二)影像数据要求

(1)影像数据类型:可应用的遥感影像类型包括卫星遥感影像和航空摄影影像。

(2)影像精度要求:针对不同人口密度的地区,影像分辨率要求不同,对于 3 类、4 类地区,影像应能够清晰地识别出建筑物轮廓及道路河流等要素,对于大型河流等环境敏感区应按其所在地区等级的高一级地区等级要求执行。

(3)卫星遥感影像技术要求:在订购卫星遥感影像时,应符合以下技术参数要求。①云量:<20%。②拍摄角度(垂向夹角):<30°。③地图投影:UTM 投影。④椭球体:WGS84。⑤数据格式:Geo Tiff。

(4)航空摄影影像技术要求:航空摄影影像技术要求按 GB/T 19294—2016 执行。

(5)影像纠正:①影像纠正应利用数字高程模型(DEM)进行正射校正及通过野外高精度控制点进行平面校正的方法,将原始影像纠正为具有地理坐标的正射影像;②影像观测刺点应在满足影像控制要求的前提下,优先选择距离管道两侧 200 m 的范围内布设点位,以保证管道中心线附近的校正精度;③刺点精度、地面观测误差、影像纠正误差遵照 GB/T 6962—2005 和 GB 15968—2008 执行。

(6)影像数字化:①依据影像,对管道中心线两侧各 200 m(如果管道是直径大于 711 mm,并且最大操作压力大于 6.4 MPa 的输气管道,则为管道中心线两侧各 300 m)范围内的建筑物、道路(含管道伴行路)、水系等全部详细要素分层完成数字化;②对影像全图的应急设施(包括等级医院、消防队、公安局等)、面状居民地(包括村庄、居民区等)、乡级以上公路、铁路、重要河流、水源及其他重大风险源(如油库、化工厂)等要素分层完成数字化;③公路、水系等地理数据应分别建立拓扑关系,以满足道路路网分析,河流流向分析的要求。

(三)GPS 首级控制点的要求

(1)应沿着管道建立 GPS 首级控制点,在管道建设期间用于管道放线及管道测量期间临时首级控制点的埋设间距、埋设方法、测量方法等,执行 GB 50251—2015。

(2)在管道线路竣工后,选择基础稳定,并易于保存的地点,如站场、阀室建立永久GPS 首级控制点,永久 GPS 控制点间距在 10～30 km 之间,永久控制点应与附近的临时首级控制点做联测并进行误差分析。

(3)点位应便于安置接收设备和操作,视野开阔,视场内不应有高度角大于 15°的成片障碍物,否则应绘制点位环视图。

(4)点位附近不应有强烈干扰卫星信号接收的物体。理论上点位与大功率无线电发射源(如电视台、微波站等)的距离应不小于 400 m;与 220 kV 以上电力线路的距离应不小于 50 m。

(5)埋石规格参考国家Ⅱ级 GPS 控制点要求,埋设的控制点应注意保护,避免被意外移动。

（6）要求达到国家Ⅱ级 GPS 控制点精度。

（7）选定的点位及控制测量所引用的国家控制网点应标注于 1∶10 000 或 1∶50 000 的地形图上，并绘制 GPS 控制网选点图；

（8）应提交 WGS84 和西安 1980 两种坐标系下的点位坐标成果（1985 黄海高程系），同时提交作业引用的国家控制网点（含 2000 国家 GPS 大地控制网）成果。

（四）管道专业数据要求

1. 中线测量成果

（1）管道中心线成图比例尺一般为 1∶1 000 或 1∶2 000。

（2）管道中心线测量应在管道下沟后、回填前进行，采用全站仪测量或者 GPS 实时动态测量、GPS 后动态测量方法测量管顶经纬度及高程。

（3）测量要素主要包括管道三桩、焊口、三通、弯头、开孔、阀门、管件、地下隐蔽物等，详细要求参照标准《管道完整性管理规范第六部分：数据库表结构》。

（4）测量的其他技术要求，执行 SY/T 0055—2003 中 3.2、3.5 条的规定。

2. 站场、穿(跨)越

（1）站场、大中型穿(跨)越成图比例尺一般为 1∶500 或 1∶1 000。

（2）测量技术要求执行 SY/T 0055—2003 中第 4 章、第 5 章的规定。

二、管道运行期数据采集

（一）管道运行期间数据分类

管道运行期间产生的数据可分为日常运行数据、阴极保护数据、维修维护数据、沿线属性数据、管道缺陷数据等五种，具体要求如下：

（1）日常运行数据：运行压力、运行温度。

（2）阴极保护数据：保护电位、自然电位、阳极接地电阻、恒电位仪。

（3）维修维护数据：维修记录、改线记录、换管记录、防腐层大修记录、防腐层、检漏记录、水工保护维修记录。

（4）沿线属性数据：管线周边 200 m 建筑物、河流、铁路、公路、外部管道、公共设施、土地利用状态。

（5）管道缺陷数据：参照内检测数据。

（二）运行期数据采集

频率主要根据具体情况而定，具体如下：

（1）每月一次：保护电位、恒电位仪。

（2）半年一次：阳极接地电阻、自然电位。

（3）每年一次：运行压力、运行温度，管线周边 200 m 内建筑物、河流、铁路、道路、外部管道、公共设施、土地利用。

（4）按完整性计划采集：管道修复数据。

（5）不定期采集：改线、换管、维抢修数据。

第三节　油气管道检测技术

一、管道内检测技术

管道内监测技术是指检测仪器进入管道内部，从管道里穿过，沿途进行实时检测，记录测量结果，经处理后提供一整套数据可以准确了解管道腐蚀状况。管道内检测技术获得数据准确、直观，可以有效评估管道寿命，制订修复计划，抑制管道事故的发生，保证油气管道正常运行。常见的内监测技术有漏磁（MFL）检测技术、超声导波检测技术等。

（一）漏磁（MFL）检测技术

1. 漏磁检测技术原理

近年来，漏磁检测技术已广泛应用于油气管道检测中，通过测量被磁化的管道表面泄漏的磁场强度来判定工件缺陷的大小。

漏磁管道检测装置自带电源，随传输流体在管道中运行，在运行过程中由检测装置携带的励磁设备向管壁加载恒定磁场，而由传感器测量管壁内侧泄漏的磁通密度，测量数据经压缩后存放在检测装置的存储设备中。

若被测工件表面光滑没有缺陷且内部无夹杂物，从原理上讲磁通将全部通过被测工件。若检测装置经过缺陷或其他特征物（螺旋焊缝、连接焊缝、T形三通接口和阀门等）时，其附近的磁阻增加，磁场发生畸变，会有漏磁通泄漏出管壁而被传感器测得。

检测器工作完毕后，将其从管道中取出，对沿途测得的数据进行处理和分析，可以判定管道内的缺陷及腐蚀情况。为便于观察，可将管道内的漏磁信号绘成色图，即用不同颜色表示不同的腐蚀深度，或用波形曲线来表示，都可以很直观地从图上查看缺陷及腐蚀程度。并能从里程的显示来判定缺陷及腐蚀所在的位置，作为检漏或评估管道寿命的依据。

2. 漏磁检测装置基本结构

检测装置的机械结构设计必须以装置能否在管道中顺利穿行为前提。管道中阻碍装置行进的主要是弯头，为保证通过弯头，需把装置分成几节，节间采用软连接，以便在弯头处能够转弯通过。

管道检测装置根据管道和设备的尺寸，一般可分成二节或三节，即测量节、计算机节和电池节或测量节、能源和存储节。每节的前后都有橡皮碗支撑在管道内，节与节之间由万向节相连。整个系统靠油或气的推力向前行走。每一节均为密闭结构，可耐 10～15 MPa 的压力。

（1）测量节：测量节包括磁化装置、霍尔探头和低频发射接收装置。磁化装置包括永磁铁、衬铁和钢刷。其功能主要是对被测管壁进行磁化,使管壁内产生磁通。霍尔探头内装有霍尔元件,前级放大电路由不导磁钢铸成,前部与霍尔元件及管壁相连处为高导磁耐磨材料,整个探头完全密闭。根据霍尔元件的特性,将此元件通以一定电流并在磁场的作用下,会产生霍尔电动势,即

$$U_H = K \cdot H \tag{4-1}$$

式中,U_H—霍尔电动势;H—磁场强度;K—霍尔系数。

当霍尔元件的材料和几何形状确定后,在工作电流不变的情况下,霍尔系数为常数,则霍尔电动势与磁场强度成正比。利用测量霍尔电动势就可求得漏磁通。低频发射接收装置完成地面对地下仪器的跟踪以及对仪器所在位置的重新定位。测量仪器每次探测几十甚至几百公里,由行走轮定位带来的积累误差会很大,因此每隔一定距离就需要重新定位,以消除积累误差。地面装置采用全球卫星定位系统(GPS),它有很高的定位精度和定时精度。低频发射装置利用低频信号能够穿透土层及管壁的特性,在地下发射低频交变的电磁波,地面的专用接收装置接收到信号后,送到鉴相电路,该电路能准确地检出地下发射器经过地面接收器垂直下方位置的时刻,然后向地下发另一组信号,地下的接收器接到信号后,以此位置作为重新定位的起始位置,达到重新定位的目的。另外,设备在地下行走时,由于管道内的杂物,如石蜡及石油中的沉淀等,很容易造成卡堵,低频发射接收装置可以帮助寻找探测器被卡住的位置,以便挖开管道,取出探测器。

(2)计算机节:计算机节为测量系统的核心部分,它完成对所有部件的控制和数据保存。里程轮由脉冲式码盘制成,每行走 1 mm 向工控机发出一个脉冲,系统测量一次,每次测量管道一个横截面霍尔探头送来的信号。系统接到测量节的信号后,经多路模拟选通开关分别送两路到采集卡,采集卡内有可编程增益放大器,可对信号进行再放大。信号转换成数字量后,送入工控机,进行简单的初步处理,再存入硬盘中。系统除测量漏磁信号外,还测量管线沿途的油温和压力值,也会存入硬盘中。

(3)电池节:由于该测量系统在管道中行走,无法用外部电源供电,且每次需要检测几十或几百千米,这就需要系统自带大容量的直流电源。整个系统一般需要 1 000～2 000 A·h 的功,因此系统专门配备一节电池节,以便携带足够容量的电池,保证测量的完成。

(二)超声导波检测技术

1. 超声导波检测技术原理

超声导波检测系统是为快速检测长距离管线外部和内部的腐蚀以及轴向和圆周的裂痕而设计的,广泛用于地下和绝缘的各种管道的检测。其工作原理是探头阵列发出一束超声能量脉冲,此脉冲充斥整改圆周方向和整个管壁厚度,向远处传播,导波传输过程中遇到缺陷时,缺陷在径向截面上有一定的面积,导波会在缺陷处返回一定比例的反射波,因此可由统一探头阵列检出返回信号—反射波来发现和判断缺陷的大小。管壁厚度中的任何变化,无论内壁或外壁,都会产生反射信号,被探头阵列接收到,因此可以检出

管道内外壁由腐蚀或侵蚀引起的金属缺陷损失,根据缺陷生产的附加波型转换信号,可以把金属缺损与管道外形特征(如焊缝等)识别开来。

超声导波检测系统由三个主要的部分组成:传感器环、超声导波检测设备和控制计算机。传感器环是按管道尺寸特制的,依靠弹性或气压把压电传感器固定在管道上,内部的电气连接使得每一个传感器环自动工作。超声导波检测设备接收所有检测信号,操作电源由其内部的可充电电池提供。其检测设备具有以下特点。

(1)操作电源为低电压电池。

(2)检测直管段时,传感器一侧的传输距离可达 25 m,理想状态下可高达 100 m。

(3)操作时,管道四周只需要清除 7.62 cm(3 in)宽的区域。

(4)实时做出检测结果。

(5)可在直径为 5.08~60.96 cm(2~24 in)管道使用。

(6)直径大于 60.96 cm(24 in)管道可结合使用伸缩式环状传感器。

(7)有各种模式的导波可供选择。

(8)软件支持管道特征的识别。

(9)智能传感器使计算机只识别排列其上的探头传送的信息并能校正测试参数。

(10)新一代传感器频带更宽,检测距离更大。

(11)尽管随测试参数有所变化,通常在一分钟内传感器两侧的检测距离可达 25 m。

2. 超声导波技术的工程应用

由于超声导波检测系统具有快速、全面检测管道的性能,使得它在检测难于检测的管段时效率很高。超声导波检测系统在检测裂纹和金属损失(大于横断面的 5%)方面有很多应用,适用于检测以下特征管道。

(1)用探头检测腐蚀时,管道可不用除去涂层。

(2)可检测难以检测区域,如穿路套管和穿越围墙。

(3)可检测陆上和海上的工程管道,即使在管道特别密集的区域也能检测。

(4)可检测架空管道。

超声导波检测系统作为检测工具使用时可快速识别有缺陷的区域。如果管道较易检测,通常检测工作较为细致(可使用辅助工具)以查出所有腐蚀区域。

(三)内检测器应用时的特别注意事项

(1)选择内检测器时应考虑下列因素。

①检测灵敏度内检测器能检测到的最小缺陷尺寸,应小于被检测缺陷的尺寸。

②类别能区分不同缺陷之间的差异。

③缺陷尺寸检测精度有助于进行优先序排列,这是完整性管理方案成功的关键。

④定位精度能通过开挖找到缺陷位置。

⑤缺陷评价要求内检测必须为运营公司的缺陷评价程序提供足够的数据。

(2)一般情况下,在开展内监测工作时,管道运营企业应充分考虑所要检测管段的所有重要参数和特性清单。主要包括以下 8 个方面。

①管道的特性参数：包括钢材等级、焊接类型、长度、直径、壁厚、高程剖面等。另外，还包括节流装置、弯头、已知椭圆度、阀门、打开的三通、联接器和冷却环等资料，这些可能需双方协商。

②清管器收发装置：由于内检测器在总长度、复杂程度、几何形状和可操作性方面具有多样性，应复核清管器收发装置的适用性。

③管子洁净度：管子洁净度对数据收集有重要影响。

④流体种类：气体或液体，会影响对方法的选择。

⑤流量、压力和温度：气体的流量会影响内检测器的检测速度。如果速度超过正常范围，分辨率就会受到不利影响。总的检测时间由检测速度决定，但也受到内检测器电池容量和数据储存能力的限制。高温会影响检测质量，因此应加以考虑。

⑥介质的旁通泄流/补给：气流速度高的管道，可考虑降低气体流量和速度，降低检测器的运行速度。在流量过低时，应考虑增加气体量。

⑦管道内涂层静电影响：需要采取静电泄放方法。

⑧速度过高的影响：需要设计加装速度控制单元。

（3）管道运营企业应从以下方面对内检测方法总的可靠性进行评价。

①内检测方法的置信度水平（如对缺陷进行检测、分类和尺寸确定的可能性）。

②内检测方法/内检测器的历史。

③成功率/失败率。

④对管段整个长度和全周向的检测能力。

⑤对多种原因造成的缺陷的检测能力。

总之，管道运营企业应重点分析检测的目的和目标，使内检测器的检测能力与已知的管道重要参数、预计的缺陷相匹配。内检测器的选择取决于管段的具体情况和检测的目标。

二、管道外检测技术

国内外采用的管道外腐蚀检测的方法有以下几种，总结其优缺点见表 4-1。

表 4-1　管道外腐蚀检测方法的技术特点和适用范围

序号	名称	优点	缺点	适用范围
1	标准管电位法	测试方法简单，方便快捷；现场取得数据，无需开挖	通常仅在预定测点处读取数据，不能准确确定防护层失效部位；外防护层剥离产生屏蔽是检测不出来的	作为涂层性能检测技术，效果是有限的，适用于所用管道

（续表）

序号	名称	优点	缺点	适用范围
2	密集管地电位法	可确定管道及外防护层漏点的位置；可判断缺陷的形状	涂层剥离而产生屏蔽时检测不出来；读数误差大，有时误差达200～300 mV；仪表多，使用繁琐；应用经验少	目前该项技术还没有在国内得到应用，适用于长输管道
3	直流电压梯度测试法	设备简单，测量快速；可定位涂层缺陷位置，定位偏差小，仅在152 mm左右；可确定管道是否腐蚀	仅适用于外加电流阴极保护系统；受土壤的性质及杂散电流干扰大，仅适用于长输管线，不适用于地下管网	直流电压梯度法是一项较成熟的技术，国内应用广泛；适用于外加电流阴极保护系统
4	电位差法	无需开挖，省时省力，设备简单，计算方便	只能测定外防护层绝缘电阻率，不能确定涂层缺陷位置；环境影响较大	该方法被列为石油天然气行业标准 SY/T 5918 中沥青防护绝缘层电阻率测试方法，适用于所有管道
5	皮尔逊法	能判断外防腐层漏蚀点的确切位置；无需开挖，能以10～20 km的勘测距离推进，相对速度比较块；不受阴极保护系统的影响	不能确定管道的保护情况，即不能记录电位的读位；涂层破损的大小，仅能由经验定性估计；不适于区域性管网；不能检测出产生屏蔽的剥离涂层	皮尔逊法是一项成熟的技术，国内应用较早，有丰富的应用经验，适用于长输管道
6	管内电流法	消除了管道电感、电容的影响；能测出防护层绝缘电阻率值，可综合判断管道涂层状况；应用经验丰富	仅适用于外加电流保护系统；需开挖两处管段，增加了工作量；不适用于涂层太差的管道（极化电阻太大）；不能确定防护层破损点的位置	已被列为石油天然气行业标准 SY/T 5918，用于防护层绝缘电阻率测定；国内应用广泛，适于外加电流阴极保护系统及涂层较好的管道
7	间歇电流法	减少了阴极极化电阻对测量结果的影响；无需开挖，减少了工作量；更接近于真实的电位分布情况；应用经验丰富	操作与数据处理较外加电流麻烦，不能像外加电流那样选取任意测线段；对绝缘法兰、分支管道等外在因素依赖性大，不能确定涂层缺陷位置	已被列为石油天然气行业标准 SYJ 23—86，用于管道外防护绝缘层电阻测试，国内应用广泛，适用于法兰绝缘良好且无分支的管道

（续表）

序号	名称	优点	缺点	适用范围
8	多频管中电流法	能准确指出破损点的位置；能定性、定量评估外防护层老化情况；适用于管道常规定期监测，也适用于管道竣工的质量检测；可在各类地表透过各类土壤检测；操作简便，检测速度快	管道杂散电流有一定干扰；是一项新技术，应用经验少	多频管中电流法是集数学、物理、计算机等多学科的新技术，有许多技术优势，符合管道检测趋势，必将得到推广，但目前该项技术还不成熟；适用于所有管道
9	变频选频法	测量时只需在被测管段两端与金属管道实现电气联通，不需要开挖；所测结果不受管道长短、有无分支、管道防护层质量好坏的影响；测量干扰小，测量速度快	计算烦琐，需专用计算机处理数据；只能定性判断防护层的好坏，不能准确定位涂层缺陷位置	该方法是一项新技术，有许多技术优势，已被列入中国石油天然气行业标准 SY/T 5918 中选频变频法测量防护层绝缘电阻率；适用于所有管道
10	近电位勘测法	可确定真实的防护状况，可计算漏点的大小；无需知道土壤电阻率及杂散的电流大小；可用计算机处理，即自动取样	仅适用于外加电流阴极保护系统；测量时，需多次开关阴极保护电源；受环境及频率大小的影响	被国外资料认为是"目前最先进和精益求精的"；目前还未见国内应用该技术的报道；该项技术有很大的应用前景，适用于外加电流阴极保护系统

三、其他管道检测技术

（一）管材检测

　　金属管道分无缝管和有缝管两种。无缝管常用穿孔法和高速挤压法制成，大口径无缝管也有用锭材经锻造和轧制等方法加工成形的。无缝管中常存在裂纹、折叠、夹层、夹杂和内壁拉裂等缺陷，这些缺陷大多与管轴线平行。直接由锻压方式制成的大口径管的缺陷与锻件的类似，有裂纹、白点、砂眼和非金属夹杂等。有缝管是先将原材料卷成管形再焊接而成，大口径有缝管多采用焊接成形，焊接方法多采用电阻焊或埋弧自动焊。焊接的有缝管缺陷通常有裂纹、未焊透、未融合、气孔和夹渣等。金属管材的表面常采用目视检查、渗透检测和磁粉检测；内部常采用涡流检测和超声检测等。

　　（1）管材的表面检测：表面检测是管材全面检测首选的无损检测方法。表面检测的方法主要有目视检查、渗透检测和磁粉检测。

①目视检查是指用人的肉眼或肉眼与各种放大装置相结合对试件表面作直接观察。目视检查是重要的无损检测方法之一,对于表面裂纹的检查,即使采用了其他方法,目视检查仍被广泛用作有用的补充。目视检查的优点主要是简单、快速;缺点主要是仅涉及表面情况,表面可能须做某些准备,如清洗、去除油漆氧化皮及尘土,可能需要喷砂或喷丸,某些部位难以接近,当可接受的缺陷很小而检验面积很大时有漏检的可能。对于不同类型的表面缺陷可采用不同的目视检查手段,如借助于放大镜、内窥镜等。

②渗透检测是利用渗透液的润湿作用和毛细现象而使其进入工件表面开口的缺陷,随后被吸附和显像。一般说来,液体渗透检测只能检查材料或构件表面开口的缺陷,对埋藏于皮下或内部的缺陷,渗透检测是无能为力的。它的优点是方法简单、成本低,适用于有色金属、黑色金属和非金属等各种材料和各种形状复杂的零部件;缺点是对多孔性材料不适用。渗透检测使用的渗透剂包括清洗剂、着色剂和显像剂,着色剂分为普通红色和荧光两种(根据照明条件选用)。目前国内外均有多家渗透剂生产厂商,产品质量差别不大。

③磁粉检测是利用导磁金属在磁场中被磁化,并通过显示介质来检测缺陷特性的一种方法。其基本原理是:当工件被磁化时,若工件表面及近表面存在裂纹等缺陷,就会在缺陷部位形成泄漏磁场,泄漏磁场将聚集检测过程中施加的磁粉,形成磁痕,从而提供缺陷显示。磁粉检测法可以检测材料和构件的表面和近表面缺陷,对裂纹、折叠、夹层和未焊透等缺陷极为灵敏。磁粉检测法的优点是设备简单、操作方便、观察缺陷直观快速,并有较高的检测灵敏度,尤其对裂纹十分敏感。它的局限性是只适用于铁磁性材料及其合金,且只能发现表面和近表面的缺陷。

在使用渗透检测和磁粉检测对金属管材的表面检测中,磁粉检测法灵敏度相对较高、漏检率低,因此优先推荐使用。

(2)管材的涡流检测:涡流检测是把导体接近通有交流电的线圈,由线圈建立交变磁场,该交变磁场通过导体,并与之发生电磁感应作用,在导体内建立涡流。导体中的涡流也会产生自己的磁场,涡流磁场的作用改变了原磁场的强弱,进而导致线圈电压和阻抗的改变。导体表面或近表面出现缺陷时,将影响到涡流的强度和分布,涡流的变化又引起了检测线圈电压和阻抗的变化,根据这一变化,就可以间接地知道导体内缺陷的存在。因此,涡流检测适宜于导体表面缺陷或近表面缺陷。由于"趋肤效应"的影响,对于材料内部缺陷,由于涡流密度的衰减,渗透深度的减小,其检测灵敏度降低,而且采用涡流检测有高频激励信号存在,给信号的处理带来一定的困难,容易引起信号的相互干扰。

对钢管进行涡流检测时,通常采用穿过式线圈探头检测通孔缺陷,采用扁平放置式线圈探头检测表面裂纹。另外,铁磁性管材在不同磁场强度作用下具有不同的磁导率,因此,对铁磁性管材进行检测必须设置磁饱和装置,并对检测线圈所检测的区域施加足够强的磁场,使其磁导率趋于常数。铁磁性钢管涡流检测的频率一般为 $1\sim500$ kHz。涡流检测时,必须用对比试样来调节涡流仪的检测灵敏度、确定验收水平和保证检测结果的准确性。对比试样应与被检对象具有相同或相近的规格、牌号、热处理状态、表面状态和电磁性能,大多数标准规定对比试样上的人工缺陷为通孔或刻槽。焊接钢管涡流检测依据《钢管涡流探伤检验方法》(GB 7735),比较样品中人工缺陷与生产中出现的缺陷在系统中显示信号的幅值进行判断。

(3)管材的超声检测:超声检测是一种应用十分广泛的无损检测方法,它既可检测材料或构件的表面缺陷,又可以检测内部缺陷,尤其是对裂纹、叠层和分层等平面状缺陷具有很强的检测能力。超声波检测法适用于钢铁、有色金属和非金属,也适用于铸件、锻件、轧制的各种型材和焊缝等。超声波检测法较适用于检查几何形状比较简单的工件。对于管材、棒材、平板、钢轨和压力容器焊缝等几何形状比较简单的材料和构件,可以实现高速自动化检测。

小口径管材大多为无缝管,对平行于轴线的纵向缺陷,可用横波进行周向扫查检测;对垂直于轴线的管内横向缺陷,可用横波进行轴向扫查检测。应考虑管材与探头相对运动的轨迹和声束覆盖范围,以保证管材 100% 被扫查到。为避免由于缺陷取向等原因产生声波反射呈现定向性而发生漏检,应从两个相反方向各扫查一次。小口径管超声检测通常有接触法和水浸法两种。接触法适用于手工检测,为增加耦合性能,减少波束扩散,一般将有机玻璃斜楔磨成与管子外径曲率相近的形状,并采用接触式聚焦探头,以提高检测灵敏度。

大口径管材超声检测的探测方式分为纵波垂直扫查、横波周向扫查和横波轴向扫查,用于检测不同取向的缺陷。另外,对于厚壁管还要注意横波一次扫查到内壁的条件以及整个管壁进行纯横波检测的声束条件。

(二)环焊缝检测

金属管道焊缝在其焊接的过程中会产生一些缺陷。出现在表面的缺陷主要有未焊透、咬边、焊瘤、表面气孔、表面裂纹等,内部缺陷主要有夹渣、夹杂物、未焊透、未熔合、内部气孔、内部裂纹等。表面缺陷通常采用目视检查、磁粉检测或渗透检测,内部缺陷通常采用射线或超声检测。

(1)环焊缝的目视检查。

管口焊接、修补和返修完成后应及时进行目视检查,包括焊缝及管体表面清洁状态的检查,焊缝余高、宽度、错边量和咬边深度的测量,焊缝表面裂纹、未熔合、夹渣、气孔等缺陷的检查等。焊缝外观需达到规定的验收标准,目视检查不合格的焊缝不得进行无损检测。检测工作开始前,检验量具需经计量部门按照有关标准校准,且只能在校准期内使用。

(2)环焊缝的表面检测。

对淬硬倾向大、裂纹敏感性高的金属材料焊接接头,应按设计文件或规范规定进行表面无损检测,以发现肉眼难以检出的微缺陷。检测方法以磁粉检测和渗透检测为主,如属铁磁性材料且操作条件允许时,则应尽可能用磁粉法检测。GB 50235 和 HG 20225 标准规定,焊缝表面应按设计文件规定,进行磁粉或液体渗透检验。SH 3501 标准规定,每名焊工焊接的抗拉强度下限值>540 MPa 的钢材、设计温度<−29℃的非奥氏体不锈

钢、铬—钼低合金钢管道，其承插和跨接三通支管的焊接接头及其他角焊缝，应进行表面无损检测。

①磁粉检测：主要用于检测焊缝的表面和近表面缺陷，如裂纹、折叠、夹层、夹渣、冷隔等。磁粉法能直观地显示缺陷的形状、位置、大小，并可大致确定其性质；具有高的灵敏度，可检测出最小宽度约 1 μm 的缺陷，几乎不受试件大小和形状的限制；检测速度快，工艺简单，费用低廉。检测前，首先应检查所配制的磁悬液浓度是否合适，浓度太高，易产生伪磁痕；浓度太低，灵敏度会降低。其次要检查磁轭的提升力是否达到标准要求。现场检测时，必须用标准试片检查检测系统的综合灵敏度，符合标准要求时才能作业。

②渗透检测：是检测试件表面上开口缺陷的一种无损检测方法，应用于检测各种类型的裂纹、气孔、分层、缩孔、疏松等其他开口于表面的缺陷。在管道焊缝表面检测中，渗透检测主要用于无法进行磁粉检测的部位或非铁磁性材料的焊接接头表面缺陷，一般采用溶剂去除型渗透剂。液体渗透法的优点是不受试件的几何形状、大小、化学成分和内部组织的限制，也不受缺陷方位的限制；原理易懂、设备简单，检测速度快；费用较低；缺陷显示直观，检测灵敏度高。渗透检测时应注意：A. 环境温度如不在 10℃～50℃ 时，必须采用非标准温度检测方法。B. 被检表面不得有影响检测结果的铁锈、氧化皮、焊接飞溅及各种防护层。C. 要有足够的渗透时间，一般不小于 10 min。D. 去除时一要防止过清洗，二要在擦拭多余渗透剂时保持一个方向。E. 显像剂喷涂一定要均匀且薄，观察显像要在显像剂施加后的 7～60 min 内进行。

(3)环焊缝的射线检测。

射线检测法是利用射线在穿透物体过程中受到吸收和散射而衰减的特性，在感光材料上获得与材料内部结构和缺陷相对应的黑度不同的图像，从而检测出物体内部缺陷的种类、大小、分布状态并给予评价。因此，射线检测法适用于检出材料或构件的内部缺陷。射线检测法只对体积型缺陷比较灵敏，对平面状的二维缺陷不敏感。而焊缝中通常存在的气孔、夹渣、密集气孔、冷隔、未焊透、未熔合等缺陷往往是体积型的，即使是焊接裂纹也有一定的体积，可以用这种方法检测到缺陷。所以，射线检测法适用于焊缝检测。在射线检测时由于射线对人体有害，必须妥善防护。

管线环焊缝射线检测一般分为 X 射线检测和 γ 射线检测，前者用于壁厚在 26 mm 以下的管线环焊缝检测，后者多用于大壁厚、架空或射线机难于架设的部位。由于环焊缝焊接缺陷一般以体积性缺陷为主，如夹渣、气孔、未焊透、未熔合、内凹等，因此利用射线穿过介质的能量衰减在胶片上记录缺陷是环焊缝无损检测的主要方法。

目前，管线环焊缝检测采用了先进的检测工艺(如智能内检测器)，由于 X 射线检测的清晰度、灵敏度均高于 γ 射线检测，因此一般尽可能采用 X 射线检测。在制定 X 检测工艺时，通常是按管径、管线状态(直管或弯管、站场、阀室等)选择检测方式，对于管径大于 219 mm 的管线直管段和曲率半径大于 10D 的弯管段，可采用 X 射线管道智能内检测器进行检测(γ 射线检测的智能内检测器可用于较小的管径)。这种检测方法具有效率高(比传统管外架机高 40 余倍)、裂纹检出率高(中心曝光)、辐射污染小(在管内曝光)等优点。因此，X射线管道智能内检测器已成为管线对接环焊缝射线检测的主要手段。对于曲率半径小于10D的弯管和管径小于219 mm的管线，X射线检测仍然采取传统的管外架机方式进行检测。美国Envi2Sion公司生产的EnvisionScanGW22TM管道环焊缝自动扫描X射线实时成像系统，该设备采用目前最先进的CMOS成像技术，用该设备完成＜609 mm（24 in）管线连接焊缝的整周高精度扫描只需1～2 min，扫描宽度可达75 mm，该设备图像分辨率可达80 μm，达到和超过一般的胶片成像系统。

工业管道的射线检测比例和合格级别，各施工及验收规范的要求不尽相同。但其划分依据均为介质的特性或管道的级（类）别以及设计压力和设计温度。GB 50235标准规定下列管道焊缝应进行100％射线照相检验，其质量不小于Ⅱ级，即：①输送剧毒流体的管道；②输送设计压力＞10 MPa或设计压力＞4 MPa且设计温度的可燃流体和有毒流体的管道；③输送设计压力≥10 MPa且设计温度＞400℃的非可燃流体和无毒流体的管道；④设计温度＜29℃的低温管道；⑤设计文件要求进行100％射线照相检验的其他管道。《输气管道工程设计规范》（GB 50251—2015）规定输气站内管道和跨越水域、公路铁路的管道焊缝，弯头与直管段焊缝以及未经试压的管道碰口焊缝，均应进行100％的射线照相检验。《输油管道工程设计规范》（GB 50253—2014）规定对通过输油站场、居民区、工矿企业和穿越跨大中型水域、一二级公路、高速公路、铁路、隧道的管段环焊缝，以及所有的管道碰死口焊缝，应进行100％的射线检测。GB 50251、GB 50253和GB 50235标准中的射线检测合格等级，应符合国家现行标准《金属熔化焊对接接头射线照相》（GB 3323—2005）的规定，Ⅱ级为合格。

（4）环焊缝的超声检测。

超声波检测法是一种应用十分广泛的无损检测方法，它既可检测材料或构件的表面缺陷，又可以检测内部缺陷，尤其是对裂纹、叠层和分层等平面状缺陷具有很强的检测能力。超声波检测法适用于钢铁、有色金属和非金属，也适用于铸件、锻件、轧制的各种型材和焊缝等。

小管径管道设计若无特殊要求时，施工过程通常采用手动数字化超声波检测仪进行检测。小管径工业管道焊缝的超声检测有大K值、短前沿、一次波探测根部的特点，要求仪器有较窄的始脉冲，占宽＜2.5 mm，且有较高的分辨率；探头一般为5 MHz大K值探头，晶片尺寸常为6 mm×6 mm或8 mm×8 mm，前沿长度常为4～6 mm，可采用单晶或双晶线聚焦探头。扫查时利用一、三次波探测焊缝下部和根部，二次波探测焊缝上部，以缺陷水平位置结合回波幅度等特征进行综合判定。检测区域的宽度应是焊缝本身加上7～9倍壁厚，通常在60 mm左右。

一般大管径（610 mm以上）、高钢级、全自动焊接或半自动焊接管线，通常采用全自动超声检测系统。全自动超声检测技术目前在国内外（如涩宁兰和西气东输管线）已被大量应用于长输管线的环焊缝检测，与传统手动超声检测和射线检测相比，其在检测速度、缺陷定量准确性、减少环境污染和降低作业强度等方面有着明显的优越性。全自动相控阵超声检测系统采用区域划分方法，将焊缝分成垂直方向上的若干个区，再由电子系统控制相控阵探头对其进行分区扫查，检测结果以双门带状图的形式显示，再辅以TOFD（衍射时差法）和 B 扫描功能，对焊缝内部存在的缺陷进行快速分析和判断，大大提高了检测效率，降低了劳动强度，适合快速多机组施工现场。

GB 50235 和 HG 20225 标准规定，如用超声检测代替射线检测时须经建设单位同意，其检验数量应与射线检验相同。SH 3501 标准规定当设计规定采用超声波检测时，应按设计规定执行；当设计规定采用射线检测但由于条件限制需改用超声检测代替时，应征得设计单位同意。GB 50235 和 HG 20225 标准中的超声检测部分按《焊缝无损检测超声检测技术检测等级和评定》（GB 11345—2013）进行，SH 3501 标准中的超声检测部分按 JB 4730 标准进行，DL 5007 标准中的超声检测部分按 DL/T 5048 标准进行。合格标准为：100％射线检测或射线检测要求Ⅱ级对应的超声检测应为Ⅰ级合格，局部射线检测或射线检测要求Ⅲ级对应的超声检测应为Ⅱ级合格。

（5）环焊缝的复合检测。

由于射线检测和超声波检测对不同类型缺陷的敏感性不同，因此管道环焊缝通常将射线检测和超声波检测方法结合起来共同控制环焊缝焊接质量。夹渣、气孔、未焊透、未熔合内凹等是焊接中最易出现的体积性缺陷，应以射线检测为主，超声波检测为辅，因为超声波检测对于裂纹、未焊透缺陷较为敏感。对于特殊工序，如补焊区域也可采取磁粉检测作补充。总之，应当综合应用无损检测方法，这样才能控制好焊接质量。

现行管线设计一般依据国家标准（如 GB 50251—2015、GB 50253—2014）和行业标准（如 SY 0401—1998、SY 0470—2000）进行设计，对于管线穿跨越部分的环焊缝采用100％射线加 100％超声波检测，其他部分的环焊缝检测则按比例进行，其比例按照管线所经过的环境条件、人口密集程度等因素划定不同级别，即按一、二、三、四类地区依次递增，这些地区的检测比例规定为：天然气管线射线检测比例 5％、10％、15％ 和 20％（100％超声波检测后）；10％、15％、40％ 和 75％（不进行超声波检测）。实际上在目前天然气长输管线、城市管网建设中，环焊缝检测比例比上述规定严格得多。这主要表现在，首先干线管道建设单位在管线设计时就提出了比现有规范更高的检测比例，均采用了100％射线检测外加 10％～30％超声波检测（如西气东输输气管线、涩宁兰输气管线、兰成渝成品油管线和靖西天然气管线）；其次城际间和城市天然气管网的检测也采取了更高的检测比例，射线和超声波检测都规定为 100％（如江苏张家港至无锡、浙江绍兴、西安市城市管网等）。这些检测比例与现行按地域划分检测比例的巨大差异，最终大大提高了管线的安全性，确保了管线施工质量的万无一失。据了解，现有国内大多数管线建设中对于环焊缝检测比例与目前国外管线建设时采取的惯例也是一致的。

（三）管体应变检测技术

管体应变检测技术是针对敷设在易沉降地段、易滑坡地段、采空区等高风险区管道的保护监测技术，通过研究地质变化情况，掌握沉降发生的特点，分析沉降类型及发生频率，监测道沉降情况下管道的应力应变情况，了解是否对管道造成损伤。可在识别出的高风险地段按照监测系统，通过网络将数据长传至总部，总部开展数据分析，做到沉降风险实时监控、实时分析、实时预警。

1. 资料收集

按照管体应变检测设备时,需收集以下资料。

(1)管道竣工图、施工记录、自然与地质环境和管道周边工程活动情况等。

(2)管道沉降区分布情况。

(3)管道沉降区土体性质。

(4)管道材料性质。

(5)管道投产运行以来的事故、事件情况。

2. 工作流程

管体应变检测的工作流程是:选择高风险点进行监测,对各个监测区域的管道沉降以及曾经发生过的管道沉降进行调研,根据调研结果制订监测方案,包括探头的种类、数量、分布,监测频率、数据传输方式和电源充电方式等,然后进行现场传感器安装调试、网络软件安装、参数合理设置、制订保护方案。

3. 安装要点

(1)工作环境适合野外长期工作,适应当地温度、湿度的要求,系统设计满足防水要求。

(2)系统供电采用太阳能和蓄电池联合供电,供电系统满足野外无直接电源供电的要求。

(3)局域网传输,软件系统的架构采用浏览器/服务器(BS)结构方式。

(4)安装时不在管子上直接焊接,土建符合安装要求,主机要求埋地。

(5)采取无人值守,派人定期巡护。

(6)数据可远传至公司服务器,实现数据远程集中管理和分析,采用 GPRS 或 CDMA 数据传输。

(7)实现实时监测参数、定位、统计分析功能。

(8)建立自动调整的报警机制,可实现自动报警。出现异常变化,可在系统界面显示报警信息,并将报警信息发至工作人员。

4. 现场安装

(1)安装前确认:在施工以前应加工好测斜仪不锈钢延长杆,长度为 0.5 m,直径与测斜仪基本相同,一端带有与测斜仪匹配的外螺纹;按设计要求,加工好不锈钢支架和护罩,确保支架与护罩之间能较好地匹配。将三块太阳能电池板及 DTU 天线放到支架上;准备探头,各个探头的连接线长度应以管道埋深+2 m 为宜。

(2)开挖作业:开挖深度为管道底部以下 0.5 m;坑底面积为沿管道长度方向 2 m,垂直于管道方向 3 m;其他包括排水措施与开挖规程等。

(3)应变计布局:每个监测点安装三个应变计,应变计沿管道周向 120°均布或 90°分布,其中应变 1 位于管道的正上方,管道内气体流向为从纸面内向纸面外。

(4)防腐层剥离:每个应变计的两端均要通过连接片粘贴在管道上,在已经选定应变计的位置按连接片的大小和间距分别去掉两片防腐层,露出管道本体,去掉管道表面的环氧粉末以增加黏结力。不应去掉两片连接片之间的防腐层。

(5)粘贴连接片:用固定棒将两个应变片定位,中心间距为 10 cm。在连接片表面均匀涂抹双组分 AB 胶并混合均匀,数分钟后将连接片固定在裸露的管体上,并用手按压 20 min,待黏结胶基本固化以后再松手。胶不宜涂抹太多,厚度以 1~2 mm 为宜,两个连接片之间不应有胶粘连。

(6)应变计固定:待黏结胶完全固化后,松开紧固螺栓,取出固定棒,将应变计放入支架中,旋紧紧固螺栓。应保持三个应变计的安装方向相同。

(7)恢复剥离层:在应变计外部安装玻璃钢防护罩,外面用补伤片保护。补伤片的大小宜完全盖住玻璃钢罩并且四周均留有 100 mm 余量。安装补伤片时,不要损坏(伤)导线。

(8)电火花检漏:在应变计安装完毕后,回填部分土壤并压实,直至土壤与管道中心线平齐为止。将事先加工好的测斜仪延长杆带螺纹段朝上,竖直插入土壤中,深度约为 0.5 m,位置距管道 2 m 以内。将测斜仪与延长杆旋紧,并保持测斜仪的导轮方向与管道平行(正向位于上游)。

(9)土压计、孔隙水压计安装:在土壤与管道中心线平齐时,将土压计水平放在距管道 0.5 m 以内的土壤上。将事先准备好的细沙均匀撒在土压计附近 30 cm×30 cm 见方的土壤上,细沙厚度不小于 5 cm,将孔隙水压计放在细沙上,上面再撒上细沙,细沙厚度不小于 5 cm。

(10)土壤回填:将土壤回填并压实,回填土壤的过程中应始终保持测斜仪竖直。

(11)采集仪测试与埋设:将已经埋设的各个探头的导线、DTU 天线以及太阳能充电连接线分别接到采集仪相应的接口上,对采集系统进行初步调试,确保各个探头有效工作,整个系统运行正常。将接口和防水盒密封,埋入管道正上方地面以下 30 cm 处。

(12)太阳能供电系统的埋设:在防水盒的上方埋入外形与管道加密桩相同的太阳能供电系统,露在地面以上部分 70 cm,并使太阳能电池板朝向正南方,将土壤压实。在护罩外部喷上与附近管道加密桩相同的警示语句。

5. 系统调试与维护管理

(1)在服务器上安装上位机软件,并进行软件测试。系统硬件与上位机联调至无数据输入输出错误。

(2)运营单位应制定管体应变监测系统相关设备的维护规程,负责系统日常运行管理。

(3)运营单位应定期检查应变计、土压计和孔隙水压计等安全情况,检查工作情况应列入站场巡检内容,并有相关记录。

6. 报警响应

(1)数据超限当报警联系人收到数据超限报警信息时应及时关注监测点处管道的状

态,判断管道是否受到了管道沉降威胁。

（2）电池电量不足当报警联系人收到电池电量不足报警信息时应及时对该监测点的电池进行充电或更换电池。

（3）超过规定时间未采集当报警联系人收到超过规定时间未采集报警信息时应及时检查监测系统硬件是否受到了外界的破坏,当地手机（本机使用的网络）信号是否正常,并将检查结果通知监测系统维护技术人员,技术人员根据情况判断系统故障来源,并及时进行修复。

(四)油气管道泄漏检测与定位技术

油气管道在生产运行中由于因老化、腐蚀、自然灾害、第三方破坏等原因,会导致管道破裂,造成油气泄露,如不及时查明漏点并加以制止,不仅会造成经济损失、污染环境,还会危及人身安全,甚至造成灾难事故。因此开展管道泄漏检测,可以有效保障管道安全运行、减少泄露损失。

1.管道泄漏检测方法

（1）直接检漏法。

①人工巡线:由有经验的技术人员携带检测仪器设备或经过训练的动物分段对管道进行泄漏检测和定位,或者在管道沿线设立标志桩,公布管道所辖单位的电话号码,管道发生泄漏时由附近居民打电话报警。这类方法定位精度高,误报率低,但依赖于人的敏感性、经验和责任心。最初,油气长输管道的泄漏监视常采用人工巡线的方法。但该方法不能及时发现油气泄漏,只有在管道泄漏处表面出现油迹,气味散发才能发现,局限性较大。

②无人机巡检:近年来搭载热成像相机的无人机开始用于管道巡线,通过红外图像记录管道附近土壤温度异常来发现油品或天然气泄漏。与人工巡检一样,只有在管道泄漏处表面出现油迹才能被发现。

③检漏电缆法:检漏电缆法多用于液态烃类燃料的泄漏检测。电缆与管道平行铺设,当泄漏的烃类物质渗入电缆后,会引起电缆特性的变化,并被转变为电信号或光信号输出,通过特定的仪器即可知泄漏的发生及泄露位置。

检漏电缆法能够快速而准确地检测管道的微小渗漏及其渗漏位置,但其必须沿管道铺设,施工不方便,且发生一次泄漏后,电缆受到污染,在以后的使用中极易造成信号混乱,影响检测精度,如果重新更换电缆工程量较大。

④示踪剂检测法:将放射性示踪剂掺入管道内的介质中。管道发生泄漏时,放射性示踪剂随泄漏介质到管道外,扩散并附着于周围的土壤中。位于管道内部的示踪剂检漏仪随着输送介质而行走,可在360°范围内随时对管壁进行监测。示踪剂检漏仪可检测到泄漏到管外的示踪剂,并记录下来,确定管道的泄漏部位。该方法对微量泄漏检测的灵敏度很高,但检测操作时间较长,工作量较大。

⑤光纤检漏法:用光纤进行泄漏检测的技术已经比较成熟,光纤检漏法分为塑料包

覆石英光纤传感器检漏、分布式光纤温度传感器检漏。

A. 塑料包覆石英光纤传感器检漏：油与光纤接触时渗透到包层，引起包层折射率变化，导致光通过纤芯与包层交界面的泄漏，造成光纤传输损耗升高。传感器系统设定报警界限，当探测器的接收光强度低于设定水平时，会触发报警电路。这种传感器可用于多种油液的探测。

B. 分布式光纤温度传感器检漏：管道内介质与环境温度不同，且发生泄漏时，布置在管道外侧的分布式光纤温度系统可感知温度变化，从而发现泄漏并能精确定位。分布式光纤温度传感器系统主要基于拉曼光反射、布里渊光反射和光纤光栅原理，其中基于拉曼光反射的分布式光纤温度传感系统（DTS）应用较多。基于拉曼散射的分布式温度传感技术最为成熟，国外已应用于管道检漏，国内尚没有应用。该方法可实现实时监测，精确定位（精度为 0.5～2.0 m）。基于光纤光栅原理的准分布式温度传感系统在国外有应用，目前国内也正在应用该项技术进行某段 10 km 管道的泄漏检测，可对关键点进行实时监测。

（2）间接检漏法。

①负压波法：当管道发生泄露时，泄漏处因流体物质损失而引起压力下降，这个瞬时的压力下降向泄漏点的上下游传播。当以泄漏前的压力作为参考标准时，泄漏产生的减压波成为负压波。其传播速度与声波在流体中的传播速度相同，传输距离可达几十公里。通过安装在管道上、下游的传感器检测到负压波的时差以及传播速度，可确定泄漏的具体位置。

负压波检测方法的一个主要缺点是管道在正常运行状态下执行切换阀门、开泵、停泵、调泵等操作时也会引起负压力波的出现，无法辨别负压力波的出现是泄漏还是管道的正常操作所致，误报较多。

②压力梯度法：压力梯度法是一种技术上不太复杂，常被使用的一种泄漏定位方法。管道发生泄漏时会在漏失点产生额外的压力损失，使其上游的压力梯度较陡，而下游的压力梯度较为平缓，根据上游站和下游站的流量、密度、速率、温度等参数，计算出相应的水力坡降，然后分别对上游站出站压力和下游站进站压力作图，其交点就是预测的泄漏点。

③流量平衡法：该方法基于管道流体流动的质量守恒关系，在管道无泄漏的情况下进入管道的流体质量流量应等于流出管道的质量流量。当泄漏程度到一定量时，入口和出口就形成明显的流量差。检测管道多点位的输入和输出流量，就可判断泄漏的程度及大体位置。

④实时模型法：是今年来国际上着力研究的检测管路泄漏的方法。它的基本思想是根据瞬变流的水力学模型和热力学模型考虑管道内流体的速度、压力、密度以及黏度等参数变化，建立起管道的实时模型，在一定的边界条件下求解管内流场，然后将计算值与管端的实测值进行比较。当实测与计算值偏差大于一定范围时，即认为发生了泄漏。

⑤统计决策方法：在众多的泄漏检测方法中，由壳牌公司开发的统计决策法是一种

比较新的检测方法。它使用统计学方法,对管道的入、出口实测的压力、流量值进行分析,连续计算发生泄漏的概率。在泄漏确定以后,可以通过实测的压力、流量值计算泄漏量的大小,并使用最小二乘法进行泄漏定位。

⑥应力波法:管道由于腐蚀、人为打孔等原因破裂时,会产生一个高频的震动噪声,并以应力波的形势沿管壁传播,噪声强度随距离按指数规律衰减。在管道上安装对泄漏噪声敏感的传感器,通过分析管道应力波信号功率谱的变化,管道中的流体泄漏可以检测出来。

⑦声波法:当管道内流体泄漏时,由于管道内外的压力差,使得泄漏的流体在通过泄漏点到达管道外部时形成涡流,这个涡流产生振荡变化的声波。声波法是将泄漏产生的噪声作为信号源,声波沿管道向两端传播,通过设置好的传感器拾取该声波,经处理后确定泄漏是否发生并进行定位。

当管道发生泄漏后,泄漏点会产生噪音。利用设置好的声音传感器检测沿管线传播的声波,从而进行泄漏检测和定位。

第四节　完整性评价

完整性评价是管道完整性管理的核心步骤,它是通过特定技术手段获取管道缺陷信息来对管道的完整性进行评估,以明确现在和将来管道达到安全运行状态的能力和水平的过程。完整性管理的价值最终体现在合理有效的维修维护计划上来,通过维修维护来降低管道运行风险和提高安全水平,而完整性评价则是为维修维护计划的制订提供依据。通常而言,完整性评价是基于风险评价的结果,对高风险段的管道缺陷进行检测,对缺陷的剩余强度和剩余寿命进行评估,并预测缺陷导致管道失效的发展趋势,在此基础上给出管道整体安全运行上限条件,并制订有针对性的维修维护计划。

国外一些工业发达的国家早在 20 世纪 70 年代就开始开展管道完整性评价的研究,建立了一系列管道完整性评价标准和方法。这些标准和方法针对影响管道完整性的缺陷因素,如腐蚀缺陷、制造缺陷、裂纹、凹陷等,结合数值计算和现场试验得到了缺陷评价的一系列经验或半经验公式。近年来,国内在完整性评价方面也取得了较大的进展,在一般性缺陷(如腐蚀、凹陷等)的检测与评价方面初步满足了管道运营的需要。

一、完整性评价方法

管道完整性评价主要是针对油气长输管道开展,管道完整性评价的目的是通过完整性评价明确管道的状况,制定响应计划,降低管道风险。管道完整性评价有三种方法:内检测评价法、压力试验法和直接评价法。

内检测评价法包括:变形内检测、漏磁内检测、超声内检测及其他内检测等,针对管体存在的缺陷类型,确定合适的内检测方法。在开展完整性评价时,应优先选用内检测。

压力试验法一般在换管、升压运行、输送介质发生改变、封存管道启用等情况下选用。

直接评价只限于评价三种具有时效性的缺陷,即外腐蚀、内腐蚀和应力腐蚀。直接评价一般在管道处于如下状况下选用:①不具备内检测或压力试验实施条件的管道;②不能确认是否能够实施压力试验或内检测的管道;③使用其他方法评价需要昂贵改造费用的管道;④确认直接评价更有效,能够取代内检测或压力试验的管道。

(一)内检测评价法

管道内检测是一种用来确定管道危险迹象的位置、初步描述危险迹象特征的完整性评价方法。内检测的有效性取决于所检测管段的状况和内检测器与检测要求的匹配性。下面介绍针对特定危险的内检测器的应用。

1.用于内、外腐蚀危险的金属损失检测器

对于这类危险可选用以下几种工具进行检测,其检测效果受到检测器本身设计技术的限制。如果检测速度高,会降低尺寸测定的精度。

(1)普通分辨率漏磁检测器和确定尺寸相比,更适合检测金属损失。缺陷尺寸的检测精度受传感器尺寸的限制。对于疤、沟槽等特定的金相缺陷很敏感。除金属损失外,对大多数其他类型的缺陷,检测或尺寸测定都不可靠。对轴向直线金属损失缺陷的检测或尺寸测定也不可靠。

(2)高分辨率漏磁检测器对尺寸的检测精度比普通分辨率漏磁检测器高。对几何形状简单的缺陷,尺寸的检测精度最高。在有点蚀或缺陷几何形状复杂的区域,尺寸的检测精度会降低。除检测金属损失外,还可检测其他类型的缺陷,但检测能力会随缺陷几何形状和特征的变化而不同。一般对轴向排列缺陷的检测不可靠。

(3)超声直波检测器通常需用一种液体耦合剂。如果反馈信号丢失,就无法检测到缺陷及其尺寸。在地形起伏较大和弯头处的缺陷,以及缺陷被夹层掩盖的情况下,容易丢失反馈信息。这类检测器对管子内壁堆积物和沉积物较为敏感。

(4)超声斜波检测器需用一种液体耦合剂或一个轮耦合系统。对缺陷尺寸测定的精度受传感器数量和缺陷复杂程度的限制。管壁上存在的夹杂物会降低缺陷尺寸的检测精度。

(5)横向漏磁检测器对轴向排列金属损失缺陷比普通和高分辨率漏磁检测器更敏感。对其他轴向排列的缺陷也比较敏感。对环向排列缺陷的敏感性比普通和高分辨率漏磁检测器要低。对大多数缺陷几何尺寸的检测精度要低于高分辨率漏磁检测器。

2.用于应力腐蚀开裂的裂纹检测器

对于这种危险,可采用下列工具进行检测,其检测效果受到检测器本身设计技术的限制。尺寸测定的精度和分辨率受检测速度影响。

(1)超声斜波检测器需用一种液体耦合剂或一个轮耦合系统。对缺陷尺寸的检测精度受传感器数量和裂纹复杂程度的影响。管壁上存在的夹杂物会降低缺陷尺寸的检测精度。

（2）横向漏磁检测器能检测一些除应力腐蚀开裂外的轴向裂纹,但不能检测裂纹尺寸。

3．用于第三方损坏和机械损坏引起的金属损失和变形的检测器

凹坑和金属损失只是这类危险的一种情况,对这类危险可采用内检测器进行有效的检测并确定其尺寸。

几何和变形检测器最常用于检测与管道穿越段变形有关的缺陷,包括施工损伤、管子放置在岩石上路压造成的凹坑、第三方损坏,以及由压载荷或管道不均匀沉降造成的弯曲或折皱。

分辨率最低的几何检测器是测量清管器或单通道测径器。对于识别并定位管道穿越段变形,这类检测器足以满足要求。标准测径器的分辨率较高,记录每个测径臂传回的数据,一般沿周向分布 10 或 12 个测径臂。可用这种类型的检测器识别变形的严重程度和变形的整个形状。利用标准检测器的检测结果,可识别出变形的清晰度或进行变形估算。高分辨率检测器能提供有关变形的最详细信息。有些还能显示坡度或坡度变化,这对识别管道的弯曲或沉降很有用。对在管子内压力作用下可能会复原的第三方损坏,一般分辨率和高分辨率检测器都不易检测。漏磁检测器在识别第三方损坏方面不大成功,也不能用来检测变形尺寸。

4．内检测技术的特点

管道内检测技术有以下较多的优点。

（1）有计划地进行管道内检测,不仅能识别潜在的管道缺陷,而且能够分辨出缺陷的大小和类型以便能早期维护,使其在达到危险点之前就被找到,进行维修,减少了大量损失以及对环境的污染。

（2）运用管道内检测技术,可以为管道维修提供科学的依据,变抢修为计划检修,有计划地更换个别管段,可大大减少管道维修费用,避免了管道维修的盲目性。

（3）对管道的承载能力做到心中有数,适时决定是否增压或减压。

（4）对管道的管径缺陷情况提供永久的状况记录,为研发管道和施工提供有益的参考。

尽管内检测在管道的施工阶段和使用阶段都得到了较为广泛的应用,但是仍然存在着一些问题。比如：

①目前阶段的所有的内检测对于缺陷的探测、描述、定位及确定大小的可靠性仍不稳定、不精确,需要改进的余地还很大;

②检测工具对工作环境的要求极为苛刻（压力、温度）,检测器在运行中不可避免地会由于运行速率、杂质等引起检测结果偏差或设备损坏;

③现有分析检测结果的方法不一致,现有的可用来证明结果的概念、检测工具的测量原理以及操作的可靠性没有达到用户所要求的程度;

④完成检测是一个多步骤的过程,取决于计算机算法与最终作决策人的经验,这个时候计算机算法和人的经验就对结果起着绝对性的作用;

⑤目前还没有如何诊断、分析、识别缺陷三维大小的推荐做法。

每个在线监测机具供应商为了各自的商业利益,都是在自己的公司内部采取保密的方法对检测结果进行解释和评价。现在还没有任何一种被公认的方式对人为因素所产生的解释错误进行评价,这种资源上的不共享在一定程度上也阻碍了内检测技术的进一步发展。

(二)压力试验法

1. 适用状况

压力试验俗称打压或水压试验(用水作试压介质时)。通过对管道进行压力试验,根据管道能够承受的最高压力或要求压力,确定管道在此压力下的完整性,暴露出不能够承受此压力的缺陷。压力试验一般在管道处于如下状况下选用。

①新建管道投运、换管、运行工况改变。

②封存管道启用。

③管道输送介质发生改变等。

2. 试压计划

压力试验介质宜用水,在特殊情况下,如缺水且人烟稀少地区,可采用惰性气体。在试压前,应编制详细的试压计划,应包括但不限于以下内容:

(1)压力控制措施:应使试压管段任一点的试验压力和静水压力之和所产生的环向应力均不超过 90%SMYS。

(2)试压管段选择可明确如下原则:

①试压管段应根据地区等级并结合地形分段。

②壁厚不同的管道应分别试压。

③穿(跨)越大中型河流、铁路、二级及以上公路、高速公路的管段应单独进行试压。

④分段水压试验的管段长度不宜超过 35 km。

⑤试压管段的高差不宜超过 30 m,当超过 30 m 时,应根据纵断面图计算低点的静水应力,核算管道低点试压时所承受的环向应力,其值一般不应大于管材最低屈服强度的 0.9 倍,对特殊地段经设计允许,其值最大不得大于 0.95 倍,试压现场可选在管段沿途的任何便利的区域内。

(3)水源和排水(当使用水作为试压介质时):在试压前宜选好水源和排水点;水质应符合要求,查阅国家法律法规和地方的法规以确保符合汲水和排水要求;在试压后排水的过程中,要采取谨慎的措施以防损坏庄稼、过度冲刷或污染河流、水道或其他水体,包括地下水,水质应达到相应的排放要求才能排放。

(三)直接评价法

直接评价只限于评价三种具有时效性的缺陷,即外腐蚀、内腐蚀和应力腐蚀。直接评价技术与防腐层密切相关,国内目前新建管道普遍采用 3PE 防腐层。

1. 直接评价

直接评价一般在管道处于如下状况下选用。

（1）不具备内检测或压力试验实施条件的管道。

（2）不能确认是否能够实施压力试验或内检测的管道。

（3）使用其他方法评价需要昂贵改造费用的管道。

（4）确认直接评价更有效，能够取代内检测或压力试验的管道。

2. 直接评价过程

直接评价的过程应满足《钢质管道及储罐腐蚀评价标准——埋地钢质管道外腐蚀直接评价》（SY/T 0087.1）和《钢质管道及储罐腐蚀评价标准——埋地钢质管道内腐蚀直接评价》（SY/T 0087.2）等标准的要求。

3. 直接评价方法

直接评价方法主要有外腐蚀直接评价（ECDA），内腐蚀直接评价（ICDA），应力腐蚀裂纹直接评价（SCCDA）等。

综上，内检测能够精确确定管道缺陷位置及大小，从而可以计算管道的剩余强度和剩余寿命，对管道状态作出评价，压力试验可以测试管道的整体承载能力，直接评价则通过管道外检测及其他管道信息对管道状况作出评价。完整性评价的各种方法都有各自的优点和针对性，同时也有一定的局限性，应该根据管道状况来选择合适的评价方法。

二、管道缺陷评价

管道缺陷按几何形状分为平面型缺陷和体积型缺陷，平面型缺陷也称为裂纹型缺陷。缺陷的存在使管道的承压能力大大下降，对管道安全带来极大威胁。缺陷评价是确定管道缺陷严重程度的技术手段，对于管道维护具有重要意义。管道缺陷一般分为金属损失、制造缺陷、裂纹缺陷、凹陷等，国际上已有相应的较为成熟的缺陷评价方法。

（一）金属腐蚀

1. 轴向缺陷剩余强度评估

对于腐蚀缺陷剩余强度评估，国际上有较多成熟评估标准，ASMEB31G、RSTRENG 0.85 dL、RSTRENG 有效面积法适合中低强度钢的评价，DNVRPFI01 适合中高强度钢的评价。

（1）ASMEB31G 评估方法：只使用两个缺陷参数（深度和长度）来评估在什么样的运行压力下有缺陷的管道不会发生断裂，主要对孤立缺陷进行评估，适应管材等级较低、管道服役年限长的老管道，该评估方法采用半经验公式，计算结果偏保守。使用 ASMEB31G 对缺陷进行评估时它将所有的缺陷即使是有交互影响的一片缺陷也考虑成为一个孤立的缺陷，这样评估时就忽略了很多的东西。另外经过试验证明，ASMEB31G 评估方法不适用于管材等级较高的高强度钢管道，例如 X70、X80 管道。

（2）RSTRENG0.85 dL 方法：RSTRENG0.85 dL（ASMEB31G 修正版）方法是 ASMEB31G 的改进方法，是需要缺陷深度和长度两个容易测量获得的参数，增加了 ASMEB31G 定义的流动应力值，将流动应力定义为 SMYS＋68.95 MPa。面积表示为 0.85

dL(d 是最大深度,L 是缺陷总长度),0.85 dL 计算得到的缺陷面积的大小介于抛物线形状面积和矩形面积之间。比 RSTRENG 有效面积方法计算简单,但是精确度也不如 RSTRENG 有效面积方法,得到的结果没有 B31G 保守,RSTRENG0.85 dL(ASMEB31G 修正版)方法在流动应力和叶形线系数上用的术语与 RSTRENG 有效面积方法相同。与 ASMEB31G 方法一样,不适用于强度等级较高的高强度钢。在 RSTRENG0.85 dL 中用 0.85 dL 取代了 2/3 dL,看上去似乎更加趋于保守,但是采用修正的流动应力值和膨胀系数时,所计算出来的爆破压力值相对于 ASMEB31G 方法所计算出来的爆破压力值就会不再保守。

(3)RSTRENG 有效面积法:RSTRENG 有效面积方法(ASMEB31G 修正版)是对复杂缺陷、交互影响缺陷的评估方法。临近缺陷的交互作用产生的破坏压力低于单个缺陷产生的破坏压力。在这里对交互作用缺陷简单解释是当相邻缺陷在纵向或环向上距离达到一定程度时管道失效压力降低,因此评估交互作用的缺陷还需要知道缺陷轴向和环向方向的间距。而当两个缺陷之间的距离是多少时才有交互,目前没有一种合适的合并方法,不同的评估方法有自己合并缺陷的经验准则。这类方法实际应用性差,在对检测数据进行分析过程中,很难获取有效面积,故这里仅作为一种应用方法进行简单介绍。

(4)DNV RPF101 方法:DNVRPF101 规定了两种可选的腐蚀管道评估方法。第一种方法与 DNV 海上标准《海底管道系统》(OS~F101)中采用的安全原理一致,采取分项安全因数给出了用于确定受腐蚀管道允许操作压力的概率校准方程。第二种方法基于 ASD(许用应力设计)原理,采用腐蚀缺陷的失效压力乘以一个基于初始设计因数的单一使用因数表示管道的安全压力。该方法适用于母材的内表面腐蚀和外表面腐蚀、焊缝腐蚀等,但不适用于超过 X80 钢的管线钢或深度大于 85% 壁厚的缺陷。

(二)裂纹缺陷

国际上成熟的对裂纹类缺陷的评价标准为《服务适用性评估推荐规范》(APIRP579)和《金属结构中缺陷可接受性评估方法指南》(BS7910),规范 BS7910—2005 对缺陷的断裂力学评估分为三级。

第一级评估是简化的评估路线,在材料性能、残余应力和施加应力等信息有限时,使用其保守的估计值。第一级评估分为 1A 级和 1B 级两种方法,其中 1A 级方法使用了失效评估图(FAD),IB 级则是不使用失效评估图的手工评估方法。第一级评估方法对缺陷尺寸包含一个平均值为 2 的内在安全因子,因此不需要另外的部分安全因子。

第二级评估是普遍应用的正常评估路线,有 2A 级和 2B 级两种方法,两种评估方法都使用失效评估图,但都不包含内在安全因子,因此需要确定合适的部分安全因子。与第一级评估相比,第二级评估具有更精确的评估线和截断线、更精确的缺陷周围应力和残余应力分布(包含次应力的计算)、更精确的材料数据,计算断裂力学变量(应力强度因子或裂尖张开位移)时,包含次应力引起的塑性修正项和取其沿裂纹边缘变化时的最大值等。其中,2A 级的 FAD 具有普适性,而 2B 级的 FAD 是依据具体材料的应力-应变曲线导出的,因此 2B 级评估一般比 2A 级精确,但不适用于焊缝热影响区材料。

第三级评估更为精确，一般需要有效的数值计算并适合于显示稳定撕裂的延性材料，分为 3A、3B 和 3C 三级。每种评估方法均使用各自的评估线，并都进行延性撕裂分析，该分析所需要的材料断裂韧性数据的形式是裂尖张开位移或 J 积分曲线。3A 级评估不需材料的应力-应变曲线，而是使用了 2A 级评估普遍适用的 FAD；与 2B 级一样，3B 级评估的 FAD 是依据具体材料的应力-应变曲线导出的；3C 级评估的 FAD，是通过对具体材料和几何的缺陷结构进行弹性和弹塑性分析，求出和 J 积分而获得的，需要单轴的真实应力-应变曲线。

一般对于裂纹缺陷的评价，首先选择第一级评估，如能在使用数据的保守估值的情况下判定缺陷在工作压力或设计压力条件下的安全性，则可认为评价工作已经完成。高级的评估不仅只是评价方法的改进，而且是各个环节的精度的提高，如应力的计算、残余应力的估计、材料性能的测量等，代价是工作量的大幅度增加和时间的延迟。初级评估无需使用多个安全因子，可根据裂纹的实际情况参考相关数据进行评估，是非常有意义的。如没有具体数据可根据裂纹实际情况参考相关数据，如断裂韧性数据可从 Charpy V 切口冲击能推算等。

FAD 的评估线将整个坐标平面划分为缺陷的可接受区域与不可接受区域。1A 级 FAD 的评估线是对于所有材料都不变的直线段 $S_T = 0.8$ 和 $K_T = 1/\sqrt{2} = 0.707$。FAD 已包含一个内在的安全因子，近似于将裂纹长度扩大一倍，由于 K_T 和裂纹长度的平方根成正比，所以除以因子 $\sqrt{2}$。评估线与坐标轴围成的矩形区域是安全区域或称可接受区域。如果经计算得到代表所评估缺陷的力学状态的单点 (S_T, K_T) 位于矩形安全区域之内，则确定缺陷为可接受，而位于评估线上或矩形区域之外的缺陷为不可接受。

(四)凹陷

凹陷定义为使管壁的曲率产生显著扰动的凹陷，由于接触外物导致管壁塑性变形而引起。凹陷深度定义为管道直径相比于原始直径的最大减小量（即名义直径减去最小直径）。

凹陷分为平滑凹陷、弯折凹陷、普通凹陷、非约束凹陷、受约束凹陷。对各类缺陷的详细描述为：平滑凹陷指引起管壁曲率平滑改变的凹陷；弯折凹陷指引起管壁曲率突然改变的凹陷［凹陷最尖锐部分的曲率半径（在任何方向）小于 5 倍的壁厚］；普通凹陷指无壁厚减小（如划伤或裂纹）和不改变邻近的环向焊缝或纵向焊缝曲率的平滑凹陷；非约束凹陷指在压痕器移开后能够自由地回弹以及在内压力改变后能够自由地回复圆形的凹陷；受约束凹陷指因为压痕器没有移开，不能够自由地回弹或回复圆形的凹陷（岩石凹陷是一个受约束凹陷的例子）。

与裂纹和/或凿痕一同发生的凹陷是最严重的管道缺陷形式，并能显示出非常低的破裂压力和疲劳寿命，因而这种缺陷需要加以调查和及时修复。虽然绝大多数其他类型的凹陷不会立即威胁到管道的完整性，但是，由于存在附加的其他缺陷（如腐蚀、张力腐蚀裂纹、压力循环导致的疲劳或持续的沉积造成的刺穿），这些凹陷会在长时间内对管道完整性构成威胁。

　　凹陷导致局部应力和应变集中以及管道直径的局部减小;普通的凹陷不会显著减小管道的爆裂强度,含有普通凹陷管道的疲劳寿命则小于普通圆管的疲劳寿命;受约束普通凹陷不会显著减小管道的爆裂强度,受约束普通凹陷管道的疲劳寿命长于含相同深度的非约束性凹陷的管道;弯折凹陷管道预期具有非常低的爆裂压力(尽管可能依赖于凹陷的形状)和短的疲劳寿命,目前还没有弯折凹陷行为的实验研究或者弯折凹陷的评估方法;焊缝含凹陷或凹陷含缺陷(如划伤)的管道的爆裂强度和疲劳强度可能显著低于含相当普通凹陷的管道。

　　参考标准 ASMEB31.4、ASMEB31.8、API1156 和管道缺陷评估手册(PDAM)等,针对凹陷评估进行总结。在底部的普通凹陷无需采取措施,在顶部的普通凹陷如果怀疑是第三方破坏,则需要进行调查和修复,否则不用采取措施。对于与螺旋焊缝和金属损失相关的凹陷缺陷特征、与螺旋焊缝相关的凹陷缺陷特征、与金属损失相关的凹陷缺陷特征需按照所分等级进行开挖验证,以确定是否存在裂纹缺陷,如果存在裂纹缺陷应立即采取措施进行修复,如果怀疑是第三方破坏,则需要进行验证和修复。

第五节　缺陷修复技术与风险减缓措施

一、管道维抢修参照的标准

　　随着抢维修技术的发展,当前国内外已形成多个技术标准,供管道应急和维修时使用。

　　(1)管道维修手册 PR-218-9307(AGAL51716)(要求标清编号、年份、国家,排序)。

　　(2)工艺管网维修与维护。

　　(3)管道检测规程。

　　(4)工艺管道。

　　(5)腐蚀管道评估标准。

　　(6)焊接和带压开孔设备的程序。

　　(7)金属管道的外部腐蚀控制维修方法。

　　(8)ASMEB31、B16 系列标准压力管道及管件。

　　(9)CFR49,PART195.402 管道操作维修应急程序。

　　(10)管道焊接与相关设备。

　　(11)SY 6186 石油天然气管道安全规程。

　　(12)SY/T 5918 埋地钢制管道防腐层修复技术规定。

　　(13)管道临时/永久性维修指南美国工程协会。

　　(14)49CFR192 联邦法规第 192 章——天然气和其他气体的管道运输:最低联邦安全标准,2003 年 10 月 1 日。

　　(15)49CFR195 联邦法规第 195 章——危险液体的管道运输,2003 年 10 月 1 日。

二、管道修复技术

管道缺陷影响管道的强度,有的缺陷还可能是"活缺陷",即由于疲劳或环境原因影响发生扩展,许多缺陷及时需要修复,本节中的修复方法并不是对每一种修复方案都有效,而是当前在工业领域里经常使用的技术。所有修复所用的材料都应满足或大于受影响的管段的最大运行压力,并且符合应用规范。

(一)换管

如果管道的某一部分出现严重的异常,或加强钢套筒及复合套筒不再适用时,应该用另外的管段更换有缺陷的部分,更换后管道的设计强度至少等于被替换前的管道的设计强度。这些严重的异常如连续大片的凹坑或裂纹。

(二)重涂和回填

当评估外部异常后,确定无须修复时,可以采取重涂和回填。在重新涂覆防腐层后,还应对异常部分施加阴极保护。但是,如果管道以前有防腐层和阴极保护,应确定腐蚀异常的原因,或采取减缓措施来防止事件再次发生以及异常现象的恶化。

(三)管道套筒

使用全包围钢套筒是管道修复时广泛采用的方法之一,正确使用的全包围型套筒至少能将缺陷处管道强度恢复到100%的最小屈服强度。

有许多种类型和构造的套筒可供使用,具体的选择取决于管道的结构和修复的缺陷部位。

1.A型套筒

A型套筒是由安装在管道缺陷部位的两个半圆柱管或两个弧面组成的,通过全焊透或单面角焊连接起来。末端不焊接到输送管道上,但是应该完全密封以防水进入管道和加强套筒之间。加强套筒不能承受压力,仅仅用于非泄漏缺陷。为了更有效,A型套筒应在缺陷部分进行加固,尽可能阻止它呈放射状的膨胀。在安装套筒时,降低运行压力,以及在环行空间内使用不可压缩的树脂填充物会使修复效果更好。

(1)优点:无需焊接在输送管道上。

(2)缺点:①对于环形缺陷不推荐使用此种套筒;②不能修复任何泄漏缺陷或立刻要泄漏的缺陷。

2.B型套筒

修复缺陷的套筒是端部焊接到输送管道上的称为B型套筒,B型套筒由两个半圆柱或围绕管道缺陷部位的两个弧形面组成,采用和A型套筒相同的安装方式。B型套筒可以带有压力和/或承受施加在管道上的横向载荷产生的纵向应力。它可以修复泄漏以及加强环形缺陷。有时用来修复非泄漏缺陷的B型套筒通过开孔对管道和套筒加压,从而减少缺陷部位的环向应力。B型套筒在侧缝处应全焊透。只有当A型套筒对接焊成纵向套筒时，才可以制成 B 型套筒。

（1）优点：①可以用来修复大多数类型的缺陷，包括泄漏；②可以用来修复环向缺陷；③可以通过金属损失内检测器轻易检测出此种修复；④套筒和输送管道之间的环形空间被保护起来以免腐蚀。

（2）缺点：①当用非低氢焊接程序焊接在役管道时，可能存在周向填角焊引起的延迟裂纹；②修复时，需要考虑降低流速和运行压力。

（四）异型套筒

许多老管道是由机械型的连接头连接而成的。这些接头通常包括用来压缩填充或垫圈以密封管道的纵向的螺钉和套环（轴环）。当异常纵向载荷施加到管道上时，这些连接头可以沿管道传送微小的纵向应力，因此它们可能发生"崩脱"事故。为了克服"崩脱"和泄漏事故，在连接头上安装异形套筒并将两末端角焊到管道上。由于侧缝也焊接，套筒可以承受压力。此套筒也可以用来修复弯曲、椭圆和褶皱弯曲的缺陷。这类套筒的安装方法和传统的 B 型套筒类似。因为异形套筒的直径比输送管道大得多，它们需要更厚些或具有比管道更高的设计压力。因此，在安装异型套筒之前，应该先进行详细的技术设计核对。

另一类异型套筒可以安装在排泄阀上。在管道上焊接一小段管（其另外一端焊接有堵帽）可以防止该阀门泄漏。当 A 型和 B 型套筒都不适用肘，可以考虑用异型套筒。如弯管（现场弯曲）的套筒配置可以在一根弯管上安装传统的 A 型或 B 型套筒。套筒越短，在管道的弯曲段上的安装效果越好。对于 A 型套筒，弯曲度形成的环形空间可填充一种可固化材料，以便与输送管连接。相对较短的 B 型套筒可以高效地安装，但根据管道尺寸和弯曲度，超过一定长度的 B 型套筒将不能很好地匹配弯管，达不到安装要求。

将相对较长的套筒安装到现场弯管上的方法被称为"穿山甲"套筒，这种方法得名于其外形。这类套筒包括几个短节，通过桥接套筒连接在一起。较长的已腐蚀现场弯管可以用这种方式进行维修。如果"穿山甲"套筒的两端不焊接到输送管上，则"穿山甲"套筒可以看作是 A 型套筒，如果"穿山甲"套筒焊接到输送管上，则其可看作是 B 型套筒。"穿山甲"套筒配置的最大缺点是制作时需要大量的焊接操作，同时还会大幅增加管道上被修补维修部分的重量和硬度。

弯管维修的另一个选择是安装斜接段。然后，各段通过对接焊相连，形成一个连续的套袖。

（五）Petro Sleeve 钢制压缩套筒

钢制压缩套筒是 A 型套筒的一个特殊类型。这种套筒的设计、制作及应用均能使已修复的输送管段在运行中维持在抗压环向应力环境中。这种方法之所以受欢迎，是因为它可修复纵向裂纹类缺陷。没有抗拉环向应力的情况下，无法使裂纹扩展。这种套筒对于修复环形裂纹无任何帮助。CSAZ662 标准第 10.8.5.4.4 段说明了钢制抗压补强修补管的用途。

安装钢制压缩套筒之前,输送管应采用电动钢丝轮、喷丸清洗剂或喷砂清洗剂清洗至露出金属裸面。两个半圆管道置于缺陷区域上,采用链条或吊耳及螺栓使其固定在一起。再采用众多可用焊接工艺中的一种将两个半圆套筒焊接在一起。安装期间通常需要降压使输送管内具有合格的抗压强度。输送管和套筒之间采用环氧填料,以达到传递应力的目的。如前所述,单独的降压只能将部分环向应力从输送管传递至套筒。Petro-Sleeve 能将降压和套筒的热收缩相结合,使输送管内具有充分的抗压强度。

PetroSleeve 由带有侧板的两个半圆钢管构成。两个半圆钢管安装在缺陷上,加热后首先采用链条式卡具或液压千斤顶将其固定在适当位置,再采用两个纵向侧板将两个半圆套筒焊接在一起。与输送管的连接处没有焊缝。

比起冷态,加热后的顶部半圆套筒能滑入到侧板更下方的位置,因此,套筒的原始周长变短。当套筒处于热态时用现场焊缝使其固定在适当位置,套筒无法恢复到原来的直径;因此,降温后其直径会变短。安装时,在输送管和套筒之间做好环氧层。当两个半圆套筒安放在输送管上时,环氧树脂用作润滑剂,之后则用作填料,在套筒和输送管之间均匀传递荷载。

有几种因素会影响输送管内应力降低的程度。其中包括管道壁厚和直径、套筒壁厚、安装时的内部压力以及安装温度。套筒冷却后,对已完成的焊缝实施无损检验。

(六)加强型夹具(SSRC)(或螺栓夹具)

这种夹具被广泛用来修复缺陷、恢复管道的最大运行压力,在大多数情况下可以起到永久修复的作用。其可用于高压或低压的油、气、成品油管道。

通常情况下,因为需要大的螺栓确保充分的夹紧力,螺栓夹具既厚且重。虽然有许多类型的商业螺栓夹具,但基本的安装方式有两种:①只用弹性橡胶密封;②弹性橡胶焊接密封。弹性橡胶密封使得缺陷泄漏时能承受压力,焊接选择作为备用。如果弹性橡胶密封失效,焊接夹具可以封住泄漏部位继续承受压力。该焊接方式应该基于个别情况来选择,但是当焊接螺栓夹具时(特别是由于壁厚不匹配)应极为小心。同时填充料不能加热过高,但应使其黏结在管壁上。

1. 优点

(1)夹具的花费经济有效。

(2)无须焊接到输送管道上。

2. 缺点

(1)其长度较短限制了其在较大缺陷管道上的应用。

(2)主要用在直管段上,应用在弯头和装置部位上时需定做。

(七)防泄漏夹具

防泄漏夹具用来修复外腐蚀凹陷。它们广泛地用在独立的腐蚀凹陷,但仅仅是临时修复直到管段被更换。由于防泄漏夹具只是临时修复,它与管道夹具或套筒是有区别的。当分析表明泄漏周围不可能发生腐蚀开裂,或在进行永久性修复之前压力水平一直保持很低时，才可以使用防泄漏夹具。防泄漏夹具包括轻型金属带。此金属带用单牵引螺栓紧固到管道上，还包括一个和牵引螺栓成 180° 的带螺纹的装置，此装置可将氯丁（二烯）橡胶圆锥体压入泄漏处。

（八）复合材料修复方法

复合材料已在航空航天领域使用很多年了。在最近几年，复合套筒已经被开发并用于维修非泄漏管道缺陷。不同的复合套筒是多个特定供应商生产的专利产品。以下列出其中五家生产这种套筒的系统和公司：

与钢质套筒相比，复合强化套筒的优点是材料搬运容易、安装人员技术要求较低、安装速度更快以及总体成本更低。安装复合强化套筒的培训一般只需要一两天。与学习高压管道的焊接相比，这个培训期是非常短的。但安装人员的培训和资质对环保包装和维修合格仍然非常重要。

复合材料维修方法已在特定应用中得到了证实并获得了管理以及规范上的认可，如维修冲蚀缺陷应用。Clock Spring 已被美国交通运输部指定为维修管道壁冲蚀缺陷的永久维修方法，并且得到 CSAZ662 的认可。由于复合材料维修不断改进并扩大至更多新应用，以下讨论不是为了限制其用途，而是描述其性能和试验方面应予以强调的重要因素，使这种方法更具说服力。以下讨论重点包括复合加强材料的一般维修方法和特定维修方法两方面。

1. Clock Spring 维修系统

Clock Spring 维修系统是在美国天然气研究协会资助的一个为期 10 年的研究和测试计划的支持下开发的。该系统包括三部分：①单向复合包装材料；②在包装材料和管道之间以及包装材料层间的两段式聚合物黏合剂；③高抗压强度填充剂，用于传递载荷。安装在管道上后，这个系统可以在环形方向进行加固，并降低环形应力。因此，这是传统 A 型套筒的一个备选方案。

密封夹具圆周对齐的无碱玻璃纤维被压缩到聚酯树脂基体中形成复合包覆材料。湿纤维缠绕在圆筒形心轴上，然后凝固，形成钟表发条状的最终包覆材料。各层标准厚度为 1.65 mm(0.065 in)，并且包含 60%～70% 质量分数或 45%～55% 体积分数的玻璃纤维。典型安装包括 8 层，形成约 12.7 mm(0.50 in) 厚的复合材料结构。标准测试方法可以用于测量复合材料的以下性能：

（1）在完全浸入 60℃(140℉) 水中的最坏情况下，施加 359～585 MPa(52～85 ksi) 的抗张强度的短期和长期抗张强度；

（2）在 1.5%～2.0% 应变下破损点的线性弹性特性；

（3）平行于纤维方向（管道上的环形方向）上 3.45 GPa(500 ksi) 的弹性模量，和垂直于纤维方向上 0.965 GPa(140 ksi) 的弹性模量；

（4）在纤维方向（管道上的环形方向）上 $3.33×(6.0×10^{-6}$ in/in/℉) 的热膨胀系数，和在垂直于纤维方向上 $1.78×10^{-5}$ mm/mm/℃($3.2×10^{-5}$ in/in/℉) 的热膨胀系数。

处于高应力的恶劣环境下时,高分子合成材料的强度会随着时间推移而逐渐下降。鉴于这个原因,在温度为 49℃ 和 60℃(120°F 和 140°F)的情况下,在饱和的 12.7 mm(0.5 in)宽的复合材料试样上进行了长期应力断裂试验。在试验中,试样被浸入 pH 为 4～9.5 的去离子水中。选定的试验条件应具有代表性,可展现地下管道修补管可能遇到的常见最坏环境。在不到一年的时间内经过多次测试,试样出现断裂。所产生应力的下限比时间对腐蚀损坏剖面对数的结果显示,在 138 MPa(20 ksi)保守设计应力极限下使用寿命可达 50 年。

如上所述,通过聚合物黏合剂可将复合材料与管道黏合,这是一种已申请专利的环氧甲基丙烯酸甲酯复合物,即众所周知的 MA440。应力分析的结果显示在典型安装端部的最大黏附应力基本上小于 1.38 MPa(200 psi),大大小于 7.58～10.3 MPa(1 100～1 500 psi)的黏合剂测量强度。

最后,采用广泛的现场验证计划,以评估在实际管道运行条件下 Clock Spring 维修系统的性能。在全美范围内的不同位置安装了大约 100 套系统。选择这些位置以代表各种不同的管道运行条件。泥土范围是从干沙到红黏土,温度范围是从 4℃～35℃(40°F～95°F)。运行 4～7 年后进行检验,结果显示维修性能无任何明显下降。

2. Armor Plate™管道包覆材料

Armor Plate™管道包覆套筒的尺寸适用于特定直径管道和缺陷尺寸。管道包覆材料是玻璃纤维树脂系统。完整的 Armor Plate™管道包覆材料外形和 Clock Spring 相似。

套筒由现场连续加工的多层铠装纤维材料构成。这种材料的常见宽度是 305 mm(12 in)。维修可将多层复合材料相互紧贴安装并隔层重叠以修复较长的缺陷。Armor Plate™材料在管线上的应用以及维修前管道表面的处理与 Clock Spring 维修系统的情况相似。

与 Clock Spring®维修系统使用标准的 8 层包覆不同的是,用于管段的 Armor Plate™包覆材料的数量是采用制造商提供的专用软件按具体情况分别进行计算的。在制造商的协助下,根据其指导评估缺陷的深度和长度,然后计算需要的管道包覆材料的数量。同样,应遵守制造商建议的最大工作温度和最坏土壤以及湿度条件。

对于管道包覆材料的安装紧贴度,如果纵向焊缝不够规整,则应通过打磨或采用制造商认可的环氧腻子缺陷填料将套袖与焊缝连接的范围内的所有凹坑填满的方式去除不平整部分。Armor Plate™材料也可用于管道上的焊接短节,因为这种材料是在润湿状态下包覆的,比固化状态下更灵活。但这并不是说这种材料在包覆管道后必须在现场固化,这样会增加维修时间。现场固化也比在工厂固化具有更多的潜在不定因素。

Armor Plate™维修系统已经过了大量的测试。实验性工作包括:

(1)腐蚀管道、弯头和三通的破裂试验,带凹痕和凹槽的管道的疲劳试验。

(2)复合物和黏合剂的材料试验。

(3)已维修管道的应变计测量。

(4)阴极剥离试验。

3. Strong Back/Masterwrap 系统

Strong Back/Masterwrap 维修系统使用水固化、玻璃纤维聚氨酯复合物材料。这种材料最初开发用于海上应用，可以用于水下。因此，像 Armor Plate™一样，这种材料在润湿状态下应用，然后固化。Strong Back/Masterwrap 维修系统已经过了大量的评估，包括材料的张力、压缩和剪切强度试验、试验钢圈的爆裂强度、阴极剥离试验、蠕变试验、疲劳试验和环境暴露试验—紫外线、热力、化学、冷冻/解冻和湿度等。

4. Wrap Master Perma Wrapr M 系统

Perraa Wmp™系统使用硬质聚酯玻璃纤维包覆材料，类似 Clock Spring®维修系统使用的材料。除了在复合包覆材料各层之间使用黏合剂外，各层还通过机械方式互锁。因此，这种系统不仅依靠黏合剂来紧固套筒，同时，复合物还含有金属物质，通过管道检查工具可以探测到。正如 Clock Spring 一样，Perma Wmp™材料可以用于维修腐蚀深度达到壁厚80%的腐蚀缺陷，而且是相对比较快的维修技术，几乎可以在两小时内完成。

Perma Wmp™修系统的评估包括复合物和黏合剂的材料试验、已维修管道的爆裂试验和已维修管道的循环疲劳试验。安装分10个步骤完成，包括：

(1)管道表面处理。

(2)确定缺陷的特征。

(3)确认需要加套筒的管道范围。

(4)用腻子填充缺陷。

(5)混合黏合剂。

(6)包裹时将黏合剂用于管道和复合物表面。

(7)紧固包覆物。

(8)挤出管道和包覆物之间以及包覆层间的多余材料。

(9)密封边缘和过渡区。

(10)按要求对接或交错安装更多的套筒，覆盖缺陷区域。

5. Black-Diamond™复合包覆物

与以上讨论的单向玻璃纤维强化复合物不同的是，Black-Diamond 包覆物是碳化纤维/树脂系统，带有单层双向纯碳丝织物。这样便可在径向和纵向都具有一定强度。这种材料设计用于维修外部腐蚀、凹槽、沟槽、焊缝烧穿和凹痕。可以用于三通、弯头和管道直管段。包覆数量由实际应用情况决定；

在维修时，应至少使用两层完成的包覆材料。这种材料可以用于两种温度范围：$-29℃\sim10℃(-20℉\sim50℉)$ 和 $10℃\sim82℃(50℉\sim180℉)$。试验结构未发布，但可以从制造商处获取。

6. 复合补强圈

复合补强圈维修必须满足与套筒相同的基本设计标准。用复合材料维修缺陷应通过试验和/或分析证明，试验应能承受最小屈服强度100%的静压力，并且在维修的整个寿命期间不会对管道的完整性造成任何不良影响。

如果基本上没有什么设计数据和现场经验可以参考时,可以根据具体的分析和试验设计复合材料维修,或使用图和表,和/或使用制造商提供的软件。对于给定长度、宽度、深度和缺陷的程度(应力集中度),复合补强圈设计程序必须确定以下四个参数:

(1)所要求的补强圈的最小厚度;

(2)维修系统安装应满足的压力;

(3)应施加到复合材料的预拉载荷;

(4)在缺陷端部上需要的强化材料的最小长度。

最小厚度规定了维修可以实现的基本补强等级。一般来说,复合物厚度会随着缺陷深度和长度的增加而增加。如同钢套筒一样,安装压力可以帮助控制配合和达到的预加载数量。随着维修压力对操作压力比率的下降,套筒性能和维修完整性会提高。复合套筒不能仅与缺陷边沿端齐平,而应伸出缺陷至少 50 mm(2 in)。与安装压力类似,强化材料预应力有助于控制装配和达到的预加载量。但预应力产生的预加载小于使用钢套筒夹持或热配合方法产生的预加载。

7. 复合套筒

CSAZ662 包括使用玻璃纤维复合套筒的要求。对于使用复合套筒加固管道维修的基本要求规定如下。

第一套要求适用于各种形式的强化套袖:

(1)套筒应纵向伸出缺陷端部至少 50 mm(2 in);

(2)如果出现了内部腐蚀,应采取抑制腐蚀的措施;

(3)应考虑修补管端部和相邻修补管之间的管道内的弯曲应力集中情况;

(4)应考虑修补管和管子材料的设计兼容性;

(5)应考虑管道上其他设备的间距;

(6)在安装和运行期间,应确保修补管的支撑足够;

(7)应确保套筒满足当前和将来的运行以及压力试验条件。

第二套要求适用于专用复合强化套筒:

(1)根据应力破裂试验的结果,维修系统的预估寿命应至少为 50 年。

(2)系统应满足阴极剥离试验的性能要求。

(3)浸渍试验的结果应证明管道上的产品不会降低系统性能。

(4)维修后的管道的承载能力应至少等于初始安装管道的承载能力。

(5)应进行工程评估,确定从管道传递给套筒的应力。套筒上的最大应力不能超过应力破裂试验显示的应力水平。该评估还应确定在套筒系统安装和固化期间的最大允许压力。

(6)在管道运行期间,维修系统应在设计运行温度下运行。

(7)套袖系统部件的存储、搬运、运输和安装应满足制造商的规范和程序要求。

(8)安装套袖的人员应进行安装程序的培训,并具有相关安装程序的资质。

(九)打磨

若满足下列要求时可采用手工修补或电动砂轮打磨,修复管道缺陷:

(1)缺陷或缺欠的应力集中效应已消除;

(2)所有损坏或过硬或过软的金属已切除;

(3)金属切除量和分布情况不会严重降低管道的承压能力。

如果消除缺陷时不会使剩余管道壁厚减少到规定限值以下,则可允许制造商通过打磨来清除新管道上的缺陷,使打磨区域与管道轮廓平滑过渡。对于直径大于或等于508 mm(20 in)、钢级 X42 或更高的焊接管,打磨之后的最小允许厚度为公称厚度的 8% 以下。对于直径大于或等于 508 mm(20 in)、钢级 X42 或更高的无缝管,打磨之后的最小允许厚度为公称厚度的 10% 以下。对于所有 B 级或以下和钢级 X42 或更高的直径小于 508 mm(20 in)的管道,打磨之后的最小允许厚度为公称厚度的 12.5% 以下。

CSAZ662 规定,打磨可作为一种日常维修方法。对于焊缝烧穿,蚀刻后须进行检查,以确保已清除所有金相变化材料。对于凹槽、沟槽和裂纹,必须进行着色渗透检验或磁粉探伤,以确认已完全消除所有缺陷。若深度达到公称壁厚的 10%,其打磨长度并无限制。如果打磨区域的长度不大于 ASMEB31G 规定的长度,则当最大深度达到公称壁厚的 10% 时,可采用 RSTRENG0.85 dL 法或 RSTRENG 有效面积法进行打磨。

英国天然气公司的研究员对采用打磨进行管道维修实施了研究。他们认为,在降低后的应力水平(已证实的缺陷已承受应力水平的 85%)下可安全实施打磨,而且打磨不会在打磨区域表面以下产生新的裂纹。他们建议的剩余壁厚至少为 4.1 mm(0.16 in)。他们还建议采用功率小于 460W 的打磨机,将打磨区域磨平,且砂轮相对于表面的倾斜角度不大于 45°,以避免产生沟槽。可能正是因为其所用的打磨机功率小的原因,他们在打磨生热的过程中并未发现任何不良影响,例如不利的金相转变。

为了避免在清除缺陷的过程中对管道产生过大的热量输入,推荐采用柔性翼片砂轮来代替刚性砂轮。采用刚性砂轮进行打磨对部件生热的速度比用翼片砂轮更快。以中等压力用砂轮来回扫动部件进行打磨的角度相对于其表面平面应小于 180°。与表面平面呈近 90°的角度以及对打磨机施加过大压力均会造成部件过热。从砂轮周围飞溅出的熔化的红色金属微粒以及打磨区域的钢材上色或“发蓝”即表示出现过热。打磨区域的温度应为人手可以碰触的热度,不能过热。

从上述讨论中可以看到,在适当的限制条件下,打磨是一种普遍认可的管道日常维修方法。因此,下列情况下,将打磨作为缺陷修复方式之一是合理的:

(1)运行压力应降低至发现缺陷时压力的 80% 及以上或最新记录的一次高压的 80% 及以上。

(2)非凹痕类缺陷的金属清除量限值应与公认的 ASMEB31G 或 RSTRENG 等金属损失标准规定的限值相同,除非打磨深度超过公称管道壁厚的 40%。ASMEB31.8 标准比 ASMEB31G 标准更加保守。

(3)只有对上述规定值作出额外限制的情况下才允许打磨凹陷区域内的缺陷。凹陷区域的深度不应大于公称管径的 4%,且凹槽和沟槽打磨之后的剩余深度应至少为公称壁厚的 90%。

（4）对于此后采用套筒进行修复的缺陷,允许先采用打磨来清除。前提是须进行工程评估,以确保打磨期间降低后的运行压力达到安全水平。

（5）应通过磁粉探伤或液体渗透检验来确认已清除了裂纹和应力集中缺陷。此外,如果缺陷为焊缝烧穿,应在蚀刻后通过检验来确认已清除了金相变化材料。CSAZ662 规定,采用 10%过硫酸铵溶液或 5%硝酸浸蚀液进行蚀刻。

（6）如果裂纹、应力集中缺陷、金相破坏材料或其他缺陷无法通过打磨至上述规定限值全部清除,则应放弃这种修复方式而采用另外的更合适的修复方法。

(十)环氧树脂填充套筒

该技术采用夹具内部填充环氧树脂剂的措施,保证缺陷处的应力传递,可用来永久修复凹陷、腐蚀、划伤或环焊接缝缺陷,无需在管道上进行任何焊接。

(十一)补丁

补丁和半圆补丁过去用于修补泄漏和缺陷处。补丁通常用于覆盖整个管道圆周的一半,长度可以达到 3 m(10 in)左右。目前研究已表明补丁和半圆补丁修复方式对加工缺陷非常敏感,不得用于维修高压管道的缺陷。例如,安装在泄漏区域的 7 个半圆补丁在压力试验中在相同位置(纵向角焊缝和半圆补丁之间)都未通过试验。7 次试验失败都是在规定的输送管总变形应力水平或低于此应力水平时发生。试验结果表明这种维修的静止强度是在等于 72%最小屈服强度的环向应力水平下运行的管道的边界强度。由于在角焊缝内部存在高应力集中,其疲劳寿命同样可能相对较短。

具有非泄漏缺陷的管道的其他破裂试验结果显示,半圆补丁的性能还有一定的改进。按这种方式使用时,补丁和半圆补丁的在强化结构缺陷方面的效果可以像 A 型套筒一样。但纵向角焊缝管是一个薄弱点,而 A 型套筒不存在这个问题。因此,不建议采用补丁和半圆补丁维修高应力管道,无论是否泄漏。

对于某些低压输油管道应谨慎应用该方法,它也适合于小面积多点腐蚀的维修,维修时需降低压力为设计压力的 1/3,对于天然气管道必须停气泄压进行,由于天然气管道气体中酸性气体的存在,在焊接热影响区内容易产生氢脆,加拿大就发生了这样的事故,一条输气管道打补丁后,产生了脆断。

（1）焊接的补片应为足圆角的,补片材料等级应与所修理的管子材料等级类似或更高一些,厚度也应同管子壁厚相同。应采用填角焊将补片焊牢。禁止用插入对接焊补片。应特别注意尽可能减小由于修理所造成的应力集中。

（2）为修理泄漏或其他缺陷而安装的全包式焊接拼合套筒,其设计内压应不小于所修理管子的设计内压,并应沿圆周方向和纵向全面焊接。如全包式拼合套筒仅为补强修理而装,且不承受内压,则圆周上的焊缝并不是必需的。应特别注意尽可能减少由于维修所造成的应力集中。

（3）对只使用填充熔敷金属的修理工作，焊接工艺应符合所修管子材料标准的等级和类型的有关要求。

（4）在有涂层的管子上进行修理时，应先除去所有受损的涂层，并涂敷新的防腐涂层。对于修理中采用的更新管段，焊接补片及全包式焊接拼合套筒在涂有防腐层的管线上安装完结之后也应涂敷防腐层。

（5）修理在役管道，应先进行检查，以确定管材是否可靠，即确定在经过打磨、焊接、切割或带压开孔处理过的部位是否还有足够的壁厚。

（6）如果管线不停输，则应将管线的工作压力降低到能保证安全维修作业的水平。

（十二）补焊修复

补焊适用于管道外部金属损失缺陷修复，不适用于电阻焊焊缝内或附近的缺陷以及裂纹类缺陷。

补焊可用于维修内腐蚀。维修时，外表面圈焊范围应超出腐蚀区域 2 mm，补焊区域的最终厚度应达到原始壁厚或以上。

对于输油管线，应对返修时采用的堆焊方法制定焊接工艺。焊接工艺中应给出焊缝熔敷区的最小允许剩余壁厚以及进行这一类型返修时管子内允许输送液体的压力值。

1. 有下列情形之一的不应采用本方法

（1）剩余壁厚在 4.8 mm 以下的管线。

（2）金属损失区域轴向或环向长度超过外径的一半以上的管线。

（3）额定最小屈服强度损失大于等于 30% 的气体运行管线。

（4）脆性断裂敏感的管线。

补焊的过程中应执行回火焊道技术等技术手段，减少热影响区的范围、改善热影响区的性质。在堆焊填充金属前，应将焊接瑕疵、电弧烧痕、凿口及凹槽等缺陷打磨去除。碳钢材料应使用低氢焊条以防止产生氢致裂纹。

2. 宜采用的补焊作业程序

（1）清理缺陷应保证最小壁厚不小于 4.8 mm。

（2）沿需修复缺陷的外沿以直焊道焊一圈，圈外不允许焊接。

（3）在圈内以直焊道熔敷第一层，使用焊接工艺规程规定的较小的热输入以防止熔穿。

（4）后续熔敷层可以使用较大的热输入，确保回火效果。

（5）持续堆焊到预定的维修厚度，为方便检测，补焊表面可打磨平整。

（6）打磨补焊区域最外沿焊道与管道本体保持平滑过渡，打磨深度不允许低于母材。焊接完成后，应使用磁粉检测或超声检测方法对补焊处进行检测，表面应无裂纹、气孔、夹渣等焊接缺陷。

（十三）带压开孔封堵

管道带压封堵技术是一种安全、经济、快速高效的在役管道维抢修特种技术。它能在不间断管道介质输送的情况下完成对管道的更换、移位、换阀及增加支线的作业，也可

以在管道发生泄漏时对事故管道进行快速、安全地抢修,恢复管道的运行。其主要工序如下:

(1)开挖封堵作业坑。

开挖封堵作业坑时,由现场施工作业负责人统一指挥,设定警戒范围,非作业人员不得进入警戒区内。作业坑必须符合规范要求,有两条或两条以上人员逃生路线,坑的周围必须有一定坡度,如出现滑坡,应立即组织清理。

(2)带压焊接封堵三通。

焊接前根据管道材料、运行参数以及焊件材料编制焊接工艺指导书,在管道开孔处焊接封堵三通(图 4-2)。焊接人员必须穿戴好劳动防护用品,焊接完成后必须进行探伤,探伤合格方可进行开孔作业。三通焊接好后安装夹板阀(图 4-3)。

图 4-2 三通外形图

图 4-3 夹板阀的外形图

(3)密闭开孔。

在夹板阀上安装液压开孔机(图 4-4),打开夹板阀进行开孔作业。开孔后关闭夹板阀,取出鞍形板。

(4)封堵。

封堵时,要依照"先高压再低压,先内侧再外侧"的原则来进行,即先封高压端,再封低压端。下堵头时,夹板阀上的放气阀门需关闭。

(5)抽油。

封堵成功后,放掉两个封堵器之间管段的油,放油点要尽量开在管线底部,进气点尽量开在管线顶部。

(6)切管。

放油结束后对需更换的管段进行切管。切管前需对管段内油气进行置换,切管过程中要随时进行降温,防止电火花产生。

(7)砌筑黄油墙。

切管完成后,将管口内外壁的污油清理干净,在堵头前砌筑黄油墙。

图 4-4 液压开孔机外形图

（8）管线碰口。

管线对口与焊接时，严禁敲击震动管线；施工要迅速，时间越短越好；如果环境温度太热，需对黄油墙部位的管线采取降温措施。碰口完毕后需对焊缝进行探伤，确保焊接质量合格。

（9）解除封堵。

施工完毕后解除封堵，按照先解除低压端、后解除高压端的原则进行。

三、阀门维护技术

(一)阀门概况

1. 阀门定义

阀门是用来控制流体在管路中的流动的一种机械设备。

2. 阀门用途

阀门通常具有以下用途：

（1）通过阀门的开关控制流体流动。

（2）控制流体流动方向。

（3）调节管线压力。

（4）释放管线过高的压力。

（5）管线吹扫或泄压。

（6）维修或替换管线部件时进行管线或部件的隔离。

（7）串现紧急事故时紧急关闭阀门中断管输。

3. 阀门内密封

阀门内封密具有多种密封方式：

（1）精密加工的金属—金属接触面。

（2）诸如 O 形圈和橡胶等的嵌入式软密封，其材料为尼龙聚四氟乙烯（PTFE）或复合材料。

（3）复合材料的附加密封。

阀门内密封面易受到的磨损和腐蚀。

4. 阀门更换成本

对阀门而言，最经济办法就是保持对阀门的维护保养并长期保持阀门良好且正常的工作状态。更换阀门的成本是很高的，更换阀门之前必须考虑以下的因素：

（1）更换阀门的费用。

（2）移动、维修和更换阀门的人力。

（3）管线放空时流体的损失。

（4）停产带来的收入损失。

5. 阀门的重要性

管输系统内任何一个工作性能差的阀门都将导致整个管输系统效率的下降。

注意：在紧急事故中，如果阀门被锁住而不能关闭，管输流体将不断释放并导致持续的火灾。如果阀门关闭了但密封失效，也会导致事故发展成为灾难性事故，进而导致爆炸的发生。阀门技师必须确保所有的阀门正常工作并确保所有的阀门在任何时候都能按要求工作。

(二)阀门密封原理

1. 阀门的密封

阀门一般由两部分组成：阀体(静止件)和关闭件(活动件，分为球体、闸板或旋塞)阀体内的关闭件(球体、闸板或旋塞)是调节管线流量的配件。关闭件绕阀体中心线作 90°旋转来达到开启、关闭阀门。闸阀的关闭件(闸板)沿通路中心线的垂直方向移动来达到开启、关闭阀门。

2. 球阀的密封

球阀是球体绕阀体中心线作 90°旋转来达到开启、关闭的一种阀门。球阀的密封是通过对球体与固定的阀座密封圈两金属面的密封来实现的。

由于完美球形的球体加工是非常困难的，因此将软密封圈与阀座密封圈结合使用以达到对气体介质的密封，甚至可适用于高压工作环境。

3. 闸阀的密封

闸阀的密封也是通过对两金属面(固定的阀座密封圈和活动的闸板)的密封来实现的。

然而闸阀是闸板沿通路中心线的垂直方向移动来达到开启、关闭的一种阀门，并不像球阀或旋塞阀是关闭件绕阀体中心线作旋转来达到阀门的开启、关闭。

不同类型的闸阀是有很大区别的，必须熟识这些差异才能保证有效、安全地进行阀门维护、保养及操作的工作。

4. 旋塞阀

阀的密封方法是多种多样的。就旋塞阀而言，其密封是依靠旋塞和阀体两金属面之间的密封来实现的。实际上制造这样的两个金属面来达到完美的气密封是非常昂贵和困难的。任何密封圈内在的缺陷都会加重阀门的磨损。旋塞阀的旋塞绕阀体中心线作 90°旋转来达到阀门的开启、关闭。一般注入复合密封脂作为旋塞阀两金属面的密封油膜。

(三)阀门一般性维护

1. 在线阀门维护

管道阀门泄漏是造成喷射突发的主要因素，引起的管道破损非常昂贵，因此这种现象必须被消除。

2.到达阀门现场之前

到达阀门现场之前需获得必要的许可,并且要尽可能查找出有关管线及其特征的资料以及阀门的具体症状。

获得安全工作许可证是处理任何阀门维护方面的问题和其他现场问题的先决条件,许可证是指完成具体工作的正式批准。

3.获得许可证

在开始对任何带压阀门进行作业时,需要从权威部门获得必需的危险作业许可证:

(1)切断管路的授权。

(2)当要关掉阀门时需要获得授权。

(3)开阀门许可。

(4)需要获得打开已正常关闭的阀门的许可。

4.到达阀门现场时

当到达阀门现场时,应当讨论一下安全和其他与工作相关的问题。确定出要维修的阀门及所有外部设备的位置。

5.日常维护

将阀门润滑剂或密封剂注入阀座注脂接头中,仔细观察压力表以便判断润滑脂/密封脂是如何进入阀门的。

(四)全面的阀门维护保养工作

全面的阀门维护保养工作应该每年进行一次,即使阀门并不存在任何泄漏或故障。全面的阀门维护保养工作是预防泄漏发生或泄漏扩大化的预防性措施。

全面的阀门维护保养工作包括以下内容:

(1)清洗阀座密封系统。

(2)阀座密封系统的重新注脂。

(3)阀腔排污。

(4)按要求调整阀门限位。

(5)多次开关阀门。

(6)增加阀杆密封压力。

(7)润滑阀杆、变速箱及所有需润滑的设备。

(8)测试阀座密封泄漏情况。

(9)检测法兰、注脂口及阀杆的泄漏情况。

(五)密封系统补充

为保证密封面的润滑剂/密封剂长期有效,日常阀门维护一般包括定期补充密封脂。

1.需要的数量

补充的密封脂注入量主要取决于:

（1）前后两次注脂时间的间隔。

（2）所使用的润滑脂/密封脂的类型。

（3）阀门类型。

（4）阀门开关操作的次数。

（5）流经阀门的介质。

（6）介质温度。

（7）是否靠近计量或调压装置。

2. 防止故障的发生

许多阀门操作工一般不考虑对阀门的维护保养工作，除非出现了阀门故障。然而也许几年才发生一次阀门故障。

延长两次阀门维护保养的时间间隔可能带来严重的后果。因为即使是极微小的泄漏也会侵蚀密封面并由于维护保养时间间隔的延长而逐渐扩大了泄漏通道。

日常阀门维护保养中使用合成润滑脂可有效阻止密封面的刮伤、完全消除阀座的微小泄漏、延长阀门的使用寿命。

3. 密封脂失效

在密封脂使用期间，某些品牌的润滑脂/密封脂可能已经开始干燥、分解或被冲掉，有时也会发生聚合现象。油脂在高温和脱水天然气的共同作用下，经过数月后会开始固化。

4. 油脂固化的危害

固化的油脂限制了阀座的移动并使密封圈脱离阀座，结果导致阀门开关操作扭矩增加并损毁阀座软材料及 O 形密封圈。

5. 固体物质填充

润滑剂/密封剂的流失将导致失效密封圈被诸如沙砾、污垢、铁屑、剥落物、塑胶甚至清管器碎片等固体杂物填充。

通过日常阀门维护保养可以将以上所有的危害降至最低，而专业阀门技师进行日常阀门维护保养是优先考虑的措施之一。通过专业技师维护阀门可以达到以下几个目的：延长阀门使用寿命；防止阀门泄漏的发生；确保管线完整性。

四、管道风险减缓措施

（一）风险减缓措施的适用性

管道风险减缓技术的范围较广，包括所有减小管道发生事故可能性的预防和探测措施，及控制管道事故后影响大小的减缓和应急措施。其中最有效的并最为大家熟知的就是完整性评价以及响应完整性评价结果的修复，其他常见的风险减缓措施有腐蚀控制、泄漏监测、地质灾害预防与治理、管道安全预警、应急反应、公众警示、员工培训等。

（二）管道沿线地质灾害预防

地质灾害是管道的主要危害之一，常见的地质灾害（包括自然灾害）有：地裂缝、滑坡、崩塌、黄土湿陷、冲沟、泥石流、冲蚀、地震、采空区、冻土、水毁。

对地质灾害引起的风险,应采取持续识别(一般汛前汛后各一次)、评价和预防治理的方法,将灾害点分级分类,分别采取不同的措施,或监测,或计划治理,或立即治理等等,进行动态的风险管理,将其对管道的危害减小。

另外国外 Williams 管道公司对滑坡段管道采取应变监测的方法,值得借鉴,目前在陕京管道、广东大鹏液化天然气公司管道上已成功应用,并值得推广。

(三)占压预防与清理

管道用地维护、占压清理是管道公司日常工作之一,也是常见的风险减缓技术,它能大大地减小管道第三方破坏风险。

占压对公共安全和管道安全运行构成严重威胁,主要表现在:

(1)造成管道破坏,引发伤亡事故。占压管线的建(构)筑物极易使地下管线沉降变形,造成油气泄漏,同时,占压建筑物内产生的废液直接渗入地下,也会加速管道的腐蚀,导致管线破裂和油气泄漏。

(2)影响管道日常管理和抢修工作,并可能引发严重的次生灾害。输油气管道的日常维护对管道安全运行十分重要,可是对被占压的管段无法进行正常的安全检测和及时维护,人为制造了"盲段",使泄漏的油气难以及时发现,聚集到一定浓度,极易引发爆炸。

(3)易成为违法犯罪分子盗油的屏障。犯罪分子在管道上方的占压建筑内从事打孔盗油活动,使犯罪行为更具隐蔽性,并增加了管道巡检人员发现和公安机关侦破案件的难度。

占压工作应当以预防为主,对已有的占压分轻重缓急,逐步进行清理。对合法的占压物,进行相关赔偿,对非法的占压物,应无偿清除,在清理过程中,应与当地政府充分沟通。

(四)打孔盗油的预防

发现和控制打孔盗油是各输油公司管道日常维护的重要工作内容之一,也是一项非常重要的风险减缓措施。打孔盗油现象是伴随中国国情出现的特有现象,不能单独从管道企业的角度去单一考虑此问题,还应考虑社会影响、法律环境等。近年来随着管道建设的大发展,特别是成品油管道的建设,管道公司反打孔盗油的任务越来越重。

1.打孔盗油犯罪的主要特点

(1)年轻人居多。

(2)团伙作案。

(3)基本采用在管道上打孔设卡的方式。

(4)作案时间、地点多数不被察觉,防不胜防。

(5)使用工具日趋现代化,采用技术专业化。

(6)对管道企业造成危害巨大。中国石化管道运输公司统计,2013 年仅山东临邑县境内就发生打孔盗油上百次,给国家造成的直接经济损失上千万元,间接损失无法估量,并引发了一系列社会问题。

2.打孔盗油犯罪的成因

（1）盗油者文化水平低，法律观念淡薄。

（2）输油管线在埋设之初没有充分估计到会遭受如此肆无忌惮的破坏，千里管线穿越农田、跨越沟渠，极易暴露；油区内井架林立、星罗棋布；管线纵横交错、四通八达，巡逻防范难度很大。

（3）受经济利益驱使，管道安全防护带内形成了大量的"违章物"，许多违章建筑被不法分子利用，为进行打孔盗油犯罪活动作掩护。

（4）非法小（土）炼油厂的存在是打孔盗油犯罪如此猖獗的根本原因。某些地方依然存在的非法小土炼油厂，不法收购原油，为盗油分子所利用。

3.打孔盗油的预防

（1）加强与地方政府的沟通，获得地方政府的支持；严厉惩处，彻底清理坚决取缔违规、非法小（土）炼油厂，从根本上解决打孔盗油犯罪问题的关键。

（2）加强管道的巡线与监测，重点地段安排职守。

（3）加强宣传教育；通过新闻媒体，依靠党委政府及各级基层组织，利用群众喜闻乐见的各种形式，广泛宣传打孔盗油给国家、社会、家庭造成的巨大危害，切实提高法制观念。

（4）安装安全预警装置。

第五章　油气管道运行安全管理

第一节　油气管道生产运行事故类型及处置措施

一、油气管道水击现象及控制

(一)水击现象及发生机理

输油管道的密闭输油流程使管道全线成为一个统一的水力学系统,管道沿线某一点的流动参数变化会在管内产生瞬变压力脉动。该压力脉动从扰动点沿管道上下游传播,即引起管道的瞬变流动,管道瞬变流动引起的压力波动称为水击。

以下面的简单管路阀门突然关闭为例进行水击现象分析。设有水平等径管路 OB,如图 5-1 所示,不计摩擦损失,考虑水的可压缩性和管道的变形。相关参数如下:管长 L、直径 D、管道截面积 A、流速 v_0、进口 O、阀门位置 B、原始压力 ρ_0、水击波的速度 C_0、受压缩水层 bb'。

当水管处阀门突然关闭时,紧贴阀门上的一层液体受阀门所阻,首先停止了流动,流速突变为零。

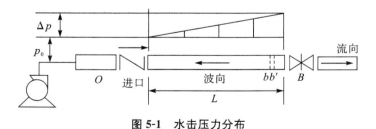

图 5-1　水击压力分布

流速突变为零的水层出现能量的转换,流动动能转化为压力势能,压力升高而被压缩;同时腾出极小空间,使相邻断面液体以原流速继续向阀门流动;该层液体同时受到在水流惯性作用下继续流来的未变流速流体的压缩,共同导致压力升高 Δp,液体被压缩,管壁同时膨胀。

这种状况依次向后传递,使后面的各水层相继停止流动,遂造成整个管路液体被压缩、压力升高、管壁胀大的水击状况。密闭输油具有突出特点,它的应用已成为管道输送工艺的一个发展方向。采用密闭输油工艺就存在着水击事故预测和保护的问题,由于对这一问题认识不够,改进后的密闭输油管线曾发生过严重水击事故,造成原油大量泄漏。不仅影响到油厂的正常生产,而且对泄漏地的生态环境造成了极其严重的破坏。管道产生瞬变流动,流量变化量越大,变化时间越短,产生的瞬变压力波动越剧烈。管道产生水击主要是由于管道系统事故引起的流量变化造成的。引起管道流量突然变化的因素很多,基本上可分为两类:一类是有计划的调整输量或切换流程;另一类是事故引起的流量变化,如泵站突然停泵、机泵故障停泵、进出站阀门或干线截断阀门故障关闭、调节阀动作失灵误关闭等原因。另外,对于顺序输送的管道,两种油品的交替过程,也会在管内产生瞬变流动。

对于有计划调整流量或改变输送流程,可以人为地采取措施,防止或减小压力的波动,使产生的压力波动处于允许的范围之内。

对于事故引起的流量变化,产生的瞬变流动剧烈程度,取决于事故本身的性质。如果压力变化引起的瞬变压力超过管道允许的工作条件,就需要对管道系统采取相应的调节与保护措施。

(二)水击保护方法

水击保护的目的是由事先的预防措施使水击的压力波动不超过管子与设备的设计强度,不发生管道内出现负压与液体断流情况。保护方法按照管道的条件选择,采用的设施根据水击分析的数据确定。

水击保护方法有管道增强保护、超前保护与泄放保护三种。

1. 管道增强保护

当管道各处的设计强度能承受无任何保护措施条件下水击所产生的最高压力时,则不必为管道采取保护措施。小口径管道的强度往往具有相当裕量,能够承受水击的最高压力。

2. 超前保护

超前保护是在产生水击时,由管道控制中心迅速向上、下游泵站发出指令,上、下游泵站立即采取相应保护动作,产生一个与传来的水击压力波相反的扰动,两波相遇后,抵消部分水击压力波,以避免对管道造成危害;超前保护是建立在管道高度自动化基础之上的一项自动保护技术。

当管道末站阀门因误操作而全部关闭时,上游各泵站当即接受指令顺序全部关闭。某一中间泵站突然关闭时,则指令上游各泵站按照调节阀节流、关闭一台输油泵、关闭两台输油泵的顺序动作,同时指令下游泵站也按照上述顺序动作。如果泵站装备调速输油泵机组,在调节阀节流与关闭一台泵两种动作之间,尚可增加调速泵机组降速运转动作。上述上、下游泵站调节阀的节流幅度,根据水击分析结果确定。当各泵站采取的动作已达到水击分析结果所定压力与流量要求时,即不再继续执行下一步保护动作。

3.泄放保护

泄放保护是在管道的一定地点安装专用的泄放阀,当出现水击高压波时,通过阀门从管道中泄放出一定数量的液体,从而削弱高压波,防止水击造成危害。

泄放阀设置在可能产生高压波的地点,即首站和中间泵站的出站端、中间泵站和末站的入口端。

(三)水击控制及保护设施

1.调节阀

管道系统中的调节阀是一种阻力可变的截流元件,通过改变阀门的开度,改变管道系统的工作特性,实现调节流量、改变压力的目的。调节阀由两部分组成:执行机构和调节部件。执行机构的参数决定阀门开度的变化过程,调节部件(节流元件)的参数决定了阀门的水力特性。一般泵站的出站端设置调节阀,用于调节流量和调节管道水击过程中管道系统的压力波动,防止管道进站压力过低和出站压力过高,维持管道的正常运行。

调节阀的动作为:当出站压力高于限定值时,调节阀向关闭方向动作,使出站压力下降;当进站压力低于限定值时,调节阀同样向关闭方向动作,使进站压力升高;管道的进出站压力均未超出限定值时,调节阀保持全开状态。

2.泄压阀

泄压阀是保护管道安全的重要设备,要求运行安全可靠,便于维修,使用寿命长,保证管道的安全运行。

泄压系统一般由三部分组成:泄压阀、泄压罐和连接管道。

目前输油管道应用较广的泄压阀有三种类型,即先导式泄压阀、氮气胶囊式泄压阀和氮气轴流式泄压阀,其压力泄放效果都能满足管道的要求。

胶囊式泄压阀是利用外加氮气系统设定泄压阀的泄放设定值,需要一套复杂的氮气系统,结构复杂,体积大。胶囊式泄压阀内胶囊易老化,需要定期更换。另外,在管道投产初期,管道内含有较多的杂质,如焊渣、焊接熔结物以及其他杂物,当泄压阀泄放时,高速泄放的液体中夹杂的杂质可能划伤胶囊。但是胶囊式泄压阀对输送介质的黏度和凝点没有特殊要求,适用于高黏油品。

先导式泄压阀是依靠阀体内部的导阀来开启的,其结构简单,安装方便,不需要额外的辅助设施,输送介质黏度大于 $50 \ mm/s^2$ 以上时不适用,先导式泄放阀的缺点是不适用于高黏油品,由于先导式泄放阀的导管较细,高黏油品易在导管内黏结,影响泄放效果。

氮气式轴流泄压阀的结构原理类似于先导式泄压阀,所不同的是利用外加氮气系统,适用于各种油品,缺点是需要一套复杂的氮气系统,投资和运行费用较高。

泄放阀选型方法为先按照经验初选泄放阀口径,将阀的参数输入水击分析程序进行运算,如果分析结果表明保护效果符合要求,则所选泄放阀型号与口径适合;否则,应重新选取泄放阀口径,并进行计算,直至满意为止。

表 5-1 列出美国格罗夫(Grove)阀门厂生产的 887 型中、低与高压泄放阀的流量系数

值(中低压型入口耐压 Class150、高压型入口耐压 Class600)。

表 5-1　泄放阀流量系数(中低压型/高压型)

阀口径 /in	超过压力给定值百分数						
	10%	13%	15%	20%	30%	42%	55%
6	141/90	169/108	186/119	225/144	282/180	338/215	395/252
8	250/187	300/225	330/247	400/300	500/375	600/450	700/525
10	346/232	415/277	457/305	554/370	692/462	831/555	970/647
12	505/335	606/402	666/442	808/536	1 010/670	1 212/804	1 412/938

二、输气管道水合物风险控制

(一)天然气冰堵事故

在天然气的开采加工及储运过程中,当满足一定温度和压力条件时,若天然气与液态水发生接触,将形成笼型冰雪状固体,形成冰堵。该固体实质上为天然气水合物。少量天然气水合物的形成会减少输气管道的流通面积,产生节流,造成管线压差的增大,并且加速水合物的进一步形成。当水合物继续聚集生长,将会造成管线、阀口及设备的堵塞,导致管件损坏,甚至造成严重的管道事故。

在我国,管线水合物堵塞现场时有发生。2010 年月底潘—宁—兰输气管道发生水合物堵塞事故,事故过程中兰州末站各供气支路发生压力降低的现象,而调压阀前的压力逐渐上升,前后压差逐渐增加,最高时达到了 0.7 MPa。2011 年 10 月秦皇岛到沈阳输气管道(秦沈线)沈阳末站发生水合物堵塞事故,2011 年 12 月大连到沈阳输气管道在投产过程中,管道干线发生水合物堵塞事故。截至 2010 年 1 月,西气东输二线投产以来,累计发生水合物事故 50 次。站场水合物发生的区域主要集中在工艺管线的气液聚结器底部排污管、过滤器集液包下排污管线、进出汇管排污管、收球筒排污管和残液罐装车管线,仪表的进站管线上的压力变送器、气液聚结器上液位计、气液聚结器及过滤器上的差压变送器引压管。

(二)天然气水合物性质

天然气水合物是白色结晶固体,外观类似松散的冰或致密的雪,相对密度为 0.96~0.98,因而可浮在水面上和沉在液烃中。水合物是由体积分数 90% 水和 10% 的某些气体组分(一种或几种)组成。天然气中的气体组分是甲烷、乙烷、丙烷、丁烷、二氧化碳、氮气及硫化氢等。其中丁烷本身并不形成水合物,但却可促使水合物的形成。

天然气水合物是一种非笼形晶体化合物,即水分子(主体分子)借氢键形成具有笼形空腔(孔穴)的晶格,而尺寸较小且几何形状合适的气体分子(客体分子)则在范德华力作用下被包围在晶格的笼形空腔内,几个笼形晶格连成一体成为晶胞或晶格单元。

目前发现的天然气水合物分为 3 种,分别为结构Ⅰ型水合物、结构Ⅱ型水合物及结构Ⅲ型水合物。

结构Ⅰ型天然气水合物为立方晶体结构,由水分子形成的结构孔穴中能容纳 CH_4、C_2H_6、N_2、CO_2、H_2S、O_2 等小气体分子。这种水合物中甲烷普遍存在的形式是构成 $CH_4 \cdot H_2O$ 的几何架构,每个水合物的单元晶胞中包含 96 个水分子以及 2 个小空腔和 6 个大空腔。其中,小空腔为正五边形十二面体(512)结构,形状近似为球形,而大空腔为扁平的十四面体(51262)结构,形状近似为椭圆体。

Ⅱ型天然气水合物为菱形晶体结构,其孔穴可容纳 CH_4、C_2H_6、N_2、CO_2、H_2S、O_2 等小气体分子以及 C_3H_8 等体积稍大的轻类分子。每个单元晶胞包含 136 个水分子,并包括 16 个小空腔和 8 个大空腔。与结构Ⅰ型水合物类似,其小空间也为正五边形十二面体(512)。而大空腔为十六面体结构,形状近似为球形,其笼型空间构架(51264)由 4 个六边形和 12 个五边形组成。

结构Ⅲ型水合物属于六面体结构,其单元晶胞包含 34 个水分子。其中,每个单元晶胞包含 6 个空腔,空腔包括小空腔、中空腔化及大空腔 3 种形式。其中小空腔与Ⅰ型、Ⅱ型相同,为正五边形十二面体(512)。中空腔是由 3 个正四边形、6 个正五边形和 3 个正六边形构成的多面体(435663)。大空腔(51268)则由 12 个正五边形和 8 个正六边形组成。

在三种水合物结构类型中,结构Ⅱ型和结构Ⅲ型水合物比结构Ⅰ型水合物更稳定,而结构Ⅰ型气水合物在自然界的分布却最为广泛。

(三)水合物形成条件及相特性

水合物的形成与水蒸气的冷凝不同,当压力一定,天然气温度等于或低于露点温度时就要析出液态水,而当天然气温度等于或低于水合物形成温度时,液态水就会与天然气中的某些气体组分形成水合物。所以,水合物形成温度总是等于或低于露点温度。

(1)引起水合物形成的主要条件:

①天然气的温度等于或低于露点温度,有液态水存在。

②在一定压力和气体组成下,天然气温度低于水合物形成温度。

③压力增加,形成水合物的温度相应增加。

(2)当具备上述主要条件时,有时仍不能形成水合物,还必须具备下述一些引起水合物形成的次要条件:

①流速很快,或者通过设备或管道,诸如弯头、孔板、阀门、测温元件套管等时,使气流出现剧烈扰动。

②压力发生波动。

③存在小的水合物晶种。

④存在 CO_2 或 H_2S 等组分,因为它们比烃类更易溶于水并易形成水合物。

(四)防止天然气水合物形成的方法

为防止生成水合物,可采用两种方法,一是脱除天然气中水分,使天然气水露点降低到操作温度以下;二是向气体中加入水合物抑制剂抑制水合物的增长或使水合物的形成温度降低到操作温度以下。

脱水需要建脱水装置,在气体处理规模较大且过程温度较低时才比较经济方法,加注水合物抑制剂方法应用最为广泛。抑制剂又分为热力学抑制剂和动力学抑制剂,目前以热力学抑制剂应用最多,主要有甲醇、乙二醇、二甘醇等。

1. 干燥脱水

将能形成水合物的成分,即水和低相对分子质量的烃类物质或气体含量降低到一定程度使水合物失去形成的基础。对水的脱除而言,目前已有冷冻分离、固体燥剂吸附、溶剂吸收以及近年来发展起来的膜分离等技术,三甘醇溶剂吸收是目前应用最广泛的方法。对天然气长输管道一般要求:水的含量在 $17\sim125$ mg/m³ 之间(国内外要求不同),露点温度要求比管道沿途最低温度低 $5℃\sim10℃$。脱水需要对所产生的水进行处理。除去形成水合物的气体组分,也就是降低压力从重组分中分离出轻组分,通常需要进行连续的压缩和泵送对轻组分进行远距离输送。对于较轻的油藏流体,这种脱除是不利的,对较重的流体,这种方法的效果有限。

2. 加热保温法

通过加热保温,使流体的温度保持在水合物形成的平衡温度以上。对海底管道,可通过包裹绝热层来保温;对陆地管道,可通过绝热或掩埋管道降低管道热量的损失;对天然气管道,常用蒸汽逆流式套管换热器和水套加热炉在节流前加热天然气,使其流动温度保持在水露点以上。

3. 降低管道压力

此外,当管道中被水合物堵塞时,还可采用降低管道压力的办法来解堵。但是,必须同时降低水合物堵塞处两侧的压力。如果仅仅降低一侧的压力,那是极其危险的。因为此时堵塞的水合物块会碎解成坚硬如冰的小块,它们在管道内高压侧压力的推动下,将以极高的速度流向低压侧。当其撞击到弯头或节流元件时,就会使管子损坏,甚至使埋地管线露出地面,造成严重事故。

4. 加注化学抑制剂方法

通过加入一定量的化学添加剂,改变水合物形成的热力学条件、结晶速率或聚集形态,来达到保持流体流动的目的,化学添加剂有以下两类。

(1)热力学抑制剂(防冻剂):通过抑制剂分子或离子增加与水分子的竞争力,改变水和烃分子间的热力学平衡条件,使温度、压力平衡条件处在实际操作条件之外,避免水合物的形成,或直接与水合物接触,移动相平衡曲线,使水合物不稳定,从而使水合物分解而得到清除。

(2)动力学抑制剂:根据分子作用的不同机理,将动力学抑制剂分为水合物生长抑制剂、水合物聚集抑制剂和具有双重功能的抑制剂。水合物生长抑制剂可以延缓水合物晶核生长速率,使水合物在一定流体滞留时间内不至于生长过快而发生沉积。

(五)水合物抑制剂的选择

对热力学抑制剂的基本要求：①可能大大降低水合物的形成温度；②不和天然气的组分反应，且无团体沉淀；③不增加天然气及其燃烧产物的毒性；④完全溶于水，并易于再生；⑤来源充足，价格便宜；⑥冰点低。

实际上，完全满足上述要求的抑制剂是不存在的，目前常用的抑制剂只是在某些主要方面满足上述要求。经常采用的水合物抑制剂（又称防冻剂）有甲醇（CH_3OH）、乙二醇（C_2HO_2）、二甘醇（$C_4H_{10}O_3$）、三甘醇（$C_6H_{14}O_4$）等。

1. 甲醇

甲醇可用于任何操作温度下的天然气管道和设备，但由于其沸点低，操作温度较高时，气相损失过大，故多用于低温场合。当操作温度低于$-10℃$时，一般不再采用二甘醇，这是因其黏度太大，与液烃分离困难；操作温度高于$-7℃$时，可优先考虑二甘醇，它与乙二醇相比，气相损失较少。如按水溶液中相同质量分数抑制剂引起的水合物形成温度降来比较，甲醇的抑制效果最好，其次为乙二醇，再次为二甘醇。

(1)通常，甲醇适用的情况是：①量小，不宜采用脱水方法；②采用其他水合物抑制剂时用量多，投资大；③在建设正式厂、站之前，使用临时设施的地方；④水合物形成不严重，不常出现或季节性出现；⑤只是在开工时将甲醇注入水合物容易生成的地方；⑥管道较长（例如超过 1.5 km）。

(2)如果注入甲醇的天然气输至集中处理站后还要采用三甘醇或分子筛脱水，由于天然气中含有甲醇，将会引起以下几个问题：①甲醇蒸气与水蒸气一起被三甘醇吸收，因而增加了甘醇富液再生时的热负荷。而且，甲醇蒸气会与水蒸气一起由再生系统的精馏柱顶部排向大气，这也是十分危险的；②甲醇水溶液可使再生系统精馏柱及重沸器气相空间的碳钢产生腐蚀；③由于甲醇和水蒸气在团体干燥剂表面共吸附和与水竞争吸附，因而，也会降低固体干燥剂的脱水能力。

此外，当天然气在下游进行加工时，注入的甲醇就会聚集在丙烷馏分中，而残留在丙烷馏分中的甲醇将会使下游的某些化工装置催化剂失活。

一般情况下，注入天然气中的甲醇蒸发到气相中的那部分不再回收，而在水溶液中的那部分甲烷可经蒸馏回收后循环使用。然而，如果注入甲醇的天然气还要在集中处理站内采用三甘醇脱水，则损失到气相中的那部分甲醇就可经济、方便地从三甘醇再生塔的顶部加以回收。

2. 甘醇类

甘醇类抑制剂无毒，沸点远高于甲醇，因而在气相中的蒸发损失少，一般可回收循环使用，适用于气量大而又不宜采用脱水方法的场合。使用甘醇类作抑制剂时应注意以下事项。

(1)保证抑制效果，甘醇类必须以非常细小的液滴（例如呈雾状）注入到气流中。如果注入的甘醇液滴未与天然气充分混合，注入的甘醇还是不能防止水合物的形成。

（2）甘醇类黏度较大，特别当有液烃（或凝析油）存在时，操作温度过低会使甘醇水溶液与液烃分离困难，增加了甘醇类在液烃中的损失。因此，甘醇类抑制剂通常用于操作温度不是很低的场合中才在经济上有明显的优点。

（3）如果管道或设备的操作温度低于 0℃，注入甘醇类抑制剂时还必须判断抑制剂水溶液在此浓度和操作温度下有无"凝固"的可能性。

实际上，所谓甘醇类水溶液"凝固"，并不是真正冻结成固体，只不过是变成黏稠的糊状体而已，然而，它却严重影响了－10 气液两相的流动与分离。因此，最好是保持甘醇类抑制剂水溶液中的质量分数在 60%～70% 之间。

三、输油管道蜡沉积预测与控制

（一）原油蜡沉现象及危害

原油中的石蜡是指十六烷以上的正构烷烃的混合物，其中中等相对分子质量的蜡组分含量最多，低相对分子质量和高相对分子质量的蜡所占的比例都比较小。蜡在原油中的溶解度随其相对分子质量的增大和熔点的升高而下降，随原油密度和平均相对分子质量的减小而增加。不同熔点的蜡在同一种原油中有不同的溶解度。含蜡原油在温降过程中，其中所含的蜡总是按相对分子质量的高低，次第析出。当温度降到其含蜡量高于溶解度时，某种熔点的蜡就开始从液相中析出。由于蜡晶粒刚开始析出时，不易形成稳定的结晶核心，故原油常在溶蜡量达到过饱和时，才析出蜡晶。

所谓的原油管道的蜡沉积，是指原油中的蜡结晶析出并与胶质、沥青质、部分原油及其他杂质沉积在管道内壁上，根据分析统计，我国含蜡原油管道沉积物中石蜡含量一般在 40%～50%，胶质、沥青质含量在 10%～20%，此外还包括 30%～40% 的凝油和一定量的砂、铁锈等。

管壁上的凝结层一般比较松软，且沉积物有明显的分界，紧贴管壁的是黑褐色发暗、类似细砂的薄层，其组成主要是蜡，是真正的结蜡，有一定的剪切强度，这一层的厚度一般只有几毫米，与管壁黏结较牢固，在蜡层上面是厚度要大得多的黑色发亮的沉积物，主要是凝油，即在蜡和胶质、沥青质构成的网络结构中包含着部分液态黏油。在管道沿途某一温度范围内是结蜡高峰区，过了结蜡高峰区后结蜡层有减薄现象，在末端结蜡层厚度又上升，这是由于油流带来的前面冲刷下来的"蜡块"重新沉积的缘故。

蜡沉积发生后使流通截面减少，摩阻增大，管道输送能力降低；同时又增大了油流至管内壁的热阻，使总传热系数下降，并使输送费用增加，严重时会导致管道堵塞。如铁大线熊岳至复线站间自 1975 年投产到 1979 年年底未进行清蜡，管壁的当量结蜡厚度达 26 mm，摩阻上升 1.2 MPa，管道效率下降了 20%。

（二）管壁结蜡的机理

管内壁结蜡实际上是石蜡在管内壁的沉积过程和油流的冲刷过程共同作用的结果。不少学者认为含蜡原油管道中的蜡沉积机理有分子扩散、布朗运动、剪切弥散。

1. 分子扩散

含蜡原油在管内输送过程中,油温不断降低,当油温降低到某一温度时,由于管壁温度总是低于油温,靠近管壁处的溶解石蜡首先达到饱和状态,如果油温再降低,则会出现过饱和,借助管内壁提供的结晶中心(粗糙突起、杂质)而首先析出。管壁处石蜡的析出,使其浓度降低,这样便会在管壁和紊流核心之间产生浓度梯度。该浓度梯度使溶解在原油中的石蜡分子从管中心向管壁扩散,为管壁上的继续结蜡创造条件。

2. 布朗运动

布朗扩散是指悬浮在油相中的蜡晶由于布朗运动从小颗粒变成大颗粒,当油流中有浓度梯度时,蜡分子便会向管壁移动,并沉积在管壁上。

3. 剪切弥散

当原油温度降到析蜡点以下时,石蜡分子就形成微小的蜡晶从原油中析出。悬浮在层流中的蜡晶颗粒,由于流速梯度场的存在,会以一定的角速度作旋转运动,并出现横向的局部平移使蜡晶向管壁移动,最后沉积在管壁上。

由于油品具有黏性,旋转的蜡晶颗粒会使靠近颗粒表面的流层产生环流。处于环流区的颗粒对相邻的颗粒会产生吸引力,使之互相碰撞。如果原油中蜡晶颗粒很少,相互碰撞只产生暂时的位移,以后仍然回到原来的流线,并不产生净的径向移动。如果原油中蜡晶颗粒很多,则互相碰撞会造成净的横向分散,称为剪切弥散,使石蜡结晶从紊流核心向管壁传递,传递来的石蜡便在管壁处沉积起来。另外原油中的微晶蜡处于热运动状态,因此产生布朗运动,由于径向存在浓度梯度,布朗运动的净结果,使蜡晶颗粒由高浓度区向低浓度区扩散。

4. 重力沉降

重力沉降是指油流中析出的蜡晶在重力作用下向管道底部移动并沉积。

5. 剪切剥离

石蜡沉积层的凝结生长还存在另一个相反作用,即油流的冲刷作用。流体在管内流动时,管壁处的剪切应力最大,随着结蜡层在管壁上的生长,管内流速不断增大,管壁处的剪切应力也不断增大,当管壁处的剪切应力大于沉积层的破坏强度时,就会有部分沉积物从管壁上剥落下来。随着外部沉积物的剥落,凝结层还会生长,最后凝结层的生长和油流冲刷处于动平衡状态,凝结层厚度达到一个稳定值,即由于冲刷过程的存在使结蜡层不会无限制地增长。

6. 老化

老化作用使沉积物的硬度随时间增加而增大。管壁处沉积的蜡将油圈闭在蜡质网状结构中。重质分子穿过圈闭的油扩散进入沉积的凝胶结构,而被圈闭的油在逆扩散作用下从沉积物中扩散出来。这导致沉积物中固体蜡组分增加,从而使凝胶结构的硬度随时间的增加而增大。

分子扩散被认为是蜡沉积的主要机制，大多数文献指出，布朗扩散、重力沉降对管壁蜡沉积的作用基本可以忽略。

(三)蜡沉积影响因素

1.油温的影响

试验表明，在接近析蜡点的高温和接近凝固点的低温下输送时，管内壁结蜡较轻微，在两者之间有一个结蜡严重的温度区间。这个温度区间大致与原油中大量析蜡的温度范围相近。

油温高于45℃时随油温的下降为结蜡缓增区，在30℃～40℃之间为结蜡高峰区，低于30℃为结蜡递降区，这与石蜡组成的图形基本一致。在结蜡高峰区，析出的是含量较高的中等相对分子质量石蜡，在此温度范围内，管截面上浓度梯度大，油流黏度却不大，因而分子扩散作用强，且由于错晶颗粒的大量析出，一方面碰撞的机会增多，容易互相黏结而沉积在管壁上；另一方面，蜡晶颗粒浓度的迅速增大使剪切弥散作用加强，故形成了结蜡高峰区。

低温时，油流黏度大，分子扩散作用很弱，虽然此时剪切弥散作用较强，但管壁处的剪应力较大，且此时形成的凝结层的附着强度不大，凝油层又会被剪掉一部分，故低温时凝油层较薄。

2.油壁温差的影响

沉积速率随油壁温差的增大而增大。这是因为油壁温差越大，浓度梯度和蜡晶浓度就愈大，从而分子扩散和剪切弥散作用都加强。油壁温差的大小不仅取决于油温和周围介质温度，还与管道的热阻大小有关。在冬季，地温低，油壁温差大，结蜡较严重。在某些散热很大的局部段落，地下水位高并有渗流处，保温层破损的水下管道，或覆土太浅的管段，结蜡层的厚度可能最大。

对于埋地管道，凝油层厚度的变化还随季节而不同，当地温逐渐下降时，凝油层逐渐增厚；当地温逐渐上升时，凝油层又逐渐减薄。当输量和油温稳定时，在某一季节，凝油层厚度常保持在某一范围内。

3.流速的影响

流速对管壁结蜡强度的影响主要表现为，随着流速的增大，管壁结蜡强度减弱。层流时的结蜡比紊流严重，俗数愈小，结蜡愈严重。因为随着流速的增大，虽然管壁处剪切速率的增大会使蜡晶的剪切弥散作用有所加强，但层流边层的减薄，油壁温差的减小，管壁处剪切应力的增大，这些因素都会使管壁上的结蜡层减薄。实践表明，当流速大于1.5 m/s时，管内就较少结蜡。流速对凝油层剪切冲刷的强弱，还与决定于温度、原油物性、热处理条件等的凝油层网络结构强度有关。右图为大庆原油蜡沉积强度与流速的关系。

4.原油组成的影响

油品中含蜡是管壁结蜡的根本原因。因此油品含蜡量的大小将直接影响石蜡沉积速率,含蜡量越高,石蜡沉积速率越大。大多数含蜡原油中都含有数量不等的胶质和沥青质。一般认为胶质沥青质对石蜡沉积的影响表现为两个方面:一方面是当油温高于析蜡点时,由于胶质沥青质的存在,增加了原油的黏度,不利于石蜡分子的径向扩散。另一方面当油温低于析蜡点时,胶质沥青质会吸附在蜡晶表面上,阻碍蜡晶的互相聚结,从而削弱了剪切弥散作用,显然原油中的胶质沥青质的含量越高,石蜡沉积速率越小。原油含水率增大,蜡沉积速率降低,原油中含砂或其他机械杂质容易成为蜡结晶的核心,使结晶强度增大。

5.管壁材质的影响

试验表明管壁材质和表面粗糙度对结蜡也有明显的影响。由于管壁或涂料的表面结构和性质不同,在石蜡结晶过程中内壁所提供的结晶核心的多少和结晶的难易程度就不同,因此结蜡速率也不同。管壁的表面粗糙度越大,越容易结蜡。

(四)管道防蜡技术

1.加热输送

保持沿线油温均高于析蜡点,可大大减少石蜡沉积。

2.冷流输送

蜡沉积在零热通量情况下是可以忽略的,即使在析蜡点以下。为此采用冷流技术,通过降低管线内油流的温度至与周围环境温度一样,由此消除温度梯度,进而防止管壁上的蜡沉积。

3.管道内涂层

即采用排斥石蜡的材料涂覆在输油管线内表面,抑制蜡沉积。当前研究已表明聚乙烯树脂、硅橡胶、丙烯酸甲酯共聚物涂层的低表面能可增加前接触角和滞后作用,还能减少钢表面对沥青、原油或石蜡的润湿特性。

4.化学防蜡

化学防蜡技术是目前应用最广泛的一种防蜡方法,也是最简单、最有效的解决蜡沉积问题的方法之一。可采用表面活性剂作为防蜡剂,阻止蜡分子在已结晶的表面上继续析出。也可以在原油中加入蜡晶改良剂,使石蜡晶体分散在油流中并保持悬浮,阻碍蜡晶的聚结或沉积。

(五)管道清蜡技术

目前长输管道上广泛采用的是清管器清蜡。目前最常用的清管器有机械清管器和泡沫塑料清管器。在机械清管作业中,一项重要的工作就是确定清管周期。清管周期长,则动力消耗大,热损失小,清管费用也小;而清管周期短,动力消耗小,但热损失和清管费用大,因此存在一个使总费用最小的最优清管周期。确定最优清管周期有两种方法。一种方法是根据过去历次的清管实践,统计计算出不同清管周期下的总费用,通过比较选择最优清管周期,这种方法的计算工作量相当大,且有很大的局限性。另一种方法是列出该问题的数学模型,通过优化方法进行求解,但这种方法要求知道管壁的结蜡规律(即结蜡层厚度与时间的关系)。

第二节　油气管道日常运行维护

油气管道日常运行中,定期进行清管作业,可有效预防冰堵、结蜡等事件的发生,也可以提高管道运行效率,节约运行能耗,提高运行年限。

一、清管前的调查

清管前需要对管线及其附件参数、管线收发球筒及相应附件、管输天然气组分及性质、管线历史清管状况和管线设计及操作运行参数的资料进行收集,以便确认管线清管方案并对管线进行风险分析。

检测设备对管道干线的要求:①被检测管道直管段变形不得大于 13D,弯头变形不得大于 10D;②沿线弯头的曲率半径不得小于 5D,且连续弯头间直管段不得小于 1 200 mm;③沿线三通必须有挡条,且支线开孔直径不得大于干线管径;④沿线阀门在检测器运行期间必须处于全开状态,且全开后的阀门孔径不得小于正常管道内径;⑤运行管段如有斜接存在,则其角度不得大于 15°。

二、清管风险的评估

要通过对管线的调研情况分析其风险因素(主要包括卡球或硫化亚铁自燃等问题),并提出相应的解决措施。

三、清管方案的确定

清管方案的确定需要考虑的因素有:清管方案的制定依据、清管可行性的分析、清管器的选择、清管推动介质的选择、清管速度的控制、清管器过盈量的选择、清管器的维护和相应的计算书等。

1. 管道基本状况

根据清管前调查进行编写,包括管线状况、管线清管器收发球站场、管线三通及阀门、管线输送介质及介质物性等。

2. 清管器的选择

清管器类型包括清管球、泡沫清管器、皮碗清管器、双向直板清管器、磁力清管器、除垢清管器、除蜡清管器、除锈清管器、管道变形检测清管器、管道裂纹检测清管器以及管道腐蚀检测清管器等,需要根据管道状况及清管器的特性进行清管器的选择。

3. 制定清管方案的依据

制定方案的依据有:有关法规和规范、上级有关的文件和设计资料、管道概况描述、组织领导及分工、管道运行工作状况、清管器的选择、清管操作规程、故障预想及措施、清管工作日程安排等。

4.清管技术方案的编写

清管技术方案的编写主要包括：清管前运行参数计算结果、管线积液状况分析、清管过程及清管后运行参数测算、清管步骤和要求安排、清管安排及时间等。

5.清管速度的控制

对于气体管道，速度过快会使清管器磨损严重，速度太慢又会使得清管器旁通量增大，建议清管时速度应控制在 3.5～5.0 m/s。

6.清管器过盈量选择

①清管球注满水过盈量为 3%～10%。
②皮碗、直板清管器过盈量为 1%～4%。

7.清管器位置的确定

通过清管收发球指示器以及清管推动介质注入量的多少，预测和掌握清管器的位置。

8.清管器的维护

从收球筒内取出清管器后，应对清管器进行清洗、检测和分析。清管器的皮碗如有损坏或皮碗唇边厚度小于原尺寸的 1/3 时，应更换皮碗，软质清管器不宜重复使用。

9.清管过程的记录

清管过程中需要对出入口参数进行记录，记录主要内容如表 5-2 所列。

表 5-2　清管作业参数记录表

作业管段 ____至____	作业日期		管道长度 km	管道直径 mm
清管器长度 /mm	清管器直径 /mm	清管器形式	清管器材质	清管器测量负责人签名（两人）
通球开始时间	通球结束时间	预计通球时间	实际通球时间	
清管时间	外输气量 /(m³/h)	管道入口压力 /MPa	管道出口压力 /MPa	管道入口温度　　管道出口温度

四、清管球运行故障及处理

1. 密封不严导致清管球停止运行

受管道内的杂质影响,使清管球与管壁出现缝隙而漏气(油),不能形成前后压差,导致清管球停止运行。

处理办法:

(1)发放第二个球顶走第一个球,两个球同时运行,使漏气(油)量减少而解卡。第二个球的质量要好,球径过盈量较大。

(2)增大球后进气(油)量,提高球的推力。

(3)减少球前管段进气(油)量或排放下游管线天然气(油品),以增大压差,使球启动运行。

(4)第二、第三种方法同时使用,以增大推球压差。

2. 球破裂

因球的制作质量差,清管段焊口内侧太粗糙,或因输气管线球阀未全开,球被刮破或削去一部分。

处理方法:检查和判断破裂的原因,排除故障后发放第二个球推破球一起运行。

3. 球的推力不足

由于管线积存的污水或其他污物过多,清管球在向高差较大的山坡运行时,压差不足导致推不走污水或其他污物而引起清管球停止。

处理方法:可以根据计算球的位置并结合线路纵断面图分析,如果通球前管线实际压力损失较理论计算值大,表明管内因存有积水而堵塞;如果通球时球后压力大又不断上升,推球压差增大,而计算球的位置又在高坡下,则可判定为球推力不足。当球后压力升至管线允许最高工作压力仍不能运行时,则可采取球前排放天然气,以增大压差,直到球翻过高地形为止。

4. 卡球

清管球在行进中遇到较大物体或因管道变形而卡在管内,卡球的现象是球后压力持续上升,球前压力下降。

处理方法如下:

(1)采用增大进气(油)量,提高压力,以增大压差,使之运行。

(2)降低清管球下游的压力,以建立一定压差,使之继续运行。

(3)排放清管球上游天然气(油品),反推清管球解卡。

(4)以上方法均不能解卡,准确定位后采取断管的办法取出清管球解卡。

第三节　油气管道应急抢修技术

一、油气管道失效等级划分

油气管道失效等级划分见表 5-3,应从以下 4 种因素考虑。

(1)恐怖袭击。

(2)打孔盗油。

(3)第三方施工破坏。

(4)其他损坏管道及附属设施的行为。

表 5-3　失效可能性等级划分标准

失效可能性等级	因素			
	第三方施工破坏	打孔盗油	恐怖袭击活动	其他损伤管道及附属设施的行为
1	几乎不可能	几乎不可能	几乎不可能	几乎不可能
2	极小可能	极小可能	极小可能	极小可能
3	偶尔发生	偶尔发生	偶尔发生	偶尔发生
4	容易发生	容易发生	容易发生	容易发生
5	极易发生	极易发生	极易发生	极易发生

注:多种因素同时存在时,按其中等级高者取值。

失效后果应综合考虑管道系统遭受破坏可能造成的人员伤亡、财产损失、环境污染及停输影响,划分标准见表 5-4。

表 5-4　失效后果等级划分标准

失效后果级别	因素			
	人员伤亡	财产损失	环境污染	停输影响
1	轻微伤害	直接经济损失一百万元以下	轻微或无影响	轻微影响
2	一般伤害	直接经济损失一百万元到一千万元之间	一般环境事件	一般影响
3	较大伤亡	直接经济损失一千万元至五千万元	较大环境事件	较大影响
4	重大伤亡	直接经济损失五千万元至一亿元	重大环境事件	重大影响
5	特别重大伤亡	直接经济损失一亿元以上	特别重大环境事件	特别重大影响

注:1. 多种因素同时存在时,按其中等级高者取值。

2. 所称"以上"包括本数,所称"以下"不包括本数。

（1）人员伤亡等级分为：

①该评价单元内可能指造成 30 人以上死亡，或者 100 人以上重伤的为特别重大伤亡；

②该评价单元内可能造成 10 人以上 30 人以下死亡，或者 50 人以上 100 人以下重伤的为重大伤亡；

③该评价单元内可能造成 3 人以上 10 人以下死亡，或者 10 人以上 50 人以下重伤的为较大伤亡；

④该评价单元内可能造成 3 人以下死亡，或者 10 人以下重伤的为一般伤害；

⑤该评价单元内可能造成 3 人以下重伤，或者 10 人以下轻伤的为轻微伤害。

（2）财产损失应考虑因素包括：

①资产的重要性；

②周边因管道系统设施破坏而导致的损失；

③其他损失。

（3）环境污染等级分为：

①具备下列情况之一的为特别重大事件：

A. 因环境事件需疏散、转移群众 5 万人以上；

B. 区域生态功能严重丧失或濒危物种生存环境遭到严重染；

C. 因环境污染使当地正常的经济、社会活动受到严重影响；

D. 因环境污染造成重要城市主要水源地区水中断的污染事故。

②具备下列情况之一的为重大环境事件：

A. 区域生态功能部分丧失或濒危物种生存环境受到污染；

B. 因环境污染使当地经济、社会活动受到较大影响，疏散转移群众 1 万人以上 5 万人以下的；

C. 因环境污染造成重河流、湖泊、水库及沿海水域大面积污染，或县级以上城镇水源地取水中断的污染事件。

③因环境污染造成跨地级行政区域纠纷，使当地经济、社会活动受到影响的为较大环境事件。

④因环境污染造成跨县级行政区域纠纷，引起一般群体性影响的为一般环境事件。

⑤该评价单元位于荒漠、戈壁等无特殊环境区域的为轻微或无影响。

（4）停输影响等级分为：

①具备下列情况之一的为特别重大影响：

A. 会引起国际纠纷；

B. 一类管道，遭受破坏停输后抢修困难，需要较长时间恢复，会给下游企业生产或居民生活带来特别严重影响的；

C. 造成油田、气田或炼厂紧急停产。

②具备下列情况之一的为重大影响：

A. 会造成国内重大社会影响的；

B. 一类管道,遭受破坏停输后短期内可以恢复,且不会给下游企业生产或居民生活带来特别严重影响的;

C. 二类管道,遭受破坏停输后下游企业生产或居民生活会受严重影响的。

③具备下列情况之一的为较大影响:

A. 会给企业造成较大损失的;

B. 二类管道,遭受破坏停输后抢修困难,但不会给下游企业生产或居民生活带来特别严重影响的。

④短期内能完成抢修,不会影响上下游企业或居民生活的为一般影响。

⑤其他情况为轻微影响。

二、油气管道的抢修

(一)油气管道抢维修的特点

长距离输油输气管道具有管径大、管线长、工作压力高、连续运行、输送介质具有易燃易爆性的特征。在动火抢修和流程改造时具有如下特点:

1. 抢修和流程改造时间的紧迫性

长输管道是输送量大而且连续运行的管道,抢修时间的长短决定了管道停输时间的长短。管道的停输不仅会给管线首站造成库容压力,而且还可能影响油田原油生产,影响管线末端炼油厂的生产,影响管线末端成品油的销售。对于易凝原油输送管道来讲,原油物性和管道的温降规律决定了原油管道的停输时间。因此,抢修工作必须在最短的时间内使管道恢复正常输量或某一最低输量。

2. 泄漏介质的易燃易爆性

油气管道泄漏出的原油、成品油、天然气具有易燃、易爆性,因此管道抢修工作在抢修现场油品未清理干净、天然气未放空置换的情况下是不准动火的,否则极易酿成火灾事故。

3. 抢修机具的可靠性和操作人员的熟练性

管道的抢修工作是一项时间紧、任务重的工作,这就要求抢修机具可靠、密封必须严密,操作人员必须持证上岗、技术过硬、操作熟练。

4. 天然气具有的易扩散性

高压天然气从管道中泄漏出来后,依靠风的作用和分子扩散,能够漂移一定的距离,会在泄漏点一定距离范围内形成天然气聚集,在该范围内的任何火源都可能引发爆炸事故。

5. 天然气具有的毒性

进入天然气泄漏区的抢修人员必须配备正压式空气呼吸器、防毒面具等防护设施,在受限空间内作业时要全程采取监护措施。

(二)管道抢修程序

管道的停输抢修用于管道出现破裂、断裂造成管内介质大量外泄时的抢修和管道出现堵塞事故的抢修。停输抢修应遵循下列程序进行：

(1)发现事故，及时停输。当输气油场站职工或线路巡护人员发现管道破裂或断裂时，应及时通知值班领导及调度部门，由调度部门下令管道停输并通知抢修队伍赶到事故地点。同时调度部门应立即向上级调度部门汇报，并请求其协调管道上下游各有关企业的油气供需。

(2)确定事故位置，设定警戒区。事故发生单位应根据事故严重程度制定事故现场保护措施，设立警戒区，防止闲杂人员进入事故现场，并向周边政府、公安、消防、医疗机构报告并请求支援。管道抢修队伍接到抢修命令后，立即携带工器具、应急物资赶赴事故现场。

(3)泄漏管段堵漏。确定管道泄漏点后，立即采取焊塞堵漏、加瓦片、加焊螺帽、密封胶带填堵等方式对泄漏管段进行堵漏，防止输送介质持续泄漏。并对泄漏出的介质进行处置，尤其是泄露的油品，要对泄漏的油品进行回收，对污染的土壤进行更换，对污染的水体进行治理，对污染的植被进行修复。

(4)修补动火或换管作业。管线封堵成功后，根据现场情况确定抢修方案，如无需换管，则按照动火作业规程要求对泄露的进行修补后。如需换管，按照换管作业规程要求对泄漏管段进行更换。

(5)恢复地貌。作业完成后，对焊接处进行探伤，探伤合格后即可恢复生产。生产运行恢复正常后并现场无其他遗漏问题，清理事故现场的油污，对地貌进行恢复。

(三)动火作业安全管理

管道在维抢修动火作业过程中，由于介质的易燃易爆性质，动火作业过程中如果管控不当，极易发生燃烧、爆炸等事故。为防止事故的发生，在动火作业前应采取相应的管控措施，避免货源与易燃易爆物品接触。常采用的方法有封堵和清扫。

封堵，是指采取措施将易燃易爆物堵在动火点以外，使其与火源隔离。清扫，是指将动火的管道内以及施工现场的易燃、易爆物清理干净。通过"堵"与"清"即可将带油气的动火作业转化为无油气的动火作业。

1. 动火管段的隔离

(1)关闭阀门法隔离动火管段：管道停输后，关闭有关阀门，尽量缩短动火点前后的管段长度，减少存油量。若附近没有截断阀，可以采用封堵措施。

(2)封堵法隔离动火管段：常用的有封堵器封堵、冷冻法封堵、隔离物封堵三种方法。

①封堵器封堵：常见的封堵器有"挡板式"和"胶囊"式两种，挡板式封堵器依靠放入管线中的密封盘进行密封；胶囊式封堵器是将胶囊放入管道中，并对胶囊充气从而达到密封的目的。两种封堵器相比，挡板式封堵器可承受更高的工作压力和温度。

对于不能停输管道的动火施工，可以采用不停输封堵措施。其基本原理是在施工点外两端安装临时旁通管道保证管道运行。而后,在临时管道内的原管道上对施工点两端进行封堵,变不能停运的管道的施工为可停运管道的施工。

②隔离物法封堵:隔离物法是利用某些不能燃烧的物质,将易燃物与施工点隔离开,根据施工点管内介质情况可以选用不同的隔离物。比较常用的隔离物有水及其蒸汽、消防灭火剂和惰性气体等,还用黄油泥墙、泥土、盐等封堵方法。采用此种措施要特别注意密封的严密性、隔离物与管中介质的密度之差、施工部位管线的坡度、动火时间等。

2. 隔离管段油气清洗

在动火施工前应将管道内油品等易燃物清理干净,一般有如下几种方法:

(1)利用位差放空管内存油:在管段低点开孔、接管,将油品放至准备好的污油池内。若管内形成负压会妨碍油品全部流尽,需要在高点开孔,设置补气孔。这种方法简单、方便,流出油品易于回收,但需要有合适的高差地形,适于低黏度油品。而在高黏度原油管道中,原油难以排尽,放油时间很长,常受到允许时间的限制。若管内油品放空不彻底,还需采用清扫管道的措施。

(2)顶部吸油清扫:在管道上部开孔泄压后,利用虹吸原理或真空泵抽吸把管段内油品抽出。这种方法安全,但操作过程烦琐,清洗速度慢,一般在管道底部开口困难的情况下才采用这种方法。

(3)用水清洗、置换:对输送清油的管道用水置换效果较好,对输送高黏易凝原油的管道效果较差,若有条件用热水顶油,清洗效果较好。

(4)气体吹扫:施工中有时遇到管线自然高低位差小,用水不便,此时可以利用气体将油品等易燃物顶出。管道内的介质是液体时应在管线的高点顶部进气,在管线的低处放油;当管内介质是可燃气体时,不但要注意介质与吹扫气体的密度之差,还要特别注意可燃气体的爆炸极限浓度。应采用惰性气体吹扫管线,惰性气体不但能安全地吹扫管内油气,还可隔离水源和燃油。

3. 动火前的检查

为了达到动火时火源与易燃、易爆油气介质完全隔离,在动火管段的隔离和清扫过程中应该做好以下几方面检查:

(1)关闭阀门时要防止因阀门关闭不严或内漏造成的事故,在法兰处应加设盲板。采用封堵器时,要认真检查封堵器的密封胶垫及皮囊的完好程度。

(2)动火前要认真检查管内油品残留情况,注意检查管段最低点的残留物和最后排出的油品,判断排空的程度。

(3)可燃气体浓度和含氧量检测,应满足如下要求:

①动火施工的部位及室内、沟坑内及周边的可燃气体浓度应符合标准要求。如爆炸下限大于4%(体积)的,可燃气体或蒸汽的浓度应小于0.5%,如爆炸下限小于4%(体积)的,可燃气体或蒸汽的浓度应小于0.2%。一般情况下,动火作业区内的可燃气体浓度必须小于其爆炸下限的20%。

②动火前应采用至少两个检测仪器对可燃气体浓度进行检测和复检,取样分析时间不得早于动火作业开始前的半小时,而且取样要具有代表性,做到分析数据准确可靠。用于检测气体的检测仪应在校验有效期内,并在每次使用前与其他同类型检测仪进行比对检查,以确定其处于正常工作状态。

③在密闭空间动火,动火过程中应定时进行可燃气体浓度检测,最长间隔不应超过 2 h。

④对于采用氮气或其他惰性气体对可燃气体进行置换后的密闭空间和超过 1 m 的作业坑内作业前,应对空间内氧气含量进行检测,确保氧含量在 18%～21% 范围内。

4. 动火过程中运行监护

(1)动火作业过程中应对与动火相关联的管道和设备的状况进行实时监控,如压力、温度等。

(2)动火作业过程中,动火监护人应坚守作业现场,动火作业监护人发生变化需经现场指挥批准。

(3)动火作业过程中,应对作业区域可燃气体浓度进行检测

5. 动火现场安全要求

(1)动火作业地带应分区域进行管理,具体分为作业区、机具摆放区、车辆停放区、休息区等,并用警戒带进行隔离。休息区应设在警戒区外,便于对暂无作业、监护任务的人员进行集中管理。与动火作业无关人员或车辆不应进入动火作业区域。

(2)在密闭空间和超过 1 m 的作业坑内动火作业,必须采取强制通风措施。

(3)如遇有 5 级(含 5 级)以上大风不宜进行动火作业,特殊情况需动火时,应采取围隔措施。

(4)动火作业坑除满足施工作业要求外,应在不同的方向设两个作业人员逃生通道,通道坡度宜小于 50°。如对管道进行封堵,封堵作业坑与动火作业坑之间的间隔不应小于 1 m。

(5)动火现场的电器设施、工器具应符合防火防爆要求。

(6)动火施工现场 20 m 范围内应做到无易燃物,施工、消防及疏散通道应畅通;距动火点 15 m 内所有的漏斗、排水口、各类井口、排气管、管道、地沟等应封严盖实。

(7)动火作业前,应按方案要求做好所有施工设备、机具的检查和试运,关键配件应有备用。

(8)动火作业现场消防车和消防器材配备的数量和型号应在动火作业方案中明确,必要时,动火现场应配备医疗救护设备和器材。

(9)在易燃易爆作业场所动火作业期间,当该场所内发生油气扩散时,所有车辆不应点火启动,不应使用任何非防爆通信、照相器材。只有在现场可燃气体浓度低于爆炸下限的 10% 时,方可启动车辆和使用通信、照相器材。

三、储罐动火抢修技术

1. 储罐清洗

为保证动火作业安全,动火作业前应对进行清洗。清洗油罐的方法主要有干洗法、湿洗法、蒸汽洗法等。

(1)干洗法。

干洗法清洗储罐,首先需排净储罐内存油,打开人孔、光孔、测量孔等排出罐内油气,自然通风时间一般不少于 10 天,测定油气浓度达到安全范围后由人员进入罐内清扫油污、水及其他沉淀物,之后用锯末对储罐罐壁、罐底板、加热盘及支架等彻底擦洗一遍后清出锯末,用铜制工具去除局部锈蚀,用抹布或面纱彻底擦净。

(2)湿洗法。

湿洗法清洗储罐,首先需排净储罐内存油,打开人孔、光孔、测量孔等排出罐内油气,自然通风时间一般不少于 10 天,测定油气浓度达到安全范围后由人员进入罐内清扫油污、水及其他沉淀物,之后用高压水冲洗罐内油污和浮锈,然后排出污水,用抹布或面纱将罐内擦净后对储罐进行通风干燥除湿。

(3)蒸汽洗法。

蒸汽洗法清洗储罐主要用于清洗黏度较高的油罐或长时间未清理的油罐,首先需排净储罐内存油,打开人孔、光孔、测量孔等排出罐内油气,自然通风时间一般不少于 10 天,测定油气浓度达到安全范围后由人员进入罐内清扫油污、水及其他沉淀物,之后用蒸汽清除表面油污,用高压水冲洗油污,然后排出污水,用抹布或面纱将罐内擦净后对储罐进行通风干燥除湿。

实际作业过程中,可以根据现场实际情况将这几种方法结合使用。

2. 储罐动火作业安全措施

在储罐进行动火作业应采取以下措施:

(1)拆除进出油管线,实现和其他管线和设备的脱离。

(2)对储罐进行彻底清洗清扫。

(3)检测罐内油气浓度,进行气样分析。用检测仪在测量孔、光孔等多个孔口及罐底部容易积聚油气的死角进行气样分析。最好采用两台以上的检测仪同时测定,以便核对数据,确保安全。测量气体浓度需小于爆炸下限的 20％才算合格。经检测合格,半个小时内未动火的油罐在动火前仍需进行检查。若焊接工作当天未能结束,第二天动火前,仍需进行测爆。

(4)对临近油罐进行保护。油罐动火之前,除进行清洗外,还要注意相邻的油罐、设备的保护。应根据距离的远近,采取相应的安全措施。距离相当于动火油罐的直径时,要停止进油或发油,在呼吸阀上覆盖石棉布或多层铜丝网,网眼目数要大于 30,以减少油气挥发和防止火星落入;距离小于动火油罐的直径或相当于半径,要除清油品,并向油罐内灌水;如距离小于动火油罐的半径,邻近油罐的安全措施应当与动火油罐一样对等。

(5)预防作业人员中毒。不管使用哪一种清罐方法,都要防止清罐人员吸入烃蒸气而中毒。油罐内油气浓度低于 300 mg/m³,并且持续 24 h 不再上升,作业人员方可进罐操作;进罐人员必须穿戴好防毒面具,配备好相应的信号绳等防护设备,进罐时间不宜过长,一般不应超过 30 min,以 15～20 min 为宜;进罐作业期间,罐外必须有人监护,并持续检测罐内油气浓度;应制定应急救援预案,做好相应的救护准备工作。

(6)配备消防器材。根据动火作业情况,作业现场应配备足够的消防器材,必要时需请消防车在现场监护。

3.油罐带油动火作业安全管理

当油罐无法清空,只能带油动火作业时,除满足上述安全措施外,还应注意以下几点。

(1)动火点位于油面以上,严禁动火,极易发生燃烧和爆炸。

(2)补焊前要先测定壁厚,补焊处的厚度应满足焊接不被烧穿的要求。

(3)根据测得的壁厚选择合适的焊接电流,防止电流过大,烧穿补焊处导致冒油着火,电焊机接地线应尽可能靠近被焊钢板。

(4)动火前应用铅或石棉绳将裂缝塞严,外面再用钢板补焊。

4.储罐动火作业结束后的注意事项

(1)必须认真检查是否还有焊、割的任务,以免遗漏,否则进油后再发现无法处理。

(2)对焊补的部位进行严格的质量检查,一旦发现问题要及时进行补焊。

(3)认真清理现场,防止铁器等杂物遗留在油罐内,确定是否有残留火种。

(4)确认一切正常后,方可进行投产,第一次进油时需严格控制流速,并做好观察记录。

四、其他储运设备动火抢修

(一)分离器和电脱水器的动火作业

分离器和电脱水器的动火作业一般分为不置换带压动火作业和停产清洗的动火作业。

1.分离器和电脱水器的不置换带压动火

不置换带压动火作业是指分离器或电脱水器在正常情况下,容器内不充满液体或气体介质,无空气和氧气的条件下,对其外部进行补焊的动火作业。

(1)不置换带压动火作业主要应用于分离器和电脱水器的外部动火,例如外部穿孔、小裂纹和砂眼的补漏和补板,进出口管线穿孔的补漏与补板等补焊作业。

(2)不置换带压动火作业的安全条件与操作方法:①控制含氧量;②连接好与其他控制器的流程;③控制好压力;④控制好电源;⑤调整相邻设备的安全状态;⑥加装接地线;⑦补板处的焊前准备。应在泄漏点用木塞堵住穿孔处会渗漏点后,制作与补焊补位弧度相同的钢制补板;⑧在动火补焊过程中如出现分离器或电脱水器压力急剧变化,或含氧量增高和动火周围可燃气体含量增高等影响动火安全的因素,应马上停止动火,待查明原因,达到安全状态后,方可继续动火;⑨补焊完毕,检查合格后,按有关规定进行投产运行,恢复生产。

2.分离器和电脱水器的停产清洗动火作业

停产清洗后的动火作业是指分离器和电脱水器在停产后进行清理沉积物和清洗达到安全动火条件后对其进行动火的作业。其特点是分离器和电脱水器内外各部分都可以进行补焊作业。停产清洗后的动火的安全条件和操作方法如下。

(1)电脱水器断电。停产调整流程前,应将电脱水器拉闸断电、打开安全门。

(2)调整流程停产。调整动火的分离器和脱水器的流程,使之停产。

(3)泄压和加盲板。对动火的分离器和电脱水器泄压,放出容器内的介质,切断与分离器或电脱水器相连的流程闸阀并加盲板隔离,并挂上"不准开启"的警示牌。

(4)通风。打开分离器或电脱水器的所有入孔和清砂孔等孔口进行通风。

(5)清理分离器或电脱水器内部油砂和沉积物。清理油砂和沉积物人员进入分离器或电脱水器之前应测器内部的含氧量和毒气含量,含氧量和毒气含量不合安全标准时不准入内。应用防爆工具清理油砂和沉积物。用蒸汽蒸洗内壁残渍,清洗干净内部油污。在分离器或电脱水器内应使用防爆型安全电压照明灯具。

(6)清除的油砂和油污沉积物应运到安全地带处理。

(7)动火作业前,应测定分离器或电脱水器内外各部位的可燃气体浓度,其浓度应低于爆炸下限 20%。

(8)动火作业。按动火作业票的要求落实全部安全措施后,开始动火作业,动火过程中发现影响动火安全问题,处理完毕达到安全条件后才能继续动火。

(9)补焊作业完毕检查合格后,按照有关安全规定进行投产运行,恢复生产。

(二)油槽车动火作业

汽车油罐、火车油罐在动火检修时,可以参照小容量油罐的清洗和置换办法,彻底清除油垢和油气,通风测爆,动火焊割时要进行明火引爆试验,试验合格当即进行焊割。具体操作要求可参照储罐动火作业管理要求。

第六章　油气管道事故应急预案

第一节　油气管道安全生产应急预案的编制

"安全第一,预防为主"是我国安全生产的基本方针,而预防就是为了避免或减少事故的发生和灾害的损失。应对紧急情况,只有提前做好各项准备工作,居安思危、常备不懈,才能在事故和灾害发生的紧急关头迅速反应并采取正确的应对措施。要从容地应付紧急情况,需要周密的应急计划、严密的应急组织、精干的应急队伍、敏捷的报警系统和完备的应急设施,也就是需要建立和健全事故应急反应体系,最主要的是各级的事故应急预案。

一、制定事故应急救援预案的必要性

事故应急预案,又名"事故应急处置预案""应急救援预案"。最早是化工生产企业为预防、预测和处置关键生产装置事故、重点生产部位事故、化学物品泄漏事故等而预先制订的应对方案,事故或故障发生后能够快速反应,有效应对、处置或将事故消除在萌芽状态的程序和方法,以达到控制或减少事故损失的目的。编制事故应急预案的必要性在于以下几点。

(一)风险存在的客观性和事故发生的不确定性决定了应急救援的必要性

由于风险是客观存在的,按照墨菲定律,只要存在不安全因素,如果不采取措施,不注意解决问题,不堵塞漏洞,不管发生的可能性有多小,都必然会发生事故。从安全哲学的观点看,安全是相对的,危险是绝对的,事故是可以预防的。但目前的安全科学技术还没有发展到能有效预测和预防所有事故的程度。既然生产中不可能杜绝一切事故发生,要保证应急救援系统的正常运行,必须事先制定一套应急预案,用计划指导应急准备、训练和演习,乃至迅速高效的应急行动。因此,事故的应急救援预案是必不可少的。

(二)建立事故应急救援体系是预防和减少事故损失的需要

凡事预则立,不预则废。应急救援预案对于如何在事故现场开展应急救援工作具有重要的指导意义。针对各种不同的紧急情况制定行之有效的应急救援预案,不仅可以指导应急人员的日常培训和演练,保证各种应急救援资源处于良好的备战状态,而且可以

指导应急救援行动按计划有序进行，防止因应急救援行动组织不力或现场救援工作的混乱而延误事故应急处置，从而降低人员伤亡和财产损失。

（三）建立应急救援预案是我国法律法规的强制要求

《中华人民共和国安全生产法》中规定，生产经营单位应当制定本单位生产安全事故应急救援预案，与所在地县级以上地方人民政府组织制定的生产安全事故应急救援预案相衔接，并定期组织演练。油气储运行业所属的危险化学品经营单位应建立应急救援组织，配备必要的应急救援器材、设备和物资，并进行经常性维护、保养，保证正常运转。

《中华人民共和国职业病防治法》中规定，用人单位应当建立、健全职业病危害事故应急救援预案。

《中华人民共和国消防法》中要求，消防重点单位应当制定灭火和应急疏散预案，定期组织消防演练。

《生产安全事故应急条例》中规定，生产经营单位应当针对本单位可能发生的生产安全事故的特点和危害进行风险辨识和评估，制定相应的生产安全事故应急救援预案，并向本单位从业人员公布。

（四）高风险行业通过制定事故应急救援预案以降低事故的损失

油气储运单位输送和储存的介质为易燃、易爆、有毒的石油、成品油、天然气，属于高风险行业，油气泄漏可能引起火灾爆炸、自然灾害、中毒等重大事故，需要及时、有效地开展抢险和救援，才能防止事故扩大，减少人员伤亡和财产损失。事先对危险源和危险目标及可能发生的事故类型及其危害情况进行预测和评估，充分考虑管道系统实际条件，使事故发生后能够及时、有效和有序地进行事故处理和救援。

二、油气管道事故应急预案制定的原则

制定油气管道事故应急预案的目的是加强各级管理机构对重大事故的应急处理的综合指挥能力，提高紧急救援的反应速度和协调水平，明确各级人员在事故应急处理中的责任和义务，以达到保护生命、保护环境、保护财产，保障公众秩序和社会稳定的目的。

油气管道事故的影响按对社会公众的影响又可分为直接影响和间接影响。直接影响是油气管道发生爆炸、着火、泄漏等直接威胁公众安全。间接影响是由于油气管道凝管、堵塞或输送设备故障造成油气管道停输，下游用油用气单位停产，使社会公众正常生产和生活受到影响。按照事故类型和影响后天应有针对性地分别制定应急预案。

油气管道事故的特点是一般事故发生地远离控制中心和抢修中心。出现管道事故后，抢修主力到达现场实施抢修时，往往都在事故发生若干时间以后。所以首先调度人员或岗位人员要对事故发生地点及事故状况要有正确的判断，并及时采取措施，尽可能减轻事故的危害和控制、减轻次生灾害。在事故发生到抢修人员到达现场这段时间如何采取有效手段，采取什么手段就显得非常重要，同时如何确保抢修人员和抢修设备及时到达现场也是应急预案要重点解决的问题。

为了达到以上目的,要根据管道系统的实际条件,制定快速、有效、操作性强的事故应急预案,并做到常备不懈。

三、安全生产、突发环境事件(事故)分级

根据《中华人民共和国安全生产法》、国务院第 493 号令《生产安全事故报告和调查处理条例》《环境保护法》《突发环境事件分级标准》《突发环境事件调查处理办法》等法律法规,将安全生产事故和突发环境事件进行分级,具体分级如下:

(一)安全生产事故分级

根据生产安全事故造成的人员伤亡和经济损失,分为以下 4 个等级:

(1)特别重大事故:造成 30 人以上死亡,或者 100 人以上重伤(包括急性工业中毒,下同),或者 1 亿元以上直接经济损失的事故。

(2)重大事故:造成 10 人以上 30 人以下死亡,或者 50 人以上 100 人以下重伤,或者 5 000 万元以上 1 亿元以下直接经济损失的事故。

(3)较大事故:造成 3 人以上 10 人以下死亡,或者 10 人以上 50 人以下重伤,或者 1 000 万元以上 5 000 万元以下直接经济损失的事故。

(4)一般事故:造成 3 人以下死亡,或者 10 人以下重伤,或者 1 000 万元以下直接经济损失的事故。

分级标准中"以上"包括本数,所称的"以下"不包括本数。

(二)突发环境事件分级

1. 特别重大突发环境事件

(1)因环境污染直接导致 30 人以上死亡或 100 人以上中毒或重伤的。

(2)因环境污染疏散、转移人员 5 万人以上的。

(3)因环境污染造成直接经济损失 1 亿元以上的。

(4)因环境污染造成区域生态功能丧失或该区域国家重点保护物种灭绝的。

(5)因环境污染造成设区的市级以上城市集中式饮用水水源地取水中断的。

(6)I、II类放射源丢失、被盗、失控并造成大范围严重辐射污染后果的;放射性同位素和射线装置失控导致 3 人以上急性死亡的;放射性物质泄漏,造成大范围辐射污染后果的。

(7)造成重大跨国境影响的境内突发环境事件。

2. 重大突发环境事件

(1)因环境污染直接导致 10 人以上 30 人以下死亡或 50 人以上 100 人以下中毒或重伤的。

(2)因环境污染疏散、转移人员 1 万人以上 5 万人以下的。

(3)因环境污染造成直接经济损失 2 000 万元以上 1 亿元以下的。

(4)因环境污染造成区域生态功能部分丧失或该区域国家重点保护野生动植物种群大批死亡的。

(5)因环境污染造成县级城市集中式饮用水水源地取水中断的。

(6)Ⅰ、Ⅱ类放射源丢失、被盗的;放射性同位素和射线装置失控导致3人以下急性死亡或者10人以上急性重度放射病、局部器官残疾的;放射性物质泄漏,造成较大范围辐射污染后果的。

(7)造成跨省级行政区域影响的突发环境事件。

3．较大突发环境事件

(1)因环境污染直接导致3人以上10人以下死亡或10人以上50人以下中毒或重伤的。

(2)因环境污染疏散、转移人员5 000人以上1万人以下的。

(3)因环境污染造成直接经济损失500万元以上2 000万元以下的。

(4)因环境污染造成国家重点保护的动植物物种受到破坏的。

(5)因环境污染造成乡镇集中式饮用水水源地取水中断的。

(6)Ⅲ类放射源丢失、被盗的;放射性同位素和射线装置失控导致10人以下急性重度放射病、局部器官残疾的;放射性物质泄漏,造成小范围辐射污染后果的。

(7)造成跨设区的市级行政区域影响的突发环境事件。

4．一般突发环境事件

(1)因环境污染直接导致3人以下死亡或10人以下中毒或重伤的。

(2)因环境污染疏散、转移人员5 000人以下的。

(3)因环境污染造成直接经济损失500万元以下的。

(4)因环境污染造成跨县级行政区域纠纷,引起一般性群体影响的。

(5)Ⅳ、Ⅴ类放射源丢失、被盗的;放射性同位素和射线装置失控导致人员受到超过年剂量限值的照射的;放射性物质泄漏,造成厂区内或设施内局部辐射污染后果的;铀矿冶、伴生矿超标排放,造成环境辐射污染后果的。

(6)对环境造成一定影响,尚未达到较大突发环境事件级别的。

分级标准中"以上"包括本数,所称的"以下"不包括本数。

四、管道运输企业事件(事故)分级

按照国家对安全生产、突发环境事件事故分级,管道运输企业结合自身管控层级划分,一般可将突发事件分为公司级、分公司级和站队级三级。

1．公司级突发事件:凡符合下列情形之一的,为公司级突发事件

(1)造成1~2人死亡;或3人以上10人以下重伤(含中毒);或10人以上轻伤;或50万元以上1 000万以下直接经济损失;或需要紧急转移安置50人以上的。

(2)火势长时间30分钟内未能有效控制,造成管道干线停输的。

(3)输油管道或输油场站发生10吨及以上油品泄漏、爆炸、着火并造成人员严重伤害、对周边环境产生严重影响。

（4）管道严重扭曲变形，必须中断输油超过 24 小时。

（5）管道发生较大裂纹或断裂，油品大量泄漏，管道上游、下游压力明显下降，造成中断输油，对正常生产秩序、社会经济活动产生严重影响的事故；管道或输油场站在环境敏感区域（自然保护区等）发生 5 吨及以上油品泄漏，可能或已经造成严重环境污染的事故。

（6）输气场站出现大量天然气泄漏发生火灾，造成人员中毒、窒息、死亡，且处理过程必须中断输气的事故。

（7）发生环境污染造成跨县级行政区域纠纷，引起一般性群体影响的事故。

（8）输油场站的设备、设施、管道发生大量泄漏并引发火灾或爆炸，需紧急中断本站运行的事故。

（9）引起省级以上或集团公司领导关注，或省级以上政府部门领导作出批示。

（10）引起省级以上主流媒体负面影响报道或评论。

2. 分公司级突发事件：凡符合下列情形之一的，为分公司级突发事件

（1）造成 1～2 重伤（含中毒）；或 3 人以上 10 人以下轻伤；或 20 万至 50 万元以下直接经济损失；或需要紧急转移安置 10 人以上 50 人以下的。

（2）火势长时间 20 分钟内未能有效控制，但不用对管道干线停输的。

（3）发生 1 至 10 吨油品泄漏，或管道裸露、悬空、漂浮，对周边环境造成一定的污染，可以控制事故的发展，在线补焊和处理的事故。

（4）管道扭曲变形，河床中管道发生漂浮或已偏离原有位置但仍可继续输油，经各方面准备后可按计划实施换管的事故。

（5）输气场站出现较大天然气泄漏发生火灾，造成人员中毒，且处理过程必须中断输气的事故。

（6）地上管道有明显沉降，地下管道上方塌陷，管道支墩发生严重倾斜的事故。

（7）发生环境污染造成县级行政区域内纠纷的事故。

（8）造成或可能造成大气、土壤、水环境轻微污染。

（9）引起地（市）级领导关注，或地（市）级政府部门领导作出批示。

（10）引起地（市）级主流媒体负面影响报道或评论。

3. 站队级突发事件

低于分公司级突发事件指标的均为站队级突发事件。

分级标准中"以上"包括本数，所称的"以下"不包括本数。

五、应急预案体系

生产经营单位的应急预案体系主要由综合应急预案、专项应急预案和现场处置方案构成。生产经营单位应根据本单位组织管理体系、生产规模、危险源的性质以及可能发生的事故类型确定应急预案体系，并可根据本单位的实际情况，确定是否编制专项应急预案。风险因素单一的小微型生产经营单位可只编写现场处置方案。

1. 综合应急预案

综合应急预案是生产经营单位应急预案体系的总纲，主要从总体上阐述事故的应急工作原则，包括生产经营单位的应急组织机构及职责、应急预案体系、事故风险描述、预警及信息报告、应急响应、保障措施、应急预案管理等内容。

2. 专项应急预案

专项应急预案是生产经营单位为应对某一类型或某几种类型事故，或者针对重要生产设施、重大危险源、重大活动等内容而定制的应急预案。专项应急预案主要包括事故风险分析、应急指挥机构及职责、处置程序和措施等内容。

3. 现场处置方案

现场处置方案是生产经营单位根据不同事故类型，针对具体的场所、装置或设施所制定的应急处置措施，主要包括事故风险分析、应急工作职责、应急处置和注意事项等内容。生产经营单位应根据风险评估、岗位操作规程以及危险性控制措施，组织本单位现场作业人员及安全管理等专业人员共同编制现场处置方案。

六、油气管道事故应急预案的编制程序

按照《生产经营单位生产安全事故应急预案编制导则》（GB/T 29639—2020），各级应急预案编制程序包括成立应急预案编制工作组、资料收集、风险评估、应急能力评估、编制应急预案和应急预案评审 6 个步骤。

1. 成立应急预案编制工作组

生产经营单位应结合本单位部门职能和分工，成立以单位主要负责人（或分管负责人）为组长，单位相关部门人员参加的应急预案编制工作组，明确工作职责和任务分工，制订工作计划，组织开展应急预案编制工作。

2. 资料收集

应急预案编制工作组应收集与预案编制工作相关的法律法规、技术标准、应急预案、国内外同行业企业事故资料，同时收集本单位安全生产相关技术资料、周边环境影响、应急资源等有关资料。

3. 风险评估

主要内容包括以下 3 点。

①分析生产经营单位存在的危险因素，确定事故危险源。

②分析可能发生的事故类型及后果，并指出可能产生的次生、衍生事故。

③评估事故的危害程度和影响范围，提出风险防控措施。

4. 应急能力评估

在全面调查和客观分析生产经营单位应急队伍、装备、物资等应急资源状况基础上开展应急能力评估，并依据评估结果，完善应急保障措施。

5.编制应急预案

依据生产经营单位风险评估以及应急能力评估结果,组织编制应急预案。应急预案编制应注重系统性和可操作性,做到与相关部门和单位应急预案相衔接。

6.应急预案评审

应急预案编制完成后,生产经营单位应组织评审。评审分为内部评审和外部评审,内部评审由生产经营单位主要负责人组织有关部门和人员进行。外部评审由生产经营单位组织外部有关专家和人员进行评审。应急预案评审合格后,由生产经营单位主要负责人(或分管负责人)签发实施,并进行备案管理。

七、油气管道事故应急预案的主要内容

(一)综合应急预案

综合应急预案包括总则、事故风险描述、应急组织机构及职责、预警及信息报告、应急响应、信息公开、后期处置、保障措施、应急预案管理等 9 部分内容。

1.总则

主要内容包括应急预案编制的目的,应急预案编制所依据的法律、法规、规章、标准和规范性文件以及相关应急预案,应急预案适用的工作范围和事故类型、级别,生产经营单位应急预案体系的构成情况,生产经营单位应急工作的原则等内容。

2.事故风险描述

简述生产经营单位存在或可能发生的事故风险种类、发生的可能性以及严重程度及影响范围等。

3.应急组织机构及职责

明确生产经营单位的应急组织形式及组成单位或人员,可用结构图的形式表示,明确构成部门的职责。应急组织机构根据事故类型和应急工作需要,可设置相应的应急工作小组,并明确各小组的工作任务及职责。

4.预警及信息报告

(1)预警。

根据生产经营单位检测监控系统数据变化状况、事故险情紧急程度和发展势态或有关部门提供的预警信息进行预警,明确预警的条件、方式、方法和信息发布的程序。

(2)信息报告。

信息报告程序主要包括:

①信息接收与通报。

明确 24 小时应急值守电话、事故信息接收、通报程序和责任人。

②信息上报。

明确事故发生后向上级主管部门、上级单位报告事故信息的流程、内容、时限和责任人。

③信息传递。

明确事故发生后向本单位以外的有关部门或单位通报事故信息的方法、程序和责任人。

5. 应急响应

主要内容有响应分级、响应程序、处置措施、应急结束。

（1）响应分级：针对事故危害程度、影响范围和生产经营单位控制事态的能力，对事故应急响应进行分级，明确分级响应的基本原则。

（2）响应程序：根据事故级别的发展态势，描述应急指挥机构启动、应急资源调配、应急救援、扩大应急等响应程序。

（3）处置措施：针对可能发生的事故风险、事故危害程度和影响范围，制定相应的应急处置措施，明确处置原则和具体要求。

（4）应急结束：明确现场应急响应结束的基本条件和要求。

6. 信息公开

明确向有关新闻媒体、社会公众通报事故信息的部门、负责人和程序以及通报原则。

7. 后期处置

主要明确污染物处理、生产秩序恢复、医疗救治、人员安置、善后赔偿、应急救援评估等内容。

8. 保障措施

保障措施主要有通信与信息保障、应急队伍保障、物资装备保障及其他保障。

（1）通信与信息保障：明确可为生产经营单位提供应急保障的相关单位及人员通信联系方式和方法，并提供备用方案。同时，建立信息通信系统及维护方案，确保应急期间信息通畅。

（2）应急队伍保障：明确应急响应的人力资源，包括应急专家、专业应急队伍、兼职应急队伍等。

（3）物资装备保障：明确生产经营单位的应急物资和装备的类型、数量、性能、存放位置、运输及使用条件、管理责任人及其联系方式等内容。

（4）其他保障：根据应急工作需求而确定的其他相关保障措施（如：经费保障、交通运输保障、治安保障、技术保障、医疗保障、后勤保障等）。

9. 应急预案管理

应急预案管理包括预案的培训、演练、修订、备案、实施等内容，确保预案相关人员熟悉预案内容，能够告知涉及的周边居民，开展演练并对预案进行修订保证预案的实用性。

（二）专项应急预案

专项应急预案内容主要包括事故风险分析、应急指挥机构及职责、处置程序、处置措施4方面内容。

1.事故风险分析

针对可能发生的事故风险,分析事故发生的可能性以及严重程度、影响范围等。

2.应急指挥机构及职责

根据事故类型,明确应急指挥机构总指挥、副总指挥以及各成员单位或人员的具体职责。应急指挥机构可以设置相应的应急救援工作小组,明确各小组的工作任务及主要负责人职责。

3.处置程序

明确事故及事故险情信息报告程序和内容、报告方式和责任等内容。根据事故响应级别,具体描述事故接警报告和记录、应急指挥机构启动、应急指挥、资源调配、应急救援、扩大应急等应急响应程序。

4.处置措施

针对可能发生的事故风险、事故危害程度和影响范围,制定相应的应急处置措施,明确处置原则和具体要求。

(三)现场处置方案

现场处置方案包括事故风险分析、应急工作职责、应急处置、注意事项 4 方面内容:

1.事故风险分析

事故风险分析主要包括以下 5 个方面。

①事故类型。

②事故发生的区域、地点或装置的名称。

③事故发生的可能时间、事故的危害严重程度及其影响范围。

④事故前可能出现的征兆。

⑤事故可能引发的次生、衍生事故。

2.应急工作职责

根据现场工作岗位、组织形式及人员构成,明确各岗位人员的应急工作分工和职责。

3.应急处置

应急处置主要包括以下内容。

①事故应急处置程序。根据可能发生的事故及现场情况,明确事故报警、各项应急措施启动、应急救护人员的引导、事故扩大及同生产经营单位应急预案的衔接的程序。

②现场应急处置措施。针对可能发生的火灾、爆炸、危险化学品泄漏、坍塌、水患、机动车辆伤害等,从人员救护、工艺操作、事故控制,消防、现场恢复等方面制定明确的应急处置措施。

③明确报警负责人以及报警电话及上级管理部门、相关应急救援单位联络方式和联系人员,事故报告基本要求和内容。

4．注意事项

注意事项主要包括以下 7 个方面。

①佩戴个人防护器具方面的注意事项。

②使用抢险救援器材方面的注意事项。

③采取救援对策或措施方面的注意事项。

④现场自救和互救注意事项。

⑤现场应急处置能力确认和人员安全防护等事项。

⑥应急救援结束后的注意事项。

⑦其他需要特别警示的事项。

八、应急预案的启动和终止

（一）应急预案的启动

一旦事故识别并确认，应急预案需立即启动，由该级的应急领导小组负责启动事故应急预案，按事故分类分别启动各级预案。

例如陕西延长石油（集团）管道运输公司规定，公司应急救援信息中心在接到事故报告后应立即将事故情况向公司应急管理领导小组组长报告，当事故达到应急响应启动条件时，公司应急管理领导小组组长下达公司综合应急预案启动命令。当事故的严重程度未达到公司应急预案响应条件时，可视具体情况启动相关专项应急预案、分公司应急预案或现场处置方案。公司预案启动即成立公司应急救援指挥部。由公司应急救援信息中心通知各单位公司应急预案已启动。公司应急救援指挥部成立后总指挥以及成员应按照本预案职责要求第一时间作出应急响应，召集各自职权范围内的应急抢险人员按照抢险职责赶赴事故现场进行应急救援。事故发生单位赶赴事故现场后，立即组织搭建现场应急救援指挥部，待公司应急救援力量到达后，现场移交指挥权。公司预案启动后，应急救援指挥部根据事故发展态势，如果事故发展难以控制，事故的严重程度超出公司的应急救援能力时，应及时扩大应急，申请启动当地政府应急预案或集团公司应急预案，并介绍事故情况，移交指挥权。在启动高级别应急响应的同时低级别的应急响应随之启动。

（二）应急预案的终止

各专业应急救援组将救援进展情况及时报告现场应急救援指挥部，当事故现场得到有效控制，可能导致次生、衍生事故的隐患得到消除，伤亡人员全部救出或转移，设备、设施处于受控状态，环境有害因素得到有效监测和处置达标，现场总指挥宣布应急救援终止，应急结束。

（三）后期处置

1．现场监测和恢复

（1）由事故发生单位委托具备相应资质的安全环保和职业卫生监测机构对事故现场

的安全、环境污染和岗位有毒有害因素进行检测、评估,如发现异常,及时报告。在应急救援过程中出现新的安全和环境污染因素时,需要制订和采取防护措施,并通知相关单位和人员。

(2)对于被事故损坏的设备、设施和装备需委托专业部门进行检测评估,满足安全生产条件后,报集团公司和政府相关部门同意后方可恢复生产。

2.善后及赔偿

(1)善后处理由工会、安全环保质监部、人力资源部、企业管理部、办公室、财务资产部、内控审计部、监察室、工程管理部和事故发生单位组成,负责接待、安抚当地群众、伤亡人员家属等,依法进行善后处理赔偿,灾后修复、重建等工作。

(2)事故发生单位负责以书面形式向安全环保质监部上报人员伤亡情况和财产损失情况,由安全环保质监部组织事故发生单位与保险经纪公司对接,办理事故损失认定、核准和赔偿等事宜。

3.事故调查分析

(1)由公司总经理或主管副总经理主持召开公司内部事故分析会,指定主管部门配合上级部门开展事故调查,编制事故报告,按照"四不放过"原则,查清事故原因,落实事故责任,提出对责任者处理意见,制定相应安全防范整改措施,并开展警示教育。

(2)由应急管理办公室和各专业应急救援组负责对应急预案实际执行情况进行评审,对应急预案的符合、有效、适用性进行评估和总结,找出不足并提出改进意见。

九、应急预案管理

1.应急预案培训

为保证应急救援体系的规范有效运作,需对公司所有人员进行应急预案相应知识的培训并进行考核,培训方式和频次应在应急预案中明确。例如,陕西延长石油(集团)管道运输公司要求,公司各类应急预案中涉及的相关人员每年进行一次公司级应急业务知识培训;分公司对本单位职工每年进行一次分公司级各类预案的培训;各场站(队)定期或不定期进行现场处置方案的学习;有重大危险源的单位负责对周边居民和单位进行应急常识宣传。

2.应急预案演练

为保证事故发生时,应急救援组织机构的各部门能够熟练有效地开展应急救援工作,各级单位应定期进行针对不同事故类型组织开展应急救援演练,不断提高应急实战能力,同时在演练实战过程中总结经验、发现不足,并对演练方案和应急预案进行充实和完善。

(1)演练形式。

应急演练的类型可采用桌面演练(模拟演练)、功能演练和全面演练等形式。桌面演练是指由应急组织的代表或关键岗位人员参加的,按照应急预案及其标准工作程序,讨论紧急情况时应采取行动的演练活动;功能演练是指针对某项应急响应功能或其中某些应急响应行动举行的演练活动,主要目的是针对应急响应功能,检验应急人员以及应急体系的策划和响应能力;全面演练指针对应急预案中全部或大部分应急响应功能,检验、评价应急组织应急运行能力的演练活动。

通过演练检验应急抢险队伍应付可能发生的各种紧急情况的适应性以及各职能部门、各专业人员之间相互支援及协调程度;检验应急救援指挥部的应急能力,包括组织指挥专业抢险队救援的能力和组织人民群众应急响应的能力。

(2)演练频次。

公司级应急预案演练每年至少开展一次,并根据情况组织演练观摩,演练可以采用桌面、实战以及与地方政府协同等形式进行;分公司结合各自情况,每半年至少开展一次应急预案演练;各站队现场处置方案演练每季度至少开展一次。

3. 应急预案修订

油气管输单位每三年应对应急预案进行一次评估,可以邀请相关专业机构或者有关专家、有实际应急救援工作经验的人员参加应急预案评估,必要时可以委托安全生产技术服务机构实施,对预案内容的针对性和实用性进行分析,并对应急预案是否需要修订作出结论。有下列情形之一的,应急预案应当及时修订并归档。

(1)依据的法律、法规、规章、标准及上位预案中的有关规定发生重大变化的。

(2)应急指挥机构及其职责发生调整的。

(3)面临的事故风险发生重大变化的。

(4)重要应急资源发生重大变化的。

(5)预案中的其他重要信息发生变化的。

(6)在应急演练和事故应急救援中发现问题需要修订的。

(7)编制单位认为应当修订的其他情况。

第二节　油气管道应急预案编制举例

本节以陕西延长石油(集团)管道运输公司的生产安全事故综合应急预案为例介绍一下应急预案的内容。生产安全事故综合应急预案内容包括总则、事故风险描述、应急组织机构及职责、预警及信息报告、应急响应、信息公开、后期处置、保障措施、应急预案管理等九部分内容,本书主要对事故风险描述、应急组织机构及职责、预警及信息报告、保障措施等内容进行介绍,其他内容已在上节进行了描述,本节就不再赘述。

一、事故风险描述

1. 输送介质危险特性分析

公司所辖范围内管线输送介质为原油、柴油、汽油、天然气。根据《危险化学品目录》、《重点监管的危险化学品名录》等相关规定,对涉及的危险有害物质进行辨识分析,从《重点监管的危险化学品名录》可知输送介质危险特性如表 6-1 至表 6-4 所列。

表 6-1　原油危险有害特性表

名称	原油	英文名	petroleum	危险性分类	第三类易燃液体
理化特性	外观与性状:红色、红棕色或黑色有绿色荧光的 2 油状液体。 凝点(℃):19～21。 相对密度(水＝1):0.78～0.97。 爆炸上限%(V/V):5.4。 爆炸下限%(V/V):2.1。 毒性:有毒				
危险特性	易燃烧。本产品遇到高热、火星或火苗极易引起燃烧爆炸。在火场中,受热的容器易引起爆炸。受热分解成小分子量的烃类				
健康危害	侵入途径:吸入,食入,经皮吸收。 皮肤危害:对皮肤具有过敏性影响。 眼睛接触:具有不同程度的刺激性。因接触时间的长短和采取的措施的不同会产生不同程度的伤害。 吸入:会刺激呼吸道和呼吸器官。 主要症状:恶心,头晕				
防护措施	呼吸系统防护:一般不需要特殊防护,但建议特殊情况下,佩带自吸过滤式防毒面具(半面罩)。 眼睛防护:一般不需要特别防护,高浓度接触时可戴安全防护眼镜。 身体防护:穿防静电工作服。 手防护:戴一般作业防护手套				
急救措施	皮肤接触:用清水冲洗 15 分钟;衣服与鞋子在再次穿用之前要彻底清洗干净;如果仍出现不适请医生处理。就医治疗。 眼睛接触:立即用大量清水冲洗 15 分钟。立即请医生处理。 吸入:转移到空气清新处,保持呼吸道通畅。如呼吸困难,给输氧。如呼吸停止,立即进行人工呼吸,就医				
泄漏应急处理	应急处理:迅速撤离泄漏污染区人员至安全区,并进行隔离,严格限制出入,切断火源。应急处理人员戴正压自给式呼吸器,穿防静电工作服。尽可能切断泄漏源。防止流入下水道、排洪沟等限制性空间。 少量泄漏:用砂土或其他不燃材料吸附或吸收。 大量泄漏:构筑围堤或挖坑收容。用泡沫覆盖,抑制蒸发。用防爆泵转移至槽车或专用收集器内,回收或运至废物处理场所处置				
灭火方法	切断油、气源。喷水冷却容器,可能的话将容器从火场移至空旷处。 灭火剂:雾状水、泡沫、二氧化碳、干粉				

表 6-2　汽油危险有害特性表

名称	汽油	英文名	gasoline；petrol	危险性分类	第三类易燃液体
理化特性	外观与性状:无色或淡黄色易挥发液体,具有特殊臭味; 熔点(℃):<－60。 沸点(℃):40～200。 闪点(℃):－50。 相对密度(水=1):0.70～0.79。 爆炸上限%(V/V):6.0。 爆炸下限%(V/V):1.3。 毒性:属低毒类				
危险特性	本品极度易燃。其蒸气与空气可形成爆炸性混合物,遇明火、高热极易燃烧爆炸。与氧化剂能发生强烈反应。其蒸气比空气重,能在较低处扩散到相当远的地方,遇火源会着火回燃				
健康危害	侵入途径:吸入、食入、经皮吸收。 皮肤接触:立即脱去污染的衣着,用肥皂水和清水彻底冲洗皮肤,就医。 眼睛接触:立即提起眼睑,用大量流动清水或生理盐水彻底冲洗至少 15 分钟,就医。 吸入:迅速脱离现场至空气新鲜处。保持呼吸道通畅。如呼吸困难,给输氧。如呼吸停止,立即进行人工呼吸。就医。 食入:给饮牛奶或用植物油洗胃和灌肠。就医				
防护措施	呼吸系统防护:一般不需要特殊防护,高浓度接触时可佩戴自吸过滤式防毒面具(半面罩)。 眼睛防护:一般不需要特殊防护,高浓度接触时可戴化学安全防护眼镜。 身体防护:穿防静电工作服。 手防护:戴防苯耐油手套。 其他:工作现场严禁吸烟。避免长期反复接触				
急救措施	皮肤接触:立即脱去被污染的衣着,用肥皂水和清水彻底冲洗皮肤。就医。 眼睛接触:立即提起眼睑,用大量流动清水或生理盐水彻底冲洗至少 15 分钟,就医。 吸入:迅速脱离现场至空气新鲜处。保持呼吸道通畅。如呼吸困难,给输氧。如呼吸停止,立即进行人工呼吸,就医。 食入:给饮牛奶或用植物油洗胃和灌肠,就医				
泄漏应急处理	迅速撤离泄漏污染区人员至安全区,并进行隔离,严格限制出入。切断火源。应急处理人员戴自给正压式呼吸器,穿消防防护服。尽可能切断泄漏源。防止进入下水道、排洪沟等限制性空间。 小量泄漏:用砂土、蛭石或其他惰性材料吸收。或在保证安全的情况下,就地焚烧。 大量泄漏:构筑围堤或挖坑收容;用泡沫覆盖,降低蒸气灾害。用防爆泵转移至槽车或专用收集器内,回收或运至废物处理场所处置				
灭火方法	喷水冷却容器,可能的话将容器从火场移至空旷处。 灭火剂:泡沫、干粉、二氧化碳。用水灭火无效				

表 6-3　柴油危险有害特性表

名称	柴油	英文名	Diesel oil	危险性分类	第三类易燃液体
理化特性	外观与性状:稍有黏性的棕色液体。 熔点(℃):−18。 沸点(℃):282~338。 闪点(℃):55。 相对密度(水＝1):0.87~0.9				
危险特性	遇明火、高热或与氧化剂接触,有引起燃烧爆炸的危险。若遇高热,容器内压增大,有开裂和爆炸的危险				
健康危害	侵入途径:吸入、食入、经皮吸收。 急性中毒:对中枢神经系统有麻醉作用。轻度中毒症状有头晕、头痛、恶心、呕吐、步态不稳、共济失调。高浓度吸入出现中毒性脑病。极高浓度吸入引起意识突然丧失、反射性呼吸停止。可伴有中毒性周围神经病及化学性肺炎。部分患者出现中毒性精神病。液体吸入呼吸道可引起吸入性肺炎。溅入眼内可致角膜溃疡、穿孔,甚至失明。皮肤接触致急性接触性皮炎,甚至灼伤。吞咽引起急性胃肠炎,重者出现类似急性吸入中毒症状,并可引起肝、肾损害。 慢性中毒:神经衰弱综合征、植物神经功能症状类似精神分裂症。皮肤损害				
防护措施	呼吸系统防护:一般不需要特殊防护,高浓度接触时可佩戴自吸过滤式防毒面具(半面罩)。 眼睛防护:一般不需要特殊防护,高浓度接触时可戴化学安全防护眼镜。 身体防护:穿防静电工作服。手防护:戴防苯耐油手套。 其他:工作现场严禁吸烟。避免长期反复接触				
急救措施	皮肤接触:立即脱去污染的衣着,用肥皂水和清水彻底冲洗皮肤,就医。 眼睛接触:提起眼睑,用流动清水或生理盐水冲洗,就医。 吸入:迅速脱离现场至空气新鲜处。保持呼吸道通畅。如呼吸困难,给输氧。如呼吸停止,立即进行人工呼吸,就医。 食入:尽快彻底洗胃。就医				
泄漏应急处理	迅速撤离泄漏污染区人员至安全区,并进行隔离,严格限制出入。切断火源。应急处理人员戴自给正压式呼吸器,穿一般作业工作服。尽可能切断泄漏源。防止流入下水道、排洪沟等限制性空间。 小量泄漏:用活性炭或其他惰性材料吸收。 大量泄漏:构筑围堤或挖坑收容。用泵转移至槽车或专用收集器内,回收或运至废物处理场所处置				
灭火方法	消防人员须佩戴防毒面具、穿全身消防服,在上风向灭火。尽可能将容器从火场移至空旷处。喷水保持火场容器冷却,直至灭火结束。处在火场中的容器若已变色或从安全泄压装置中产生声音,必须马上撤离。 灭火剂:雾状水、泡沫、干粉、二氧化碳、砂土				

表 6-4 天然气危险有害特性表

名称	天然气	英文名	natural gas	危险性分类	第三类易燃液体
理化特性	外观与性状:无色无臭气体; 溶点(℃):>-182.5; 沸点(℃):≧-161; 相对密度(水=1):0.45(液化); 溶解性:微溶于水,溶于醇、乙醚; 毒性:微毒				
危险特性	天然气属于易燃易爆物品,遇明火、高热能引发燃烧和爆炸。天然气中的硫化氢比重大于空气,能在较低处扩散。如果遇到高热,容器内压力增加到承压极限有开裂和爆炸的危险				
健康危害	侵入途径:吸入、经皮吸收。 皮肤危害:对皮肤具有过敏性影响。 眼睛接触:视天然气中硫化合物和氮化合物的含量具有不同程度的刺激性。因接触时间的长短和采取的措施的不同会产生不同程度的伤害。 吸入:会刺激呼吸道和呼吸器官。视天然气中硫化氢的含量具有不同程度危害性。 主要症状:头晕,昏厥甚至死亡				
防护措施	呼吸系统防护:一般不需要特殊防护,特殊情况下,佩带自吸过滤式防毒面具(半面罩)。 眼睛防护:一般不需要特别防护,高浓度接触时可戴安全防护眼镜。 身体防护:穿防静电工作服。 手防护:戴一般作业防护手套				
急救措施	皮肤接触:用清水冲洗15分钟;衣服与鞋子在再次穿用之前要彻底清洗干净;如果仍出现不适请医生处理。若有冻伤,就医治疗。 眼睛接触:立即用大量清水冲洗15分钟。立即请医生处理。 吸入:转移到空气清新处,保持呼吸道通畅。如呼吸困难,给输氧。如呼吸停止,立即进行人工呼吸,就医				
泄漏应急处理	应急处理:迅速撤离泄漏污染区人员至上风处,并进行隔离,严格限制出入。切断火源。尽可能切断泄漏源。合理通风,加速扩散。喷雾状水稀释、溶解。构筑围堤或挖坑收容产生的大量废水。如有可能,将漏出气用排风机送至空旷地方或装设适当喷头烧掉。也可以将漏气的容器移至空旷处,注意通风。漏气容器要妥善处理,修复、检验后再用。 少量泄漏:切断火源。有可能,将漏出气用排风机送至空旷地方或装设适当喷头烧掉。 大量泄漏:切断火源。建议应急处理人员戴自给正压式呼吸器,穿消防防护服,并注意泄漏蒸汽冻伤,佩戴防冻服装、眼镜、手套和鞋				
灭火方法	切断气源。喷水冷却容器,可能的话将容器从火场移至空旷处。 灭火剂:雾状水、泡沫、二氧化碳、干粉				

2．生产安全危害因素

输油气管道、站场在运行过程中存在的主要危险、有害因素种类较多,可能发生的事故类型有:火灾、爆炸、容器爆炸(压力管道、压力容器)、锅炉爆炸、电气伤害、机械伤害、中毒与窒息、高处坠落、物体打击、其他事故(管道腐蚀穿孔、应力开裂)、其他危害(自然灾害、社会危害)等。生产运行过程主要危害因素见表6-5。

表 6-5　生产安全危害因素清单

序号	区域/部位/设备	活动	可能引发的事故	危害原因描述	已采取的预防、探测、控制、减缓及应急措施
1	管道线路	输油气管道运行管理	管道本体泄漏,导致环境、水体、土壤污染,或者引发火灾、爆炸事故	1. 管道焊缝缺陷,未及时识别和修复。2. 管道超压运行。3. 应急处置不当	1. 实施管道完整性管理,定期检测,识别管体缺陷和高后果区。2. 根据检测结果制定并实施管道修复方案。3. 合理制定运行方案,防止管道超压力限值运行。4. 完善管道泄漏检测系统,遇有突发状况及时启动相应的应急预案
2	管道线路	输油气管道管理	第三方施工造成管道损坏、破裂,引发油气泄漏事故	1. 管道巡护不到位。2. 管道保护宣传不力。3. 应急处置不当。4. 第三方施工建设活动频繁	1. 建立健全科学的管道巡护机制,加强管道巡护管理,重点时段、重点地段采取针对性措施。2. 结合管道法的宣贯,加强管道保护的宣传工作。3. 完善管道泄漏检测系统,遇有突发状况及时启动相应的应急预案
3	管道线路	输油气管道运行管理	管道穿越人员居住密集区,管道油气泄漏导致发生火灾、爆炸事故,造成群体人员伤亡	1. 管道违章占压。2. 管道穿越人员密集区。3. 应急预案不合理,与地方政府未联动	1. 清理管道违章占压,防止新增占压形成。2. 实施管道完整性管理,识别管道高后果区,采取相应的风险消减措施。3. 与地方政府加强沟通,按要求对应急预案进行备案。4. 完善管道泄漏检测系统,遇有突发状况及时启动相应预案,进行人员疏散
4	输油气站场	站内设备、工艺管线运行	生产区埋地管线渗油导致中毒、爆炸、火灾、环境污染等	1. 生产区管线渗油。2. 人员巡检不到位。3. 现场应急处置不当	1. 加强巡检。2. 注意监视输油压力。3. 定期开展站内埋地管道检测和开挖验证,遇有突发状况及时启动相应的应急预案

（续表）

序号	区域/部位/设备	活动	可能引发的事故	危害原因描述	已采取的预防、探测、控制、减缓及应急措施
5	管道线路	输油气管道管理	洪水、地震、滑坡、泥石流等自然灾害造成管道破裂，油气泄漏导致火灾、爆炸事故	1. 管道线路设计不合理，处于地质灾害多发区。2. 未进行地质灾害评估，防治措施未落实。3. 雨季过后，地质环境发生变化。4. 应急处置不当	1. 强化源头控制，在管道建设项目中落实安全三同时，在路由选择等方面尽量避开灾害多发区。2. 按要求组织地质灾害专项评价，制定整治方案并实施。3. 制定相应的应急预案，准备应急物资，定期进行演练
6	管道线路	原油管道运行管理	管线凝管	1. 工艺运行规程制定不合理。2. 运行监控不到位。3. 油品性质发生变化，凝点升高。4. 初凝现象处置不当	1. 严格执行各条管线的工艺运行规程。2. 根据流量、压力、温度参数变化及时调整工艺运行状态，发现初凝现象，及时采取措施。3. 定期监测管内油品物性。4. 紧急情况启动应急预案
7	管道线路	输油气管道管理	打孔盗油破坏引起油气泄漏事故，引发环境、水体、土壤污染	1. 公安系统打击不力。2. 管道巡护不到位。3. 管道保护宣传不够。4. 管道打孔盗油监测系统失灵。5. 建管期存在管理真空区，存在打孔盗油作案空间	1. 建立健全与地方政府、公安系统的联防体制，共同做好管道保护。2. 加强管道巡护管理，重点时段、重点地段采取针对性措施。3. 结合管道法的宣贯，加强管道保护的宣传工作。4. 完善管道泄漏检测系统，遇有突发状况及时启动相应的运行预案
8	管道线路	输气管道运行管理	管线、设备冰堵，引起设备损坏天然气泄漏	1. 气温过低，冰堵现象造成分离器等设备憋压。2. 压差变化过快造成局部低温引发冰堵。3. 初凝现象处置不当	1. 严格执行各条管线的工艺运行规程。2. 根据气质、含水率、流量、压力、温度参数变化及时调整工艺运行状态，对冰堵进行预控。3. 低温寒冷地区应注意突然降温可能引发的冰堵情况。4. 通过加热解堵，即对冰堵部位投用电伴热带或用热水、蒸气等进行局部加热，消除冰堵。5. 当设备发生冰堵时，对冰堵部位投用电伴热带或采取高压加温设备方法进行局部加热，消除冰堵。6. 紧急情况启动应急预案
9	管道线路	阀室设施管理	天然气阀室泄漏，导致人员中毒、爆炸着火	1. 阀室设施泄漏。2. 无或可燃气体报警器故障	1. 严格执行管道巡护操作规范。2. 携带便携式检测仪加强巡检。3. 编制专项处置预案并定期演练

（续表）

序号	区域/部位/设备	活动	可能引发的事故	危害原因描述	已采取的预防、探测、控制、减缓及应急措施
10	管道线路	输油气管道管理	封存管道泄漏，导致环境、土体污染或者引发火灾、爆炸事故	1. 封存大部分采用氮气或空管封存，由于原油管道结蜡层存在，一旦发生泄漏，存在环境污染风险。2. 封存管道受环境影响，存在腐蚀穿孔的可能性。3. 应急处置不当	1. 各分公司加强管道的日常巡护工作。2. 结合管道法的宣贯，加强管道保护的宣传工作。3. 制定相应的应急预案，准备应急物资，定期进行演练
11	管道线路	输油气管道运行管理	管道运行超压，引起管道破裂、油气泄漏	1. 管道压力保护装置不完善。2. 运行方案不合理。3. 管道憋压。4. 应急处置不当	1. 完善各条管道的高低压泄放保护装置，确保完好。2. 严格执行各条管线的工艺运行规程。3. 流程操作"先开后关、缓开缓关"防止憋压或水击。4. 紧急情况启动应急预案
12	管道线路	阀室设施管理	输油阀室淹溺	1. 施工质量缺陷。2. 阀室地下室、仪表间防水处理不当。3. 排水不及时	1. 执行管道巡护操作规范。2. 汛期每天专人检查阀室渗水情况，发现积水及时排水，确保地下室水位不超过防静电地板，阀井水位不超过压力表和压变一次阀
13	管道线路	输油气管道管理	穿越公路、铁路管道腐蚀漏油、应力断裂管道跑油事故	1. 管道本体缺陷。2. 管道检测不及时，未发现隐患。3. 应急处置不当	1. 对管网原油管道穿越重点地段进行换管改造。2. 定期检查，保证截断阀灵活好用。3. 加强管道检测。4. 制定相应的应急预案，准备应急物资，定期进行演练
14	输油气站场	临时作业	站场临时作业时，安全保障措施不到位，造成油气泄漏、火灾爆炸或设备伤害事故	1. 无作业方案或作业方案操作性不强。2. 风险识别不到位。3. 作业方案执行不严格。4. 人员误操作或违章作业。5. 现场监督不力。6. 应急处置不当	1. 严格执行作业许可制度，识别风险，制定并落实控制措施。2. 强化作业人员安全意识和技能培训，严格执行临时作业方案。3. 紧急情况启动相应的应急预案

（续表）

序号	区域/部位/设备	活动	可能引发的事故	危害原因描述	已采取的预防、探测、控制、减缓及应急措施
15	输油气站场	电气系统操作	人员触电导致灼伤、电击死亡	1. 违章操作，未按照规程配备劳保用具。2. 未执行锁定管理或无人监管。3. 发现触电未立即断电而直接施救等	1. 严格执行电业作业规程和电气操作票制度。2. 电气操作人员应按照规定进行技术培训，并考核取证。3. 临时用电执行作业许可。4. 维检修作业时对相关系统执行锁定管理。5. 紧急情况下执行相应应急预案
16	输油气站场	加热炉运行管理	加热炉火灾、爆炸及人员伤亡事故	1. 炉管腐蚀、偏流，导致漏油。2. 加热炉检测不及时。3. 加热炉自动保护系统不完善，不能及时采取自动停炉灭火。4. 操作人员应急处置不当	1. 严格执行加热炉操作规程，防止偏烧或偏流。2. 开展设施完整性管理，严格制定并落实加热炉维检修计划，定期检测炉管壁厚。3. 完善加热炉自动控制系统，确保设备保护系统完好。4. 编制完善《加热炉运行应急预案》，并定期演练。在紧急情况下，正确采取应急措施
17	输油气站场	锅炉运行管理	锅炉水位超限或炉管腐蚀造成锅炉烧坏	1. 操作人员违章操作。2. 锅炉本体有缺陷，炉控系统不完善。3. 应急处置不当	1. 严格执行岗位操作规程和巡检制度。2. 开展设施完整性管理，严格执行锅炉维检修计划，确保安全附件和保护系统完好。3. 加强岗位员工技能培训。4. 编制完善专项预案，并定期演练。在紧急情况下启动应急预案
18	输油气站场	输油泵机组管理与操作	泵机组故障导致油品泄漏、设备损坏等事故	1. 设备维护检修不及时，存在故障。2. 人员误操作。3. 机组自动检测、报警、保护装置失灵。4. 应急处置不当	1. 加强设施完整性管理，严格制定和落实泵机组维修计划，定期检修。2. 加强对运行岗位员工安全教育及技能培训。3. 严格执行生产岗位责任制和操作规程。4. 定期检测泵机组安全仪表系统，保持完好。5. 紧急情况启动相应的应急预案
19	储罐区	储油罐运行管理	储油罐底、罐壁腐蚀穿孔造成油品泄漏	1. 对储罐本体缺陷发现不及时。2. 人员巡检不到位。3. 油罐检修、维护、保养不及时。4. 应急响应不完善	1. 开展油库风险排查和设施完整性管理，及时发现和处置隐患和问题。2. 加强岗位人员罐区巡检。3. 油罐及附件设施定期维修，保持完好。4. 编制完善《储油罐运行应急预案》，并定期演练。在油罐泄漏紧急情况下，正确采取应急措施

（续表）

序号	区域/部位/设备	活动	可能引发的事故	危害原因描述	已采取的预防、探测、控制、减缓及应急措施
20	储罐区	储油罐清罐大修作业	储油罐大修作业过程中，存在人员伤害风险	1. 高处坠落人员伤害，2. 有限空间作业爆炸起火或人员窒息风险，3. 临时用电设备漏电导致人员伤害风险	1. 制定完善储油罐清罐规程，监督落实。2. 加强承包商资质审查，确保承包商HSE管理能力。3. 加强施工方案和"两书一表"的编制与审查。4. 严格执行危险作业许可制度，落实安全保障措施，强化作业现场安全监督。5. 实时监测油气浓度；罐外有专人监护。6. 脚手架每两层搭设一层安全网；7. 制定安全预案，组织演练，遇有突发状况采取应急措施
21	储罐区	储油罐运行管理	油罐泄漏后防火堤不能有效控制油品泄漏	1. 防火堤缺乏维护保养，缝隙不实，防火涂料脱落。2. 防火堤、隔堤非闭合、设计容积不足。3. 水泥防火堤遇燃烧火易开裂	1. 对防火堤定期进行维护，及时处理发现的防火涂料脱落等问题。2. 对早期设计不规范、与现行标准不符的防火堤进行改造。3. 对于防火堤设计容积已不满足现行标准要求，又不能立即完成整改的，采取低罐位运行控制风险。4. 为重点油库的防火堤内侧加设内培土
22	储罐区	储油罐运行管理	雷击、静电导致火灾爆炸	1. 接地电阻值不符合规范要求。2. 油罐设计不符合防雷防静电要求。3. 应急响应不完善	1. 按规范进行接地电阻检测，保证防雷、接地设施完好。2. 严格执行防雷、防静电标准规程。3. 编制完善《油罐灭火预案》，并定期演练
23	储罐区	储油罐运行管理	油罐阀组区阀门内漏，形成混油产生质量事故	1. 对运行油罐巡检不到位。2. 阀门存在内漏现象，未能及时发现。3. 发现内漏情况后处置不当	1. 按照储油罐运行管理规范进行储油罐巡检。2. 油罐及附件设施定期维检修，保持完好。3. 对于发现存在问题的阀组设备及时处置或进行暂停使用。4. 编制完善《油罐运行应急预案》，并定期演练。在紧急情况下，正确采取应急措施
24	储罐区	储油罐运行管理	油罐冒顶造成油品泄漏	1. 油罐液位检测和报警装置失灵。2. 人员巡检不到位。3. 应急处置不得当	1. 开展油库风险排查，及时发现和处置隐患和问题。2. 加强岗位人员罐区巡检。3. 安装罐位报警装置，并保持完好。4. 编制完善《油罐运行应急预案》，并定期演练。在油罐冒顶紧急情况下，正确采取应急措施

（续表）

序号	区域/部位/设备	活动	可能引发的事故	危害原因描述	已采取的预防、探测、控制、减缓及应急措施
25	储罐区	储油罐运行管理	油罐浮船卡阻、安全附件失灵等因素造成"沉船"、抽瘪等事故	1. 对运行油罐巡检不到位。2. 油罐导向柱、扶梯导轨、浮舱等设施有缺陷。3. 发生险情，应急处置不得当	1. 按照储油罐运行管理规范进行储油罐巡检。2. 利用工业电视监视系统随时监测油罐运行状况。3. 油罐及附件设施定期维检修，保持完好。4. 编制完善《油罐运行应急预案》，并定期演练。在紧急情况下，正确采取应急措施
26	储罐区	储油罐清罐大修作业	储油罐清罐过程中人员设备伤害风险	1. 清罐规程不完善。2. 承包商安全技术素质不满足要求。3. 清罐方案不完善，风险分析与控制措施不全面。4. 危险作业许可制度执行不严格。5. 有毒有害气体超标	1. 制定完善储油罐清罐规程，监督落实。2. 加强承包商资质审查，确保承包商HSE管理能力。3. 加强施工方案和"两书一表"的编制与审查。4. 严格执行危险作业许可制度，落实安全保障措施，强化作业现场安全监督。5. 实时监测油气浓度；罐外有专人监护
27	工艺系统	收发清管器作业	清管球卡堵造成憋压，管道停输	1. 方案制定不合理。2. 实施过程不规范，不能准确定位。3. 遇有运行突发状况，处置不当	1. 科学合理制定清管方案，按程序组织评审。2. 按照规程和方案组织清管作业，合理控制运行参数。3. 按规程加装清管器跟踪装置。4. 运行参数发生异常，有卡堵征兆时，执行相应的应急措施
28	工艺系统	输油气管道生产设施管理	部分老管道安全设施设计有缺陷	1. 与现行先进标准要求不符合。2. 部分生产系统存在隐患。3. 设施本质安全性不高	1. 参照现行标准开展风险识别。2. 进行油库风险排查，查找现有系统的缺陷。3. 深入开展现有设施的工艺安全分析，选取典型站场进行专项评价活动，发现问题及时处理
29	工艺系统	油气系统阀门管理与操作	阀门泄漏造成火灾、爆炸事故	1. 阀门质量存在问题。2. 设施维护保养不到位。3. 人员操作失误。4. 突发情况处置不当	1. 加强设施完整性管理，定期进行阀门维修保养。2. 阀门安装前严格进行打压检测，确保质量合格。3. 严格执行流程操作相关规定，防止阀门超压。4. 对存在故障的阀门及时进行更换。5. 紧急情况启动相应的应急预案

（续表）

序号	区域/部位/设备	活动	可能引发的事故	危害原因描述	已采取的预防、探测、控制、减缓及应急措施
30	工艺系统	成品油混油处理操作	混油处理装置区火灾、爆炸危害	1. 油水分离罐排放易燃气体超标。2. 未按规定停运明火设备。3. 静电释放。4. 夏季高温自燃。5. 应急处置不当	1. 按规范在现场安装可燃气体检测装置，并保持完好。2. 规范作业程序，在有油气放空时，对明火设备停运或加强监控。3. 员工穿戴防静电劳动保护服装进入生产区。4. 混油处理装置尽量避免在夏季高温情况下运行。5. 强化应急响应和处理
31	施工现场	新建管道投产	投产过程中油气泄漏、设备故障等原因引发火灾、爆炸以及环境污染事故	1. 投产方案中的风险分析与控制措施不足。2. 系统投运前，事故隐患未充分识别与整改。3. 应急处置不当	1. 制定科学合理的投产方案，并严格执行。2. 严格执行投产前安全检查，发现问题，及时处理。3. 管道建设及运行相关单位共同建立投产保驾组织，制定应急预案，遇有突发情况，及时处置
32	施工现场	管道工程施工	管道施工中，大型机具侧滑倾覆造成机器损坏、人员伤亡	1. 操作人员违规。2. 施工过程风险分析与控制不足。3. 现场监督不力	1. 施工机械操作人员持证上岗，严格执行作业规程。2. 对作业过程预先进行风险分析，制定防范措施。3. 施工区域设立安全监督，对现场隐患及时纠正排除
33	施工现场	管道工程施工	异常天气施工，暴雨、洪水等造成人员伤亡	1. 暴雨引发洪水造成的塌方滚管、冲管漂管、管线"灌肠"。2. 山体滑坡、泥石流致使设备物资损坏、人员伤亡等事故灾害。3. 作业人员进行室外操作时，易被雷击中，造成人员伤亡	1. 收集气象、水情、汛情、地质灾害信息，调查当地发生降雨、洪水、地质灾害的发生规律，提前做好防汛抗灾准备工作，合理安排线路施工。2. 山地、沟壑梁峁、河谷等危险地段雨季汛期施工，现场设专职监护人员，加强安全监控预测。3. 一般地段管道下沟后应在10个工作日内回填。4. 雷雨天气时，如无特殊情况，停止室外作业
34	施工现场	挖掘作业	在生产区域实施动土作业时，安全保障措施不到位，造成设施损坏、油气泄漏、管沟坍塌等事故	1. 挖掘作业规程执行不严格。2. 人员误操作。3. 现场监督不力。4. 应急处置不当	1. 严格执行挖掘作业许可制度，识别风险，制定并落实控制措施。2. 强化作业人员安全意识和技能培训，严格执行动火作业相关规程。3. 紧急情况启动相应的应急预案

（续表）

序号	区域/部位/设备	活动	可能引发的事故	危害原因描述	已采取的预防、探测、控制、减缓及应急措施
35	施工现场	动火作业	在油气管道、设备上实施动火作业，造成油气泄漏、火灾爆炸或设备伤害事故	1. 动火作业规程执行不严格。2. 人员误操作。3. 现场监督不力。4. 应急处置不当	1. 严格执行动火作业许可制度，识别风险，制定并落实控制措施。2. 严格执行动火作业相关规程，明确各工序检查交接制度。3. 严格进行现场监督，特殊时段升级管理。4. 紧急情况启动相应的应急预案。5. 作业员工加强个人防护装备的佩戴
36	施工现场	进入受限空间作业	在进入受限空间作业时，安全保障措施不到位，造成人员窒息、中毒等伤害事故	1. 受限空间作业规程执行不严格。2. 人员误操作。3. 现场监督不力。4. 应急处置不当	1. 严格执行进入受限空间作业许可制度，识别风险，制定并落实控制措施。2. 严格进行有毒有害气体和含氧量检测。3. 强化人员意识和技能培训，严格执行进入受限空间相关规程。4. 紧急情况启动相应的应急预案。5. 作业员工佩戴空气呼吸器等个人防护装备
37	施工现场	高空作业	实施高空作业时，安全保障措施不到位，造成高空坠落或落物砸人等伤害事故	1. 高处作业规程执行不严格。2. 人员误操作。3. 现场监督不力。4. 应急处置不当	1. 严格执行高处作业许可制度，识别风险，制定并落实控制措施。2. 强化作业人员安全意识和技能培训，严格执行高空作业相关规程。3. 紧急情况启动相应的应急预案。4. 作业员工佩戴安全带等防护装备、作业现场安装防护网
38	施工现场	临时用电作业	在生产区域实施临时用电作业时，安全保障措施不到位，造成人员触电、火灾等事故	1. 临时用电作业规程执行不严格。2. 人员误操作。3. 现场监督不力。4. 应急处置不当	1. 严格执行临时用电作业许可制度，识别风险，制定并落实控制措施。2. 强化作业人员安全意识和技能培训，严格执行临时用电作业规程。3. 紧急情况启动相应的应急预案。4. 作业人员严格佩戴绝缘防护装备
39	施工现场	管线打开作业	实施管线打开作业时，安全保障措施不到位，造成油气泄漏、火灾爆炸或设备伤害事故	1. 管线打开作业规程执行不严格。2. 人员误操作。3. 现场监督不力。4. 应急处置不当	1. 严格执行管线打开作业许可制度，识别风险，制定并落实控制措施。2. 强化作业人员安全意识和技能培训，严格执行管线打开作业规程。3. 紧急情况启动相应的应急预案

（续表）

序号	区域/部位/设备	活动	可能引发的事故	危害原因描述	已采取的预防、探测、控制、减缓及应急措施
40	施工现场	管道工程施工	管沟、隧道塌方造成施工人员伤亡	1. 未严格执行作业规程。2. 施工现场风险识别与控制不足。3. 现场监督不力	1. 严格按照动土作业有关规定进行施工。2. 对作业项目进行 HSE 风险评估，制定控制措施并实施。3. 作业现场执行必要的安全监督
41	施工现场	管道工程施工	新建工程遭第三方损坏，导致管道本体或设施破坏	1. 工程建设期间巡护不到位。2. 管道投产前未按要求试压。3. 管道及设施监管不到位	1. 建立工程施工期间以及投产前的管道巡护机制，加强巡护管理，重点时段、重点地段采取针对性措施。2. 严格按照规程进行管道投产前试压。3. 加强施工过程监管和巡查
42	变电所	变配电系统运行管理	电气设备故障、雷击等原因导致系统停电事故	1. 未定期检查与检测，系统缺陷。2. 人员违章操作。3. 紧急情况处置不当	1. 严格按规定对电气设备进行检测和定期检查。2. 严格按照规程操作，执行操作票制度。3. 加强技术培训和安全教育，紧急情况执行相应预案
43	车辆	车辆交通	违章行车造成人员伤亡事故	1. 酒驾。2. 超速行车。3. 不系安全带	1. 定期对驾驶员及相关人员进行交通安全培训。2. 严格按照体系文件定期做好车辆安全检查。3. 加强车辆交通监管和不定期抽查

二、应急组织机构及职责

管道运输公司应急组织机构由应急管理领导小组、现场应急救援指挥部及下设的专业应急救援小组组成，如图 6-1 所示。

应急组织机构中的组长实行替补制，当组长不能履行相应职责时，由组长指派人员或按行政职务高低排序自动替补相应人员，履行组长职责。

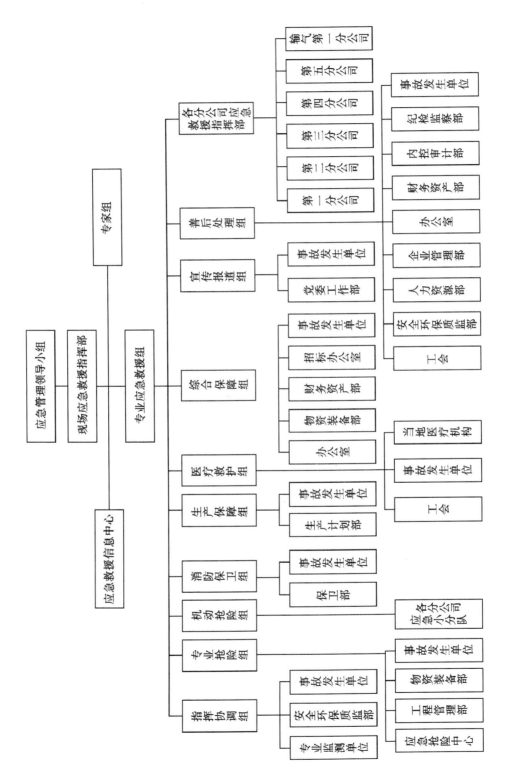

图6-1 应急组织机构

1. 应急管理领导小组

组长:总经理、党委书记。

副组长:其他领导班子成员。

组员:公司安全生产委员会各成员,各分公司主管领导及副职,安全环保质监部、生产计划部、保卫部、物资装备部、工程管理部、应急抢险中心、办公室、党委工作部、工会、企业管理部、人力资源等部门负责人。

主要职责:

(1)根据事故严重程度决定是否启动应急预案;

(2)指挥相关应急工作小组实施救援行动;

(3)向当地应急管理部门及上级有关部门报告事故情况;

(4)根据事故发展情况决定是否扩大应急;

(5)决定事故相关信息的发布范围、方式、内容和时机;

(6)宣布应急救援结束;

(7)组织对事故应急救援进行总结、评估;

(8)组织事故的善后处理;

(9)组织对事故原因进行分析,完成事故调查报告;

(10)根据事故应急救援的评估意见,组织对应急预案进行修订。

2. 现场应急救援指挥部

为指挥事故现场抢险,由应急管理领导小组成员在现场组成现场应急救援指挥部,指挥并开展现场抢险救援行动,现场应急救援指挥部指挥实行替补制,即:当指挥不能履行相应职责时,可指派人员或按行政职务高低排序自动替补相应人员,履行指挥职责。

总指挥:总经理。

现场总指挥:分公司总经理。

成员:公司安全生产委员会各成员,各分公司主管领导及副职,安全环保质监部、生产计划部、保卫部、物资装备部、工程管理部、应急抢险中心、办公室、党委工作部、工会、企业管理部、人力资源等部门负责人。

主要职责:

(1)负责现场应急决策指挥工作,根据事故性质、发生地点、波及范围、人员分布、救灾人力和物力,根据公司预案随时调整应急抢险方案,并下达应急处置指令;

(2)收集现场信息,核实现场情况,向应急救援领导小组、集团公司、当地政府及政府主管部门、兄弟单位,汇报、通报事故及应急处置的情况,根据事故发展决定是否请求集团公司增援和启动上一级预案,应急扩大后配合集团公司和地方政府进行应急救援;

(3)收集和整理应急处置过程中的有关资料;

(4)确定与事故相关新闻的发布内容;

(5)宣布现场抢险工作结束,核实应急终止条件并向当地政府、集团公司应急救援指

挥部请示应急终止,制定恢复生产安全措施;

(6)具备应急解除条件时,发布指令关闭应急响应。

(7)组织事故调查,总结应急救援工作经验。

3.专业应急救援小组

(1)指导协调组。

组成单位:安全环保质监部、事故发生单位安全保卫科。

主要职责:

a)跟踪掌握有关火灾、爆炸、油品泄漏、人身伤亡等事故的情况以及应急处置情况,并提供安全技术支持;

b)协调各专业救援队伍展开应急救援行动,组织现场应急处置,规范抢险过程中的安全作业工作,对抢险现场进行安全监督和管理;

c)划分事故现场三级警戒区域,指导消防保卫组对三级警戒区域进行警戒;

d)调动和协调消防、医疗救护等救援力量,并指导环境监测和应急状态下的污染防治;

d)负责事故调查、统计、评估、善后和案例分析工作。负责就人员伤亡情况和财产损失情况,与延长保险经纪公司及保险公司对接,协助事故单位进行损失认定、核准和理赔等事宜;

f)完成应急救援指挥部交办的其他工作。

(2)专业抢险组。

组成单位:应急抢险中心、工程管理部、物资装备部、事故发生单位。

主要职责:

A. 事故发生单位。

a)对生产安全事故进行初期控制,防止事故进一步扩大;

b)按照事故报告程序第一时间向公司报告事故情况;

c)成立应急抢险小分队,由专业抢险组统一调配指挥,配合专业抢险组组长做好应急抢险的各项工作;

d)对抢险过程中雇佣的临时用工进行分组,并安排专人进行管理和指挥;

e)事故发生后,根据情况立即调集本单位储备的应急抢险物资、设备、设施和个人防护用品;

f)使用工程机械施工时,指定熟悉管线走向及埋深的人员现场检测管线位置和埋深,安排专人监护,并作明显标记;

g)负责组织泄漏油品,污泥的回收、转运、处置工作,力量不足时,向应急救援指挥部请求增派机动抢险组增援;

h)负责施工前的技术、工艺等相关交底工作,防止次生灾害发生。

i)配合抢险组其他成员完成各项应急抢险任务。

B. 应急抢险中心。

a)在抢修过程中,组织生产、安全、物资装备、工程管理、事故发生单位制定抢险方

案,经现场应急指挥部同意后,由应急抢险中心组织内外部抢修人员实施;

b)对内外部抢修人员进行安全技术和抢修技能培训,做好抢修作业过程中现场指导和监护,杜绝野蛮施工;

c)为抢修人员配备有效的个人防护用品,确保施工安全;

d)负责对管道或设备设施进行修复;

e)完成应急救援指挥部交办的其他工作。

C. 工程管理部。

a)负责协调外来施工专业队伍、机械设施的施工、土方工程、挖掘过程等的组织和指挥;

b)对抢险过程中的土木工程项目提供技术支持;

c)完成应急救援指挥部交办的其他工作。

D. 物资装备部。

a)提供抢险救灾所使用的设备、材料选择的型号;

b)对抢险设备、设施、管材进行现场确认,合格后方可投入使用;

c)当抢险救灾的工作涉及工艺参数改变或影响其他设备工况时提供可靠的技术保障;

d)当管道修复需要采取试压、通球、置换等措施时,提出技术要求;

e)完成应急救援指挥部交办的其他工作。

(3)机动抢险组。

组成单位:各分公司应急抢险小分队(不包括事故发生单位应急小分队)

主要职责:

a)各分公司应急抢险小分队所有成员,要求 24 小时手机开机,在启动公司级预案后,根据现场应急指挥部指令,迅速集结赶赴事故现场;

b)各分公司应急小分队在抢险过程中,根据抢险性质和需要,自备使用的车辆、设备、设施、工具以及应急抢险物资;

c)服从现场应急指挥部安排的各项抢险任务和工作。

(4)消防保卫组。

组成单位:保卫部、事故发生单位安全保卫科。

主要职责:

A. 事故发生单位。

a)准备现场所使用的警告、警示、指示牌,并放置到指定位置;

b)指定专人配合保卫部设立车辆停放区域和警戒区域。

B. 保卫部。

a)负责抢险救灾工作中对三级警戒区域进行警戒及人员疏散。

b)负责维持现场治安和秩序。

c)因第三方施工破坏和打孔盗油引发的事故,要尽量地保护现场,并与公安机关对接,协助公安机关侦破案件。

d)对于易发生着火、爆炸的抢险区域实行全封闭管理,对进出人员的服装、袖标、烟火等进行检查,并规范安全帽佩戴。

e)保证应急抢险道路畅通,以便抢险救灾人员、物资能及时到达。

f)根据抢险需要,保证消防车辆的及时到位,做好消防安全监护。发生火灾情况时,组织现场人员撤离,立即组织实施现场灭火,根据火势情况判断是否需要调用集团内部和当地消防力量予以支持,并向现场应急指挥部汇报。发生危险化学品泄漏时,配合抢险中心进行堵漏和稀释现场油品浓度的工作。

g)发生紧急情况时,事故现场执行"只允许出,不允许进"的原则,当公安部门到达现场后配合其疏导进出事发地的车辆,确保"120"急救车、"119"消防车以及其他参与抢险车辆能顺利进出事发地。

h)完成现场应急指挥部交办的其他工作。

(5)生产保障组。

组成单位:生产计划部、事故发生单位生产计划科。

主要职责:

A. 事故发生单位生产计划科。

服从生产计划部的统一调度指挥,确保事故状态下各相关现场均有人员负责开、停车,阀室开关等工作,保证调度指令得以及时落实。

B. 生产计划部。

a)负责收集上下游企业、集团公司的生产要求和指令;

b)负责会同事故发生单位及时分析生产情况,制订生产变更和调整方案,报现场应急指挥部,经批准后下达调度指令;

c)及时向现场应急指挥部汇报生产运行状况,防止因生产运行指挥不当,导致事故扩大化;

d)做好现场应急指挥部交办的其他工作。

(6)医疗救护组。

组成单位:工会、事故发生单位、当地医疗机构。

主要职责:

A. 工会。

a)组织医护人员对受伤人员进行急救和治疗,及时转移受伤人员进行救治;

b)负责对抢险现场的垃圾的收集、清理;

c)配合办公室做好生活后勤保障工作;

d)完成现场应急指挥部交办的其他工作。

B. 事故发生单位。

a)对有危险性的抢险现场,事故发生单位负责联系当地医疗机构派出医疗人员和救护车到达现场待命;

b)采取正确有效的方法进行现场急救。

（7）综合保障组。

组成单位：办公室、物资装备部、财务资产部、招标办公室、事故发生单位对应科室。

主要职责：

A. 办公室。

a）组织生活后勤保障队伍，实施事故抢修救援的生活后勤保障（包括抢险人员的接送、食宿）；

b）负责应急救援车辆的调配，根据抢险需要统一调动指挥公司范围内所有机动车辆；

c）协助疏散、安顿受灾人员；

d）按照现场应急指挥部的安排，负责相关指令、信息的上传下达，并对事故单位所提供的信息、材料进行整理汇总，形成会议记录或纪要，负责公司对外材料的文字和格式审核工作；

e）及时对各抢险小组食宿人员数量进行统计，根据人员增减合理安排食宿，避免浪费；

f）配合现场应急指挥部做好对外接待工作；

g）完成应急指挥部交办的其他工作。

B. 物资装备部。

a）了解有关救援物资的保管常识，做好救援物资的保管工作。负责各级应急物资库房的日常检查工作，提出保存、保养的要求，确保应急物资在紧急情况下能有效使用；

b）对各级应急救援库储备物资的数量、品名情况进行定期统计，熟知物资分布情况，负责在紧急情况下对各级物资储备库的物资进行统一调配；

c）为抢险救灾提供应急材料和设备，提供指挥部成员和现场救援的通信器材（防爆对讲机、卫星电话等），并提供物资的运输保障；

d）公司级应急抢险预案启动后，公司的大型运输车辆统一由物资供应部调配、指挥，按应急救援指挥部的命令，负责将材料和设备运送到指定地点；

e）按现场应急指挥部要求发放应急抢险所需的设备、物资，并按时间、地点、数量和质量要求进行发放，并做好记录台账；

f）根据需要向集团公司兄弟单位协调借用抢险材料和设备；

g）建立物资采购的定点联络处，保障抢险所需物资的采购和供应；

h）对供应的各类设备、材料、工具等提供相应能证明该物资类别、材质、规格等属性的证书；

i）应急事故结束后，及时补充损耗的救援物资；

j）负责应急抢险袖标的制作和发放；

k）完成现场应急指挥部交办的其他工作。

C. 财务资产部。

a）提供应急救援各项工作所需的资金，并对抢险过程中的资金使用情况进行记录；

b）完成现场应急指挥部交办的其他工作。

D. 招标办公室。

a）负责配合物资的调运、发放、保管工作；

b）完成现场应急指挥部交办的其他工作。

E. 事故发生单位对应科室。

a）为公司现场应急指挥部在事故现场附近合理选址，准备有关资料和图纸；

b）建立与当地政府、公安机关、消防队、医院、媒体、兄弟单位等机构的友好关系，以便在抢险过程中给予必要的联动；

c）建立管线周边村庄干部和大小型机械的相关资料和联系方式，择优雇用抢险过程中所需人员和机械；

d）在管道沿线市县乡等地建立与抢险常用物资商户的合作关系，并形成商户名单、地址、联系方式、物资库存种类、数量等资料的一览表。

e）配合其他单位做好后勤保障工作。

（8）宣传报道组。

组成单位：党委工作部、事故发生单位。

主要职责：

a）对事故应急救援过程进行跟踪、记录、拍摄；

b）对来访媒体进行业务对接，正确引导舆论导向；

c）根据应急救援指挥部的指示，经公司有关领导审定后，配合政府相关部门对外发布事故信息；

d）做好事故应急救援的宣传报道工作；

d）应急抢险涉及新闻舆情引导工作按照《管道运输公司新闻舆情处置应急预案》；

f）完成应急救援指挥部交办的其他工作。

（9）善后处理组。

组成单位：工会、安全环保质监部、人力资源部、企业管理部、办公室、财务资产部、内控审计部、纪检监察部、事故发生单位。

主要职责：

A. 工会。

a）负责与死亡人员家属协调亡者的丧葬和赔偿；

b）负责受伤人员的医疗救治、家属安抚、赔偿以及治愈后重新上岗等事宜；

c）完成现场应急指挥部交办的其他工作。

B. 人力资源部。

a）负责有关的上访人员的人事劳资政策解释和配合；

b）负责抢险受伤人员工伤申报工作；

c）完成现场应急指挥部交办的其他工作。

C. 企业管理部。

a）负责事故事件相关各方法律责任的分析判断，并提出建议；

b)负责参与应急处置中有关各方赔偿或补偿标准的制定和协调工作；

c)第三方破坏、打孔盗油事件配合保卫部对案件的侦破提供法律帮助；

d)完成现场应急指挥部交办的其他工作。

D. 办公室。

a)协调指导事故发生单位接待、安抚财产损失人员；

b)协调处理赔偿等有关善后事宜，防止矛盾激化，确保社会稳定；

c)完成现场应急指挥部交办的其他工作。

E. 安全环保质监部、财务资产部、纪检监察部、内控审计部。

a)负责配合完成善后工作的相关事宜；

b)负责与保险经纪公司、保险公司对接，申请和办理理赔事宜；

c)完成现场应急指挥部交办的其他工作。

F. 事故发生单位。

a)负责抢险救援过程中对受损失各方的赔偿工作；

b)配合善后处理组各部门做好善后处理的各项事宜。

（10）抢修费用清算组。

组成单位：纪检监察部、事故发生单位、工程管理部、物资装备部、内控审计部、企业管理部、财务资产部。

主要职责：

A. 事故发生单位、工程管理部。

a)收集、整理抢险过程中雇佣工人和机械的所有原始资料；

b)补充和完善抢险过程中雇佣施工队的相关资料；督促施工单位完成各项工程资料；

c)提供抢险过程中在商铺购买或赊欠的应急物资清单；

d)完善向受事故影响相关各方赔偿的各类有关资料。

B. 物资装备部。

a)与抢险过程中提供临时物资供应的各供应商商谈所供物资单价，核对采购物资的品种和数量；

b)组织事故发生单位、工程管理部等采购过应急物资的单位与供应商对接，形成费用结算资料。

C. 内控审计部。

对各单位在抢险过程中与各方发生费用事项的所有资料进行审计，对施工单位或物资供应商虚报、假报的费用予以扣除。

D. 纪检监察部。

全程监督抢险费用的清算过程，对违反规定的行为予以及时制止，必要时找有关责任人谈话，进行责任追究。

E. 企业管理部。

a)指导事故发生单位、工程管理部、物资装备部等产生过抢险费用的单位完善相关合同资料；

b)对各单位上报的合同资料进行审核；

c)为抢险费用清算过程提供法律、法规依据；

d)在抢险费用清算过程中公司相关单位与各相关方出现纠纷时,提供必要的法律援助。

F. 财务资产部。

按照财务规定在各单位履行完财务结算相关手续后,据实付清抢险过程发生的各项费用。

(11)专家组。

根据事故具体情况,现场应急指挥部可抽调内部或邀请外部相关技术专家组成专家组,对事故应急处置技术方案进行技术指导,为现场应急工作提出实施应急救援方案的建议和技术支持。

专家组可以由以下人员组成:邀请的技术专家,事故单位负责人、生产、安全、技术主管副经理,事故区域行政负责人、操作及生产人员,与发生事故的设备、设施相关的设计、管理及专业单位人员,工程管理部技术人员,应急抢险中心技术人员,事故单位生产、安全主管科室管理人员。

(12)应急救援信息中心(公司调度中心)。

a)根据事故情况请示公司领导,经公司领导批准后启动公司相应应急预案,向应急救援指挥部成员通知启动公司应急预案。

b)负责应急救援的信息汇总和综合协调,联络各专业应急救援组和事故单位,确保应急救援顺利进行。

c)安排熟悉生产工艺流程和具有事故状态下的应急处置能力的人员 24 小时值班,持续跟踪事件动态,及时向应急救援指挥部汇报,负责应急救援指挥部领导决策的落实工作、下达应急处置指令。

d)负责向集团公司总调度及时上报应急事件动态和生产运行现状,与兄弟单位,上下游企业及时沟通,做好应急状态下的生产调整和安排。

e)分析事故发展的态势,超出我公司应急处置能力时,汇报指挥部批准后,向集团公司提请启动集团公司应急抢险预案。负责会同事故发生单位向当地政府及有关部门,各兄弟单位请求增援,并负责联络和组织协调工作。

f)做好应急活动记录和应急处置过程中资料的整理,负责事故信息接收与传递。

g)完成现场应急指挥部交办的其他工作。

四、预警及信息报告

1. 预警

(1)预警启动条件。

①发现重大事故苗头。

②设备、设施在生产过程出现异常情况。

③储罐、管道、阀门严重受损、破裂、液体、气体发生泄漏。

④各类检测仪表无显示、误显示、数据异常等故障。

⑤SCADA系统、在线检漏系统、超压泄放系统、视频监控系统、GPS定位系统等工艺监控系统发生异常。

（2）预警信号的监测方法及信息发布。

①事故预警采用对讲机、固定电话、移动电话、火灾自动报警装置、卫星电话、事先确定的信号和人工预警等方式。

②生产和储存设备、设施发生异常，由各生产区发布预警；液体和气体发生泄漏，由应急救援信息中心发布预警。

③遇到紧急险情或突发情况可能危及人员安全时，现场负责人可直接下达停产撤人命令并组织人员有序疏散。

④公司所属分公司场站、队出现异常情况时，现场人员必须进行现场检测、监视和控制，预防事故的发生，否则应向应急救援信息中心报告。

⑤各类检测仪表仪器、监控系统发生异常情况，现场人员必须进行现场核查，采取临时控制措施，否则应向应急救援信息中心报告。

⑥对于可以预警的自然灾害，公司应急管理领导小组应及时将预警信息向所属分公司进行通报，并督促其做好应急准备。

⑦预警信息发布程序为：公司应急管理领导小组—公司应急救援信息中心（公司调度中心）—分公司应急救援信息中心（分公司调度中心）—场站队应急救援信息中心（场站站控/巡护队长）。

（3）预警准备。

接到事故报告信息后，相应机构应立即做好以下工作：

①公司应急救援信息中心（公司调度中心）。

a）立即向公司应急管理领导小组组长报告；

b）通知公司各部门、各分公司负责人；

c）跟踪事发单位应急处置动态。

②公司应急管理领导小组组长（总经理）。

a）组织相关部门召开应急准备工作会议，研究、安排应急准备工作；

b）指令有关职能部门做好应急准备；

c）做好启动公司专项应急预案的准备。

③公司各部室、各分公司接到应急救援信息中心的预警通知后，按照本预案和专项应急预案要求做好各项应急准备工作。

（4）预警解除。

根据已预警突发事件的情况变化，当响应事故得到有效控制，应急指挥领导小组组长宣布解除预警，并将解除预警信息传递至各应急工作小组人员。

2. 信息报告

（1）信息接报。

管道运输公司应急救援信息中心设在生产计划部（公司调度中心），为生产安全事故日常接警部门，24小时值班专人值班。

其他各应急人员通过各部门值班电话及各有关人员手机，进行24小时有效联络。

（2）信息上报。

①内部上报事故信息程序。

a）一旦发生事故，事故单位要立即启动本单位现场处置方案，实施应急处置和自救工作，同时将事故发生的时间、地点、原因、人员伤亡、事故现状、抢险情况及事故发展预测向本单位应急救援信息中心（各级调度）报告。情况特殊时，可以越级向公司应急救援信息中心报告事故信息。

b）应急救援信息中心（各级调度）值班人员接到事故报告后，需立即将事故情况上报本单位主要负责人，同时将事故信息上报公司应急救援信息中心（公司调度中心）。

c）公司应急救援信息中心（公司调度中心）及时将上报的事故信息报告公司应急管理领导小组组长（总经理），根据事故级别启动公司应急预案。公司应急预案启动后，应急救援信息中心立即通知应急管理领导小组全体成员、各专业抢险组赶赴事故现场或现场临时地点。

d）公司应急救援信息中心在事故发生1小时内将事故发生时间、地点、类别、人员伤亡和财产损失情况、事故简要经过和采取控制措施等事故信息向集团公司应急救援指挥部报告。对于出现或有可能出现更大生产安全事故的情况，在启动公司预案的同时，请求启动集团公司应急预案。

e）上报和接收事故报告的单位要做好相关记录，报告和记录的内容包括：时间、地点；初步原因；概况和已经采取的措施等；现场人员状况，人员伤亡及撤离情况（人数、程度、所属单位）；事故过程描述；环境污染情况；对周边的影响情况；现场气象、主要自然天气情况；生产恢复期的初步判断；报告人的单位、姓名、职务以及联系电话。

f）事故现状发生重大变化时应立即进行续报，事故处置结束后应立即进行终报。

②向政府主管部门报告。

事故发生单位主要负责人应在事故发生后1小时内将事故发生时间、地点、类别、人员伤亡和财产损失、事故简要经过和采取控制措施情况口头或书面向当地县级以上应急管理部门及有关部门报告。事故现状发生重大变化时应立即进行续报，事故处置结束后应立即进行终报。

③相关方告知。

当发生生产安全事故，事故发生单位主要负责人应及时向受到影响的相关方告知有关情况，以及相应的应急措施和方法。公司级应急响应启动后，事故发生单位应当配合政府有关部门做好相关方的告知工作。

（3）信息处置与研判。

接到生产安全事故或险情信息报告后,应急指挥领导小组根据应急响应条件判断响应等级,根据级别对应,决定启动应急响应或预警。

四、保障措施

1. 通信保障

(1)管道运输公司应急救援信息中心设在生产计划部(公司调度中心),为生产安全事故日常接警部门,24 小时值班有人员值班。

(2)综合办公室负责编印内部和外部应急联系电话表并发放到有关部门和个人,内、外部通信联系方式见附件。当各相关应急机构和人员发生变化时,及时进行变更。

(3)各有关部门的固定电话和应急人员的手机,应保持畅通,保证事故信息传递的及时、快捷、准确、有效。

(4)在油气泄漏等防爆区域(抢险现场),配备有防爆对讲机。

(5)为了防止信号中断等现象,各基层场站、巡护对配备有卫星电话,确保信息畅通。

2. 应急队伍保障

(1)设置了专业应急抢险机构。

陕西延长石油(集团)管道运输公司下属的应急抢险中心是该公司目前的专业化管道维抢修队伍,主要以管道抢险作业、管道工程作业、管道带压开孔、封堵作业、场站设备维修为主体业务。配备的主要设备有不停输换管设备,河道抢险设备,手动开孔设备,电动、液压、手动割管设备,油品回收设备等。

各分公司成立了维修车间和应急抢修小分队,专门服务于分公司管辖范围内的管道设备维抢修工作,并成立了 50 人左右的应急抢修小分队,用于事故状态下的应急救援。

(2)成立了专业消防队伍。

各分公司均成立消防大队或消防中队,负责辖区场站、管道的消防工作。

(3)建立了联动机制。

①应急抢险中心(包括各分公司维修车间)与周边政府的专业抢险队伍、兄弟单位等相关技术部门人员建立沟通机制;

②各巡护队在重大河流、公铁路穿跨越等危险地段与当地群众建立沟通机制;

③与地方政府签订应急联动协议。与管道沿线地方政府、兄弟单位建立了应急联动机制、与周边物资供应部门建立了应急物资共享机制。

3. 物资装备保障

(1)应急物资和装备由物资装备部根据各单位需求购置,由应急抢险中心和各分公司储备。

(2)物资装备部应对各分公司和应急抢险中心储备的应急物资和设备进行统计备案,备案内容应包括:物资的品名、数量、存放地点、是否有效等,便于在紧急情况下由物资装备部统一调配。

（3）各分公司应根据本单位各类危险源的分布情况就近设置应急救援物资的储备库，按照危险源的类型储备足量的应急物资，以便在紧急情况下使用。

（4）各分公司的应急抢险物资、设备和设施要单独储存，设专人维护保养，建立台账并要完善应急标识。此外各分公司还应与管线周边销售应急抢险物资的大型商户建立合作关系，紧急情况下便于采购储备不足的物资。

4. 技术保障

应急处置技术保障必须从体制、机制入手。在体制上要完善应急管理队伍，建立一支责任心强，专业技术素养高的应急保障队伍。对专业技术上岗人员进行岗位应急处置的培训，考核合格后，方可上岗。此外，还要对从业人员不定期应急能力考核，以督促现场处置水平不断提高，从而保证应急管理人员能够在危急关头召之即来，来之能战、战之能胜。公司应积极开展应急技术研究和开发项目的推广应用工作，研究应急新技术、监测、预警、处置新方法，提高公司应急技术水平。

5. 资金保障

财务资产部负责落实年度资金专项预算和不可预见资金安排：年度专项资金用于日常应急工作，包括应急管理系统和应急专业队伍建设、应急装备配置、应急物资储备、应急宣传和培训、应急演练以及应急设备日常维护等；不可预见资金用于处置事故及其他不可预见事宜。

6. 交通运输保障

办公室保证 24 小时有值班车辆。发生人身安全事故后，根据情况必要时由保卫部及时协调公安交警部门对事故现场进行道路交通管制，并根据需要开设应急救援特殊通道，确保救援物资、器材和人员运送及时到位，满足应急处置工作需要。

7. 外部依托资源保障

各分公司根据可能发生事故性质、严重程度、范围等选择应急处置和救援可依托的外部专业队伍、物资、技术等，确保事故的应急处置、消防、环境监测、医疗救治、治安保卫、交通食宿等应急救援保障力量到位。

第七章　油气储运安全研究与实践

第一节　塔里木油田外输管道和
站场完整性管理技术实践

一、油田管道概况

（一）油田简介

塔里木油田公司是中国石油天然气股份公司的地区公司,主要在塔里木盆地从事油气勘探开发、炼油化工、油气销售等业务,是上下游一体化的大型油气生产供应企业。

塔里木盆地是我国最大的含油气盆地,周边为天山、昆仑山和阿尔金山所环绕,总面积 56 万平方千米。盆地中部是号称"死亡之海"的塔克拉玛干大沙漠,面积 33.7 万平方千米。据国家最新资源评价结果,塔里木盆地可探明油气资源量 239 亿吨,其中石油 120 亿吨、天然气 14.8 万亿立方米,具有广阔的勘探开发前景。

（二）油气管道情况

塔里木油田共有油气管道总长 11 989.4 千米,其中外输管道 5 527.43 千米,外输管道规模快速增长形成了环塔里木"大管网"格局,管网资源优化配置和天然气调峰调配功能日益凸显。

（三）油气管道特点

油田外输管道呈现介质复杂多样(天然气、原油、凝析油、液化气、轻烃等 5 类)、管道口径多样($\Phi76$ mm～$\Phi1\,219$ mm 共 11 种)、地质情况多样(沙漠、农田、胡杨林区、沙柳密灌区、盐土荒地、戈壁等)、社会环境差,安全风险大。

（四）油气管道突出问题

（1）934.8(8 条)管道服役超过 15 年,服役期限超过 15 年,管道安全理工作开展刻不容缓。

（2）管道安全运行受介质腐蚀、外部损伤、设备故障、材料缺陷和施工缺陷等多种因素影响、干扰严重,管道泄漏趋势增大。

（3）部分管道设计标准低、自动化程度低、输量调节余地小。

（4）油田面临高 CO_2、高 H_2S、高 Cl^-、高矿化度、低 PH 严峻的腐蚀环境。

（5）新疆特殊的维稳形势亟须管道完整性管理理念，加强管道风险管理，推行预知性维修，保证油田外输大动脉畅通。

二、推进认识及思路

（一）对管道完整性管理的认识

（1）管道完整性管理是国外在总结各种管理体系基础之上，针对管道量身定做的先进管理体系；

（2）完整性管理体系为管道全生命周期各环节提供了系统的、有效的风险管控理论和方法；

（3）完整性管理有效提升了管道管理效率、延长了管道服役寿命；

（4）完整性管理对其他现行管理体系是有效的互补、完善；

（5）完整性管理推进需结合油田自身特点，才能有效落实，在技术和方法上需不断创新。

（二）管道完整性管理工作推进思路及落实部署

为全面贯彻、落实集团公司 2014 年油堪第 73 号和 2015 年油堪第 40 号文件精神，推进管道和站场完整性管理，2015 年 5 月 11 日，成立了塔里木油田管道和站场完整性管理试点工作领导小组，6 月 10 日成功召开油田管道和站场完整性管理试点工作启动会，确立了油田管道完整性管理"先管道后站场"的推进思路。

（三）塔里木油田管道完整性管理突破点

结合油田管理现状和生产运行经验，突出管道完整性管理实施效果，以效能评价和完整性评价为突破点，建立基于风险管理的完整性评价体系，着重应用效果在管道内腐蚀检测评价、阴极保护有效性评价、防腐层选材、站场管道风险评价等方面开展效能评估。

（四）管道完整性管理工作推进原则

（1）立足实际，对标先进的原则：在立足油田油气管道和站场生产实际的基础上，对标国际先进管理水平，最终建成国内先进水平管道完整性管理体系。

（2）立足安全文化，打造自身特色的原则：在塔里木油田安全文化建设的基础上，将管道完整性管理与工艺安全管理进行有效融合，以油田油气管道和站场风险有效管控为根本，建设具有塔里木油田特色的管道整性管理体系。

（3）分步实施，逐步推广的原则：结合油田油气管道和站场生产实际情况，采取总体规划、从易到难、先局部后整体、逐步推广的方式，推进完整性管理工作。

（4）软件与硬件同步建设的原则：推进完整性管理的过程中，要加强管道完整性管理人才队伍及配套支撑技术等软件基础建设，同时，也要同步推进集中调控中心、完整性管理信息平台等硬件基础设施的配套建设。

三、完整性管理经验成果

结合油田储运系统生产实际和现场管理经验,推进管道全生命周期完整性管理工作,管理重心从地上向地下、从管道外围向管道本体拓展,形成了丰富的管道完整性管理体系和现场实践经验。

(1)顶层架构设计:塔里木油田于 2004 年作为中石油首家管道完整性管理试点油气田,积极启动相关技术研究工作。2011 年初,在与国内外管道管理先进公司(美国科恩河、加拿大 Enbridge 等)进行充分对标后,结合自身运行实际,于 2012 年初确立了管道完整性管理顶层设计架构,开始进入了基于风险管理的管道全生命周期完整性管理阶段。

(2)整合管理体系,制定制度标准。

(3)从设计施工源头保证管道"建设期完整性"。

(4)管道完整性信息化管理平台发挥作用,为生产提供科学的有力支撑。

梳理管道建设、运行、检测等各环节数据模板,推进管道数据资源信息化建设工作,通过 GIS 平台对外输管道的关键基础地理信息和基本属性信息进行矢量化和结构化,实现了外输管道信息化和可视化综合展示,为管道全生命完整性管理工作开展提供了数据资源平台支撑。

(5)多道防控措施应对管道第三方威胁。

①高后果区识别:制定《外输管道高后果区管理规定》,将高后果区分为人员密集、火灾影响、环境影响、公共设施影响等 4 类,分类进行有效管控,逐一进行高后果区风险分析,调整治理优先次序。

②建立企地联络机制并扎实开展实战化演练:建立突发事件综合应急预案和专项应急预案,与管道沿线乡镇、村、派出所建立了良好联络机制,针对大型河流、人口密集区农田村庄等类型高后果区积极开展各种专项实战演练,全年共计与地方政府派出所联合演练,有效提升了外输管道应急抢险救援的时效性和实效性。

③建立管道保护长效机制:2011 年 6 月启动管道保护长效机制工作,有效提高了管道违法占压清理和依法保护管道的力度,目前已成为油田依法保护油气管道和预防第三方破坏的重要手段。

④加强管道保护宣传,树立全民保护管道意识。

A. 走进管道沿线老百姓家里,宣传管道保护法,增强当地老百姓保护管道意识。与困难群众建立长期帮扶,群众也自发成为管道保护的义务宣传员,以真情换来沿线群众支持和信任。

B. 走进地方学校,为当地学生送去大量学习用品,始终坚持宣传管道保护知识从"娃娃"抓起,全面提升了当地村民保护管道的意识。

C. 走进乡镇巴扎,向赶巴扎的老百姓发放印有管道保护法的日历、图册等宣传品,扩大管道保护法宣传范围,增强管道保护法的区域影响效果。

第二节　直流输电接地极对管道运行的影响及应对措施

一、概况

(一)该公司管道概况

广东某管道全长 466.66 km,设计输气能力 $160×10^8$ m³/a,设计工作压力 9.2 MPa,采用高温三层 PE 防腐层＋强电流阴极保护措施,沿线设线路阴极保护站 8 个,分别设在鳌头站、广州站、三水站、肇庆站、清远分输阀室、潼湖分输阀室、石角阀室、大桥阀室。其中在鳌头站、广州站、三水站、石角阀室等处设置了线路绝缘,清远分输阀室、潼湖阀室设置了干线支线与直线间的绝缘。站场内区域阴保均采用强制电流阴极保护。

(二)直流输电系统概况

广东地区在役直流输电线路共 7 条,分别为牛从±500 kV 直流、云广±800 kV 直流、天广±500 kV 直流、贵广Ⅰ回±500 kV 直流、贵广Ⅱ回±500 kV 直流、三广±500 kV 直流和糯扎渡送电广东±800 kV 直流;接地极共 5 个,分别为翁源接地极、鱼龙岭接地极、大塘接地极、观音阁接地极以及天堂接地极。其中,距该公司输气管道较近、影响较大者有三个:翁源接地极、鱼龙岭接地极、大塘接地极。

(三)直流输电系统接地极概况

(1)贵广二回(±500 kV)、云广特高压±800 kV 直流输电工程共用接地极—鱼龙岭接地极距鳌头站约 11 km,容量 500 万千瓦,单极工作时最大入地电流可达 3 125 A。

(2)牛从±500 kV 同塔双回超高压直流输电工程,其从化换流站接地极位于韶关市翁源县坝仔镇新梅村。牛从±500 kV 直流输电总容量 640 万千瓦,故障状态下最大入地电流 6 400 A。

(3)天广±500 kV 超高压直流输电线路广州换流站大塘接地极,位于佛山市三水区大塘镇莘田村。天广±500 kV 超高压直流输电线路容量 180 万千瓦,故障状态下最大入地电流 1 800 A。

(4)直流输电系统接地极概况

各接地极与该管道位置关系如图 7-1 所示。

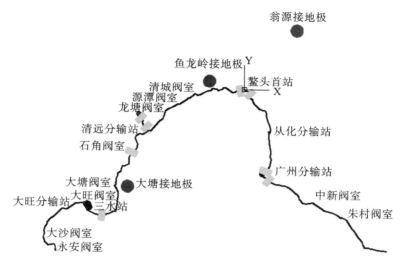

图 7-1　接地极与该管道位置关系

二、干扰特征及干扰的影响

（1）鱼龙岭接地极对管道运行的影响见图 7-2 至图 7-6。

图 7-2　烧毁恒电位仪

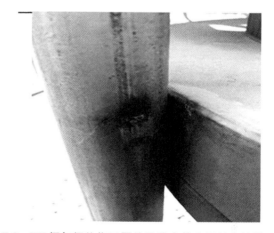

图 7-3　BV 阀与阀位指示器信号线套管之间放电熔接

图 7-4　等电位连接器被烧毁

图 7-5　BV 阀引压管绝缘接头被烧毁

图 7-6　BV 阀引压管与绝缘接头间放电

（2）鱼龙岭接地极阴极 145 A～3002 A 放电监测见表 7-1、表 7-2，图 7-7 至图 7-29。

表 7-1　鱼龙岭接地极阴极 145 A～3 002 A 放电监测

测试位置	未放电时电位（V）	放电 3 KA 时电位（V）	与接地极距离（km）	电位偏移量（V）	备注
朱村阀室	0.47	0.47	81.9	0	
中新阀室	0.87	0.77	53.4	0.1	
广州出站	0.5	48	37.2	48.5	绝缘点
广州进站	1.9	8	37.2	6.1	
从化分输站	2	9	25.9	7	
鳌头往从化方向	1.5	29	10.1	30.5	绝缘点

（续表）

测试位置	未放电时电位（V）	放电3KA时电位（V）	与接地极距离（km）	电位偏移量（V）	备注
鳌头往清远方向	1.8	49	10.1	50.8	
清城阀室	1.1	0.5	10	1.6	
源潭阀室	0.9	2.75	15.5	1.85	
清远阀室	1.2	6.5	30.5	5.3	
石角阀室上游	−2	−12.5	37.4	−10.5	绝缘点
石角阀室下游	−0.5	25	37.4	25.5	
大塘阀室	−0.75	−0.77	50.4	−0.02	
三水站上游	−1.25	−2.5	60.9	−1.25	绝缘点
三水站下游	−0.75	1.1	60.9	1.85	
大旺阀室	−0.77	0.15	63.2	0.92	
大沙阀室	−0.52	−0.5	81.2	0.02	
永安阀室	−0.7	−0.7	81.47	0	
清远阀室支线绝缘接头	−1.2	23.5	30.5	24.7	绝缘点

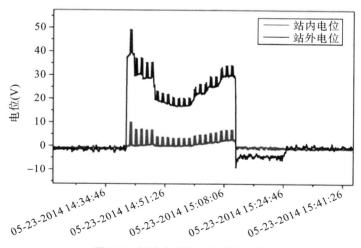

图7-7　鳌头去清远方向出站电位

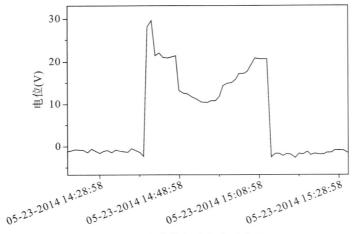

图 7-8　鳌头去从化方向出站电位

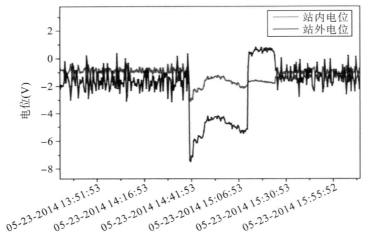

图 7-9　广州进站处站内外电位

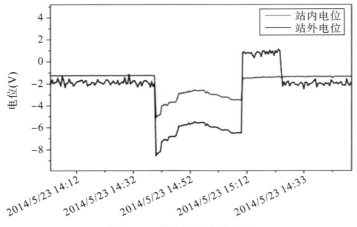

图 7-10　从化站站内外电位

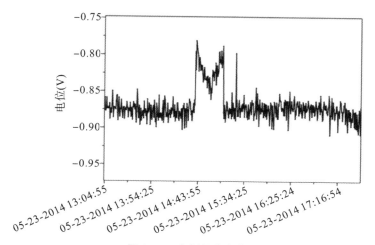

图 7-11 中新阀室电位

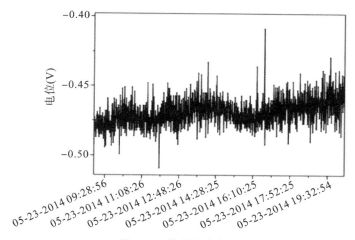

图 7-12 朱村阀室电位

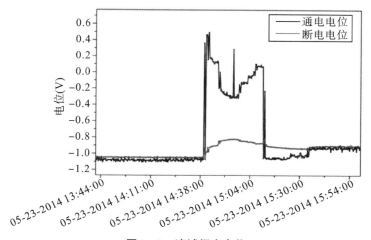

图 7-13 清城阀室电位

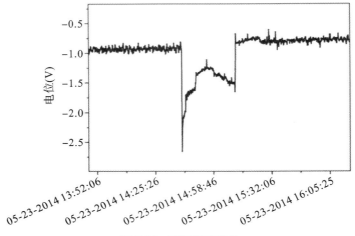

图 7-14   源潭阀室电位

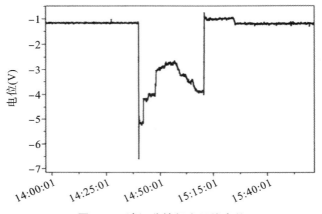

图 7-15   清远分输阀室干线电位

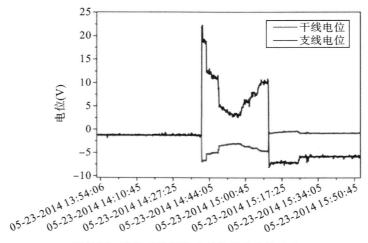

图 7-16   清远分输阀室支线绝缘接头处电位

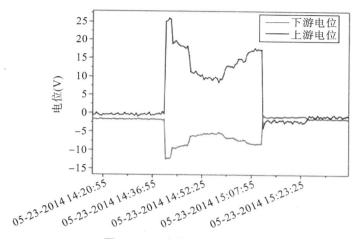

图 7-17　石角阀室上下游电位

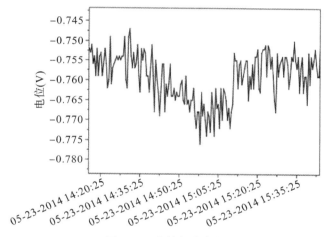

图 7-18　大塘阀室电位

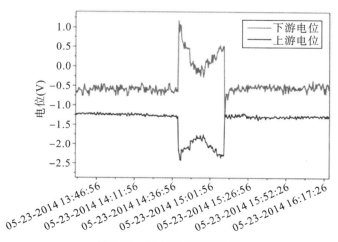

图 7-19　三水站上下游电位

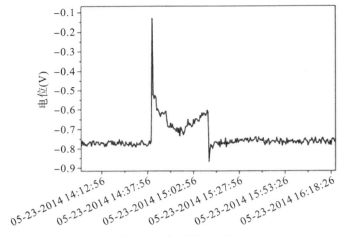

图 7-20　大旺阀室电位

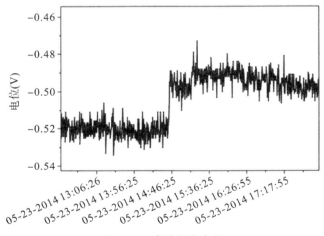

图 7-21　大沙阀室电位

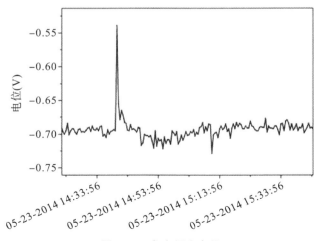

图 7-22　永安阀室电位

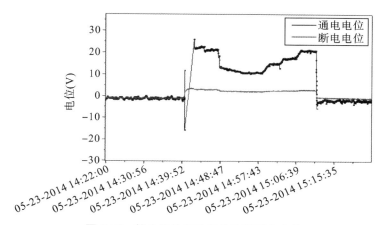

图 7-23　鳌头往从化方向站外通断电电位

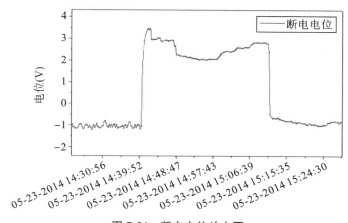

图 7-24　断电电位放大图

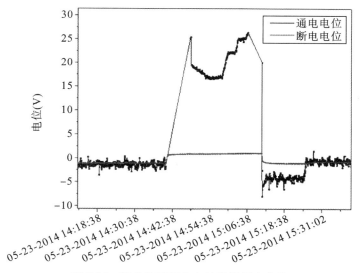

图 7-25　鳌头往清远方向站外通断电电位

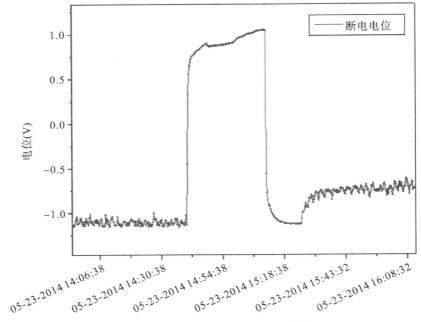

图 7-26　鳌头往清远方向站外通断电电位

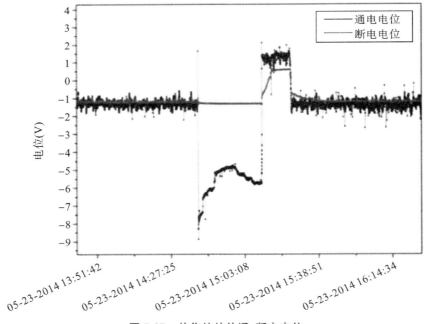

图 7-27　从化站站外通、断电电位

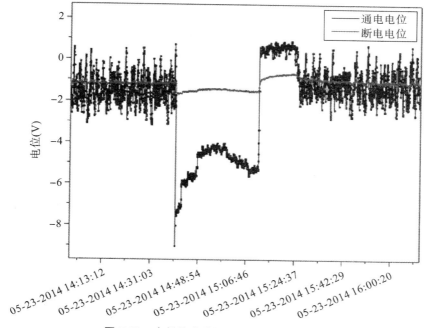

图 7-28 广州站进站位置站外通、断电电位

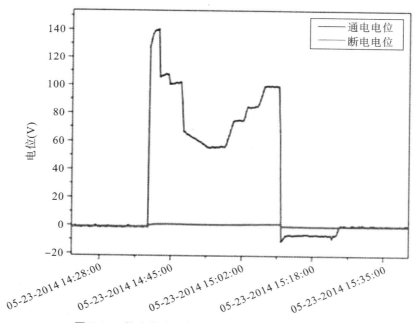

图 7-29 鳌头往清远方向 4♯测试桩处通、断电电位

表 7-2 为各站绝缘接头跨接电流检测结果。

表 7-2　各站绝缘接头跨接电流检测结果

测试位置	跨接通过电流(A)	与接地极直线距离(km)
鳌头往从化方向	＞50	10.1
鳌头往清远方向	＞50	10.1
从化出站	—11	25.9
从化进站	—11	25.9
广州进站	＞—20	37.2
大塘接地极附近测试桩(56♯)锌带	—0.14	55

测试结果小结:鱼龙岭接地极阴极放电时,靠近接地极方向的管道流出电流,远离接地极方向的管道流入电流,鳌头往清远方向管道的电流流入和流出的分界点在清城阀室和源潭阀室之间,鳌头往从化方向管道的电流流入和流出的分界点在鳌头首站和从化站之间。

(3)鱼龙岭接地极阴极运行 1 000 A、3 467 A/2 496 A 电流监测结果见图 7-30 至图 7-32。

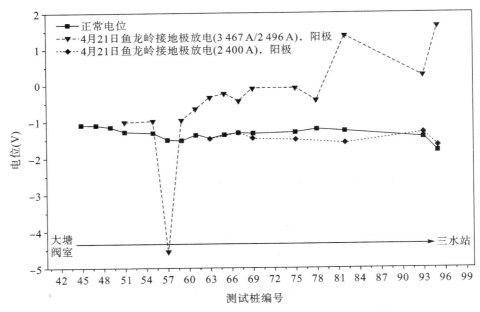

图 7-30　鱼龙岭接地极放电时三水段管道的电位偏移情况

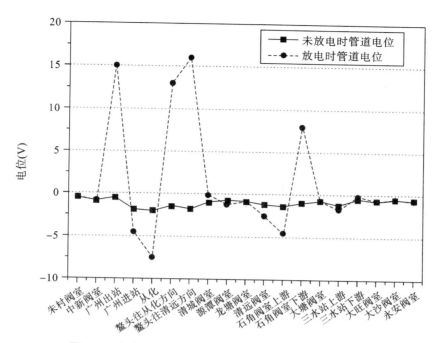

图 7-31　鱼龙岭接地极放电 1 000 A 时各位置电位情况图

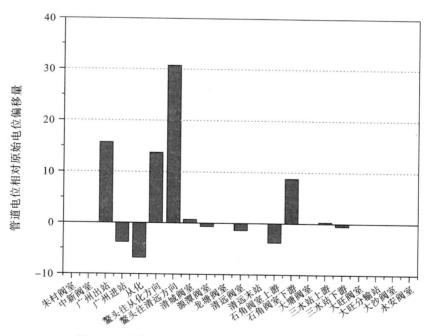

图 7-32　鱼龙岭接地极放电 1 000 A 时电位偏移量图

（4）鱼龙岭接地极放电对管道的交流电压的影响见图 7-33 至图 7-35。

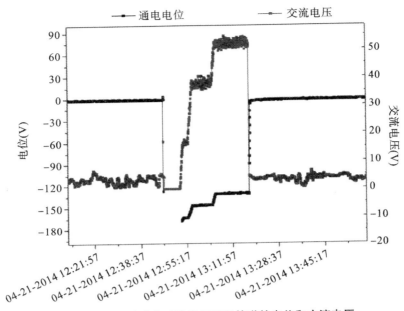

图7-33 鱼龙岭放电时接地极附近管道的电位和交流电压

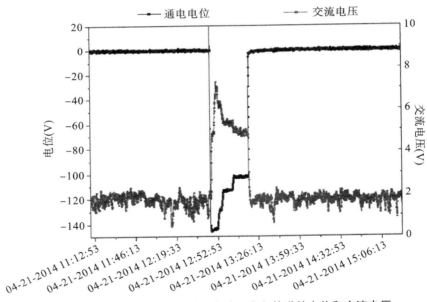

图7-34 鱼龙岭放电时鳌头首站去清远方向管道的电位和交流电压

在鱼龙岭接地极放电时,同时对管道的通电电位和交流电压进行检测。在放电 3 467 A/2 496 a,对接地极最近的测试桩鳌头至清城阀室14♯测试桩位置的测试结果可以看出,在接地极未放电时,此处管道的交流电压在2～5 V波动,当接地极放电时,管道的交流电压升高到50 V左右,鳌头首站去清远方向的管道电位,从2 V上升到7 V,表明接地极放电时,会使接地极附近管道的交流电压升高。

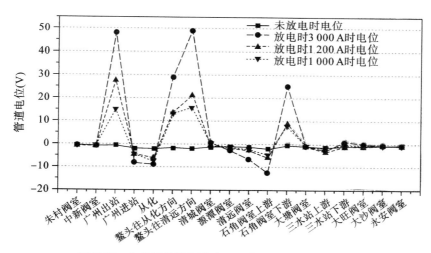

图7-35 鱼龙岭接地极流出不同电流时管道电位情况

（5）鱼龙岭接地极单极运行测试结果总结见表7-3。

表7-3 鱼龙岭接地极单极运行测试结果总结

测试位置	未放电时电位（V）	阴极放电3 000 A时电位（V）	阴极放电1 200 A时电位（V）	阴极放电1 000 A时电位（V）	阳极放电3 467 A时电位（V）
朱村阀室	0.47	0.47	0.57	0.47	0.94
中新阀室	0.87	0.77	0.83	0.84	/
广州出站	0.5	48	27.5	15	52
广州进站	1.9	8	4.6	4.5	6
从化分输站	2	9	6	7.5	4.5
鳌头往从化方向	1.5	29	13.5	13	/
鳌头往清远方向	1.8	49	21	16	16
清城阀室	−1.1	0.5	−0.2	−0.2	/
源潭阀室	−0.9	−2.75	−1.4	−1.2	/
清远阀室	−1.2	−6.5	−2.7	−2.5	/
石角阀室上游	−2	−12.5	−6	−4.5	15
石角阀室下游	−0.5	25	9	8	−30
大塘阀室	−0.75	−0.77	−0.89	−0.755	−0.88
三水站上游	−1.25	−2.5	−3.25	−1.75	1.5
三水站下游	−0.75	1.1	−1	−0.2	−3.5
大旺阀室	−0.77	0.15	−0.66	−0.72	/
大沙阀室	−0.52	−0.5	−0.47	−0.51	/
永安阀室	−0.7	−0.7	−0.78	−0.71	/

（5）鱼龙岭接地极单极运行测试结果总结见图 7-36、图 7-37。

图 7-36　鱼龙岭接地极干扰影响范围示意图

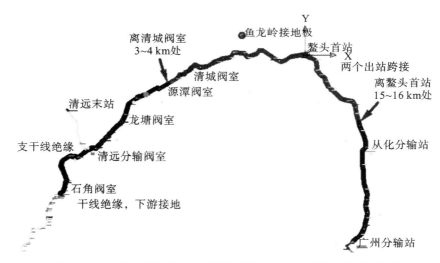

图 7-37　鱼龙岭接地极放电时干扰管段电流流入流出分界点示意图

三、应对措施及效果

（一）接地极干扰的应对措施及效果

1. 研制并应用强干扰保护器

针对强干扰烧毁恒电位仪的问题，研制了一款恒电位仪强干扰保护器，通过切断恒电位仪与管道等外部的电气联系，达到保护恒电位仪的目的。该设备在恒电位仪运行过程中能及时观测到阴极和参比电极输出/输入电流、阴极和阳极之间电压以及参比电极和零位接阴之间的电压,能及时直观的判断外界干扰强度的大小;强直流干扰时,能自动断开恒电位仪与被保护设备的连接,保护了恒电位仪不被损坏。减少了维修成本,增加了运行时间。提高了阴极保护系统运行效率。

2. 应用去耦合器替代等电位连接器(表7-4)

为保证输气管道运行的安全,保护绝缘接头不被电压差击穿烧毁,防止出现绝缘接头两端的高电压差对操作人员可能造成的危险,根据前期研究确定的管道电位偏移量、电流流入流出分界点等数据综合分析,决定采用去耦合器作为绝缘接头的等电位连接。

表7-4　去耦合器安装前后电位绝缘接头内外侧管道电位对比

		鳌头站			从化站	广州站
绝缘接头位置		去清远	去从化	进站	出站	进站
安装前	内侧最大值	−1.38	−1.36	−1.26	−1.28	−1.25
	内侧最小值	−1.39	−1.39	−1.28	−1.29	−1.28
	外侧最大值	−1.20	−0.98	−0.84	−0.62	−0.32
	外侧最小值	−3.56	−3.92	−3.45	−3.88	−3.98
安装后	内侧最大值	−1.23	−1.37	−1.25	−1.26	−1.25
	内侧最小值	−1.24	−1.39	−1.28	−1.28	−1.27
	外侧最大值	−1.24	−0.83	−0.81	−0.79	−0.58
	外侧最小值	−3.14	−3.67	−3.18	−3.32	−3.45

(二)接地极干扰的应对效果

由上表可以看出,安装去耦合器前后各电位值差别不大,站内侧管道电位依然稳定,站外侧和站内侧的管道电位差说明去耦合器对站内、站外管道起到了有效隔离,对恒电位仪的日常运行没有影响。在直流输电系统接地极放电时,站场未出现大的干扰,说明去耦合器已经启动,起到了等电位的作用。在接地极放电后,检查去耦合器,外观完好,没有高温灼烧的痕迹;在±2 V的电压差作用下能正常导通,说明去耦合器依然功能良好,工作正常。

结论:

(1)高压直流输电系统在单极入地运行模式下,大量电流通过接地极流入或流出,造成接地极附近土壤对远地电位有显著抬升;而在接地极附近的3PE管道因为涂层绝缘性能良好,管道对远地电位没有明显变化。由此导致接地极附近的管道近地电位升高(即管道与土壤之间的通电电位)。

(2)土壤结构对高压直流输电系统对管道的干扰程度影响很大。上层电阻率小,下层电阻率高的土壤结构不利于电流散入深层土壤,从而导致管道所受干扰增加。

（3）在相邻两个阀室对管道进行接地处理，在阀室处的管道电位有显著缓解。但是两个阀室中间的管段的电位有明显抬升。

（4）随着管道涂层电阻率的升高，受高压直流输电系统干扰的管道的电位最大值升高。也就是说，采用防腐层大修、加强防腐层绝缘性能的方式无法缓解管道近地电位过高的问题。

（5）在高压直流输电系统接地极对该公司管道的影响研究中，管道附近的西气东输管道的影响可以忽略不计。西气东输管道采用3PE防腐层，绝缘性能良好，对高压直流输电系统单极入地运行时的地电场分布影响很小。

四、结论与建议

（一）结论

直流输电系统接地极单极放电时，干扰可达到50千米，有的甚至可达上百千米。鳌头首站出站往清远方向至石角阀室和鳌头首站出站往从化方向至广州站段管道的站场及阀室受到干扰影响较大。同时，在放电电流较大的情况下，输气管道电位偏移剧烈，且随接地极入地电流大小变化而变化。干扰方向随接地极入地电流极性（正极、负极）随机。用强电流干扰保护器、去耦合器等措施能有效消除接地极放电时输气管道恒电位仪烧毁、BV阀绝缘接头打火、设备间熔接等安全问题和隐患。

（二）建议

（1）防止干线阴保电流的流失，建议受直流输电干扰所有阀室的仪表接地，均通过去耦合器。

（2）制定更加严格的排流措施，比如沿管道铺设更长的锌带，从而对管道形成屏蔽，保证接地极放电时，管道各处依然受到阴极保护。

（3）尽快对全线强制电流阴极保护系统进行整改，以恒电位方式运行，确保阴极保护的保护率、运行率、保护度达到现行国标要求。如果现有强制电流保护装置在整改后无法满足上述要求，尽快根据测试结果进行馈电实验并追加阴极保护装置。

（4）采取分段隔离的方法，在设计前做好充分的调查，设计时缩短干线阴保距离，可以有效降低干扰强度，为治理打下较好的基础。

（5）加强与南方电网的联动协调，强化安全管理规程，在高压直流输电系统故障以及调试期间，严禁工作人员进行管道测试，防止沿线社会人员误触带电管道导致触电事故。

第三节　风城稠油安全经济长距离输送技术研究

一、风城稠油输送背景

风城超稠油油藏位于准噶尔盆地西北缘乌—夏断褶带，基本落实储量约3.6亿吨，是新疆油田公司 2011 年—2022 年重点滚动开发区域之一。风城超稠油具有高黏度、高密度、低蜡、低酸值、热敏感性强的特点,已探明地质储量中 60% 以上稠油 50℃时地面黏度大于 20 000 mPa·s,难以实现常规管道输送。

克石化公司距风城油田约 100 km。克石化以西北缘环烷基低凝稠油为原料,创新开发了特种油品、道路沥青等系列生产工艺和产品,实现了稠油资源向特色产品的转化,在低凝稠油递减速率已达 20% 的严峻形势下,环烷烃含量高的风城超稠油成为特色产品生产的接替原油资源。

风城油田开发初期,风城超稠油采用汽车拉运方式运输至克石化公司,给 217 国道造成极大的运输压力和安全隐患,运输成本高。随着风城油田规模性开发,这些弊端日益凸显,其管输替代问题亟待研究。

(一)研究的重点和难点

风城油田在其开发期内混油黏度预计从 10 000 mPa·s 至 160 000 mPa·s 之间,产量从 100×10 t/a 至 400×10 t/a 之间,黏度和输量范围跨度大,针对高黏流动性差的风城超稠油,如何降黏实现管输、稠油外输工艺选择及设计参数安全经济优化是项目的重点、难点。

二、风城稠油掺柴降黏输送工艺

(一)输送模式优选

辽河油田特稠油采用短距离加热输送的模式,超稠油长距离管道输送在国内没有先例,无可借鉴经验。结合国外超稠油输送工艺技术及现有条件,提出了四个输送思路(表 7-5)。

表 7-5　四种输送模式优缺点对比

序号	项目	方式一:输送含水原油	方式二:输送成品油	方式三:加热输送	方式四:掺稀降黏输送
1	优点	超稠油处理站远离油田,移至炼厂附近。投资相对较少	将炼油装置前移到油田,管道直接输送成品油,解决了输送问题	工艺相对成熟、简单	稀释法降黏效果好,工艺操作简单,在国内外应用广泛;运行费用低;工程总投资低;管道停输时,可用柴油或高掺比稠油进行置换,保证管道停输的安全性
2	缺点	含水率高达 70%;输送能耗高;后期污水处理费用高	炼油装置投资最高	输送温度高,能耗大;油品黏度高,事故停输后,易凝管	作为新疆油田第一条稠油掺柴油长距离输送管线,没有现成的运行模式可借鉴;工艺相对传统的热力输送较复杂

输送含水原油、输送成品油和加热输送模式都存在一定缺陷,因此选用掺稀降黏输送模式。

(二)风城稠油掺稀降黏输送工艺

稀释剂筛选:统筹考虑上、中、下游需求,针对风城稠油特点及克石化对终端产品的要求,稀释剂筛选必须满足以下条件:

(1)加入的稀释剂不会影响克石化公司特色产品的加工。

(2)稀释剂可循环利用。

(3)稀释剂与稠油分离工艺简单、可以利用现有炼化工艺和装置进行加工、成本低;稀释剂来自克石化公司现有加工产品。

结合克石化公司建议,确定柴油及 LPG 为超稠油掺混稀释剂,进行实验室进一步筛选。

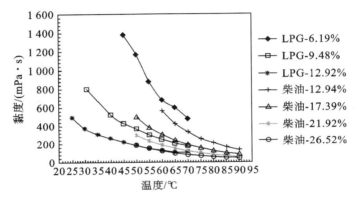

图 7-38　实验室模拟测试 LPG 与柴油对风城稠油降黏效果对比

优点:LPG 降黏效果明显优于柴油,相同的降黏效果时 LPG 可节省 5％～10％掺入量。

缺点:LPG 掺混工艺要求高且影响沥青胶质的稳定性,故选用柴油作稀释剂。

三、管道安全性评价及保障

依据前期的研究成果,设计并建成了风城稠油外输管道,由于管道油源复杂,黏度变化跨度大,任务输量变化大且没有可借鉴的工艺运行管道,因此对管道流动特性进行了分析评价。

目前,风城稠油各区块混油 50℃黏度基本在 30 000 mPa·s 以内,以 50℃黏度在 30 000 mPa·s 油样物性为基础,使用 SPS 软件对该管道特性进行了分析。

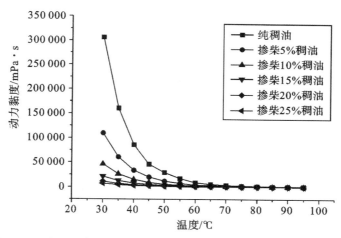

图 7-39　掺柴 5%、10%、15%、20% 和 25% 稠油油样的黏温关系比较

高黏原油管道停输启动失败是一个灾难性的后果，很难补救。风克线停输再启动是一个复杂的瞬态水力和热力过程，室内停输再启动试验成果难以直接在实际操作中应用。比较现实的研究思路是：利用计算机对不同工况的停输再启动过程反复模拟计算，监视管道关键节点的压力、温度变化规律，确定安全停输时间，探索出较合理的停输、置换、再启动操作工艺。

使用 SPS 软件对停输后自启动、停输后置换启动及中间阀室柴油置换停输再启动过程分别进行了模拟，推荐出较安全经济的停输再启动操作方案。

在风克线设计时考虑的再启动方式是，通过与该管线反向平行的柴油管道的阀室，利用柴油顶替部分稠油后再直接启动，设计及现实输送的柴油温度较低（一般 45℃），为了验证设计时建议的启动方式是否可行或在较长停输时间后是否仍然有效。这里提高柴油输送温度至 100℃ 进行启动计算，顶替启动从分输阀室或 3♯阀室处进行，柴油的最大输量为 140 m³/h，热柴油置换后的掺柴稠油启动按 220 m³/h 考虑。

四、稠油输送工艺运行情况

风城稠油外输管道是国内同类稠油距离最长、输量最大、口径最大、输送压力和温度最高的稠油外输管道。该管道采用掺柴热输工艺，设计输量为 500×10⁴ t/a 的输送规模，设计掺柴比为 25%（即完成 400×10⁴ t/a 风城稠油产量的外输任务）。全线共设首、末站各 1 座，站间距 102 km，首站出站温度 95℃，设计压力 8 MPa，稠油外输管道采用 D457×7.1/L450 直缝高频焊钢管，保温层厚度 60 mm，柴油馏分管道 D219′5.2/L290 直缝高频焊钢管，两条管道同沟敷设。

2012 年 5 月—2016 年 6 月期间，风克线累计输送风城超稠油 859 万吨、克乌线累计输送风城超稠油 509 万吨，克石化加工循环使用柴油馏分 135.36 万吨。

2012 年 8 月，1 号稠油联合站投用掺柴油工艺，掺柴油比例为 20%～25% 之间。截至 2014 年 12 月，掺柴油处理稠油液量 2 389.3 万吨，处理油量 337.2 万吨，掺柴油量

70.79 万吨,节约破乳剂用量 1 878 吨。

2013 年 9 月 27 日,2 号稠油联合站投用掺柴油工艺,10 月 20 日正式进液。2013 年 10 月 20 日到 2014 年 12 月 31 日累计处理液量 993 万吨,油量 119.9 万吨,掺柴油总量 26.6 万吨,平均掺柴比例 22.2%,经过计算累计节约正相破乳剂 992.8 吨。

风城稠油外输管道是国内首条长距离、采用柴油馏分稀释热输的高温、高压超稠油管道,解决超稠油长距离输送的难题,实现了一泵到底、全程不加热、稀释剂(柴油)循环使用、解决了稀释剂来源问题。其成功投产运营及管理经验可推广至其他类似稠油区块的开发建设。

风城稠油的安全外输保障了风城超稠油 3.6 亿吨地质储量的经济有效开发,满足下游克石化公司炼制特色石油产品的油源替代需要,实现了中国石油集团公司整体效益最大化。

第四节 基于风险与基于标准的管道安全距离对比分析

一、概述

(1)油气介质易燃易爆,危险性极大,特别是人口密集区的管道,一旦泄漏,引发火灾或爆炸事故可能对周边的人员和财产造成重大威胁;

(2)随着我国经济高速发展,许多在役管道沿线由人口稀少地区逐渐发展成为人口密集地区;

(3)安全距离不足已经成为影响管道及周边人口安全的重要因素。

合理确定管道安全距离,不仅可以减少事故造成的人员和财产损失,还可以为管线的合理设计及土地规划提供依据。

(4)近年来,油气管道设计与运营的安全距离已成为国内外学者及专家讨论的热点,部分学者也开展了管道安全距离的研究。

(5)目前,管道安全距离的确定方法主要有两种:一种是基于法规和标准的管道安全距离确定方法,一种是基于风险的管道安全距离确定方法。

油气管道安全距离既要保障管道安全运行,又要保证管道周边建筑物、构筑物及人员的安全。

二、基于法规和标准的管道安全距离确定方法

(一)国内主要采用基于法规和标准的管道安全距离确定方法

(1)《输油管道工程设计规范》(GB 50253—2014)将输油管道与城镇居民点或重要公共建筑的距离不应小于 5 m。

(2)《输气管道工程设计规范》(GB 50251—2015)规定管道与建(构)筑物的距离不应

小于 5 m。

(二)《石油天然气管道保护法》第三十条

规定:在管道线路中心线两侧各五米范围内,禁止下列危害管道安全的行为:①种植乔木、灌木、藤类、芦苇、竹子或者其他根系深达管道埋设部位可能损坏管道防腐层的深根植物;②取土、采石、用火、堆放重物、排放腐蚀性物质、使用机械工具进行挖掘施工;③挖塘、修渠、修晒场、修建水产养殖场、建温室、建家畜棚圈、建房以及修建其他建筑物、构筑物。

(三)《石油天然气管道保护法》第三十一条

规定:在管道线路中心线两侧建筑物、构筑物与管道线路和管道附属设施的距离应当符合国家技术规范的强制性要求。

国家技术规范的强制性要求的确定,既要保障管道及建筑物、构筑物安全,又要遵循节约用地的原则。

(四)总结

(1)基于法规和标准的管道安全距离多来自事故总结及失效后果的计算,这种确定方法主要优点是便于实际操作。

(2)缺点是所有管道使用统一化的要求,无法体现管道及周边环境的变化,科学性不强,无法针对性的保障管道沿线的安全性。

(3)同时国内涉及安全距离的标准多参考欧美标准,与欧美相比,我国管道特性的外部环境有很大不同。

三、基于风险的管道安全距离确定方法

(一)基于风险的管道安全距离的确定方法

(1)考虑管道失效频率和失效后果,可以体现管道本身特性和外部环境的差异性,比如不同的管道壁厚、埋深、运行压力及周边环境等。

(2)针对性较强,比基于法规和标准确定管道安全距离的方法更加科学合理,但技术也更为复杂。

(3)应用基于风险的安全距离确定方法在欧洲是一种趋势,荷兰、西班牙、英国等都有广泛应用。

(4)基于风险的管道安全距离的确定方法,需要对管道进行定量风险评价,与风险可接受标准进行对比,确定管道安全距离。

(二)管道安全距离的确定

(1)划分不同风险区域:国家安监总局于 2014 年 4 月 22 日提出《危险化学品生产、储存装置个人可接受风险标准和社会可接受风险标准》,此标准针对的是危化行业,但管道行业可以参考使用。

（2）划分不同风险区域：国家安监总局于 2014 年 4 月 22 日提出《危险化学品生产、储存装置个人可接受风险标准和社会可接受风险标准》，此标准针对的是危化行业，但管道行业可以参考使用。

（三）举例

从计算结果可以看出，确定的安全距离值相比现有标准规范给定的值大很多，这主要是由于：管道风险可接受标准参考危化行业确定，对管道行业来讲，可能过于严格；管道为老旧管道，失效频率计算结果较大，导致管道风险值偏大；此外，目前管道设定的两侧 5 m 距离普遍认为保证不了管道周边的人员安全，其设定的初衷只是为了保障管道安全和方便事故后的抢险入场。

（四）需要深入研究和明确的技术问题

（1）管道失效频率计算的不确定性：管道失效频率统计平均值没有统一值，管道历史失效频率的修正主观性较强。

（2）管道失效后果计算时的模型选择：选择不同后果计算模型会影响管道安全距离的精度。

（3）管道风险可接受风险标准的确定：危化行业风险可接受标准较严格。

第五节　延长石油管道公司安全管理双标杆企业管理模式

一、安全管理双标杆企业管理模式的产生背景

（一）习近平总书记关于安全生产重要论述，为管道公司创建安全管理双标杆企业指明了方向

党的十八大以来，党和国家高度重视安全生产，把安全生产作为关乎经济社会发展的头等大事纳入到全面建成小康社会的重要内容中，从严从紧的安全生产监管态势正在形成。习近平总书记也多次论述安全生产工作，提出了安全生产的一系列重要思想。根据习总书记的讲话精神，相关部门制定或修订《中共中央国务院关于推进安全生产领域改革发展的意见》《中华人民共和国安全生产法》《中华人民共和国环境保护法》等重要文件和法规，安全生产法治化水平不断提高，安全生产意识不断强化。习近平总书记的重要思想与相关文件，为管道运输公司创建安全管理双标杆企业指明了方向。

（二）集团公司安全管理新思路为管道公司创建安全管理双标杆企业提供了依据和规范

延长石油集团基于行业的安全特殊性要求与国有企业的使命担当，积极落实新时代安全生产工作新要求。集团贯彻落实"安全生产和生态文明建设必须高于一切、重于一切、先于一切、影响一切"等新要求，为管道运输公司创建安全管理双标杆企业提供了依

据和规范。

(三)新技术、新科技在油气管道行业安全管理中的应用不断普及和深化，大大改变了行业安全管理格局

以智慧管网、管道完整性管理、智能站控平台为代表的先进技术的落地，为管道运输公司创建安全管理双标杆企业提供了技术支撑。

(四)面对新形势与新要求，管道公司也进入了安全管理任务、管理重心、管理难点"三个转变"的新阶段

安全管理任务转变：多年来，管道公司积极响应国家、集团、行业对安全管理的相关要求，目前已形成了以 QHSE 管理、安全标准化、应急管理等为核心的安全制度体系，因此新阶段管道公司安全管理任务从安全制度体系建设向精细化、全周期的本质安全管理转变。安全管理重心转变：自 2016 年开展管道完整性工作以来，管道公司管道安全管理已实现从被动事故处理向事前风险主动预判的转变，管道安全管理水平得到进一步的提升，因此新阶段管道公司安全管理重心从管道安全向全业务、全空间、全人员、全时间、全过程的全方位安全转变。安全管理难点转变：随着智慧管道、大数据、云计算等技术的发展，场站设备已基本实现自动化控制，因设备故障引发安全事故的概率越来越小，因此新阶段管道公司安全管理的难点从人机环管向规范人的安全行为转变。

在上述四个背景下，管道运输公司提出通过内外部先进企业科学立标、安全生产领域严格对标、重点领域积极创标的总体思路，分阶段有重点的落实，为集团公司与全国油气管道企业打造一个新的安全管理标杆企业，为集团公司及全国油气管道行业奉献管道运输公司的安全管理智慧。

二、安全管理双标杆企业管理模式的理论渊源及内涵

标杆管理最早出现于 1979 年，由美国施乐公司首创，又被称为"对标管理""基准管理"，是现代西方发达国家企业管理活动中支持企业不断改进和获得竞争优势的最重要的管理方式之一。

管道公司开展安全管理双标杆企业管理模式的思想来源于标杆管理理论，结合管道公司的安全管理实际进行了发扬和创新，是对管道公司十余年来的安全管理探索与实践经验的高度总结和提炼。该管理模式按照"12345"创标思路开展，即围绕标杆管理一条主线，进行内外部安全管理双创标，近期抓好管道安全、场站安全、应急管理三项重点创标，通过公司、分公司、站队、班组四个层级的创标工作，远期实现管道安全、场站安全、应急管理、生态环境保护、施工安全管理五个方面的全面创标。

本模式的最大亮点是将夯实安全管理基础与安全管理创标相结合、本质型安全企业建设与安全管理创标相结合、安全管理创标与打造管理特色亮点相结合，通过企业内外部科学立标、安全生产领域严格对标、重点领域积极创标，形成具有管道公司特色的延长管道安全文化，以实现建设集团内安全管理标杆与油气管道行业安全管理标杆的目标。

三、创安全管理双标杆企业管理模式的主要做法

(一)安全管理双标杆企业管理模式的立标与对标

1. 安全管理立标

(1)内部标杆,选取榆林炼油厂。榆林炼油厂与管道公司同属延长石油集团下属企业,是集团安全管理工作的先进企业。从集团公司对内部企业安全管理工作的要求上看,两者共性较高,且安全文化基础、安全工作者的经历背景较为相似。

(2)外部标杆,选取国家管网集团北方管道有限责任公司西安输油气分公司。该公司与管道公司同属油气管道行业,所辖管网都地处西部地区,自然地域特征较为相似,两者在业务内容、设备设施、工作流程等方面存在较高的行业共性,因此选取中石油西安输油气分公司作为管道公司安全管理的外部标杆。

2. 对标指标选取、对比与分析

管道公司安全管理从管道安全、场站安全、应急管理、生态环境保护、施工安全管理五个一级指标选取 14 项二级指标、43 项三级指标进行对标。

通过对比分析管道公司与对标企业的指标数据,管道公司管道安全、场站安全、施工安全管理与对标企业具有一定差距,应急管理、生态环境保护与对标企业已处于同一水平。

3. 创标目标确定

管道公司通过分析各项对标指标,确定创标目标。具体创标指标见表 7-6。

表 7-6　管道公司对标指标的解释、对比、选取

一级指标	二级指标	三级指标	指标解释	指标对比			指标选取	
				榆林炼油厂	中石油西安输油气分公司	管道公司	达标值	创标值
管道安全	管道完整性	新建管道完整性管理覆盖率	—	100%		管道安全	100%	100%
		管道内检测率	—	100%	98%		100%	
		地质灾害管控措施覆盖率	—	100%	100%		100%	
		缺陷修复率	100%	—			100%	
		高后果区识别率	—	100%	100%		100%	
		阴极保护覆盖率	—	100%			100%	
	管道运行	管道运输计划完成率	—	100%	100%		100%	
		介质(油品、天然气)泄漏频次	—	0			≤2/0.4 次/(千公里·年)	≤1/0.3 次/(千公里·年)

（续表）

一级指标	二级指标	三级指标	指标解释	指标对比			指标选取	
				榆林炼油厂	中石油西安输油气分公司	管道公司	达标值	创标值
场站安全	事故事件	生产事故数	0	0	0	场站安全	0	0
		险肇事故控制率	100%	100%			100%	
		岗位安全承诺率		100%	100%		100%	
		岗位安全考核率		100%			100%	
		年伤亡人数	0	0			0	0
		风险识别		已开展	已开展		已开展	
		管控措施率		100%			100%	
		公司级隐患整改率	—	—			100%	
		分公司级隐患整改率					100%	
		站队级隐患整改率					100%	
	运行管理	油品、天然气质量合格率	100%	100%	100%		100%	
	职业卫生	职工职业病体检率	100%	100%	100%		100%	
		作业场所职业病危害因素检测次数	1次/年	1次/年			1次/年	
	设备管理	（主要）设备完好率		100%			≥98%	≥99%
		设备静密封泄漏率					≤0.5‰	
		设备动密封泄漏率					≤2‰	
场站安全	教育培训	培训效果合格率	100%	—		场站安全	100%	100%
		场站安全管理人员注册安全工程师配备人数		1			1	1
	非常规作业	履行作业许可	100%	100%			100%	
应急管理	应急响应	应急预案覆盖率	100%	100%	100%	应急管理	100%	
		应急预案演练合规性		按规定频次开展			按规定频次开展	
		预警准确率	—	100%	100%		100%	
		应急物资响应出库时间	7分钟	—			15分钟	10分钟

（续表）

一级指标	二级指标	三级指标	指标解释	指标对比			指标选取	
				榆林炼油厂	中石油西安输油气分公司	管道公司	达标值	创标值
应急管理	应急响应	"第一车物资"平均到达时间	—	30分钟		应急管理	50分钟（遇不可抗力例外）	30分钟（遇不可抗力例外）
		第一批应急人员平均到达时间	—	—			40分钟（遇不可抗力例外）	20分钟（遇不可抗力例外）
		抢修成功率	100%	100%	100%		100%	100%
生态环境保护	环保监测	污染物排放监测率	100%	100%	100%	生态环境保护	100%	
		环保设施完好率		100%			100%	
	环保效果	污染物排放达标率	100%	100%	100%		100%	
		环境污染事件数	0	0	0		0	0
施工安全管理	资格资质	资质审查合格率	100%	100%	100%	施工安全管理	100%	
	现场监护	特殊作业现场监护率	100%	100%			100%	
	施工质量	施工质量合格率	100%	100%	100%		100%	100%
		第三方施工事故数		0	0		0	0
		新建管道无损探伤检测合格率	100%	100%	100%		100%	

（二）管道公司创标的实施

1. 管道安全创标的基本做法

（1）深入推进管道完整性管理：从管道数据收集与整理、高后果区识别、风险评价和完整性评价、管道维护维修工作、体系效能评价等五方面入手推进管道完整性工作。

（2）培养管道完整性管理专业人才：一方面，通过内部选拔、招聘等形式选拔高后果区识别、风险评价、完整性评价、管道修复等管道完整性管理专业人才；另一方面，通过"外培＋内培"的形式，分专业、有重点地对管道完整性管理专业人才队伍进行培训。

（3）推行管道二维码技术：在每个高杆桩上粘贴仅供内部使用的管道二维码，管道公司员工通过扫描可以立即获得管道相关信息，为管道完整性管理、应急抢险等提供数据支持。

（4）推广"3216"巡线管理模式："3"：指三个会议，即每周一次班组集中培训会、每月一次包片会议、每月一次安全生产教育动员；"2"：指巡线工每天巡查线路两次；"1"：指巡线管理员每天必须与巡线工进行一次面对面的检查沟通；"6"：指六防，即防第三方破坏、防打孔盗油、防占压、防恐怖袭击、防自然灾害、防腐蚀穿孔。

（5）开展安全宣传活动：每季度对周边群众开展一次安全宣传，使周边群众了解到管道保护的重要性及管道泄漏会产生的严重后果；在春耕、秋收等村民相对集中的季节，与沿线村委会协调召开村民会议，充分调动沿线群众保护管道的积极性。

2．场站安全创标的基本做法

（1）开展员工"两述两清"活动。

"两述"：岗位描述、手指口述。岗位描述：即员工对自己所从事的岗位性质、职责范围、工作标准、工艺流程、设备性能、技术要求以及操作方法、危险源辨识等内容进行文字描述。手指口述：指在现场工作的过程中，通过心想、眼看、手指、口述的方式，对操作过程中的每一个环节和步骤进行安全确认，只有在对当前操作可能引起和发生的情况确认无误后，方可进行下一步骤操作。

"两清"：工艺流程一图清、一口清。管道公司各场站将本场站所有工艺流程用图进行表示，并对员工进行培训，保证每位员工对本岗位相关的工艺流程能够"一口清"。

（2）推行"三位一体"干部走动式管理。

按照集团公司安全管理工作最新要求，规范管理干部在工作中履职尽责，推动干部作风转变，管道公司以"九定五带十二查"为主要内容，打造检查与监督、服务与鼓励、分享与传授"三位一体"的干部走动式管理：

"九定"：定责任、定次数、定线路、定区域、定重点、定时段、定程序、定考核奖惩标准、定通报讲评。

"五带"：带管理菜单（巡查标准表、巡查记录表）、带走动管理服务卡、带走动教案、带安全星、带问题便签。

"十二查"：查"三违"、查隐患排查与治理、查关键生产装置和重点部位、查现场作业管理、查教育培训、查规程措施落实、查烟火管控、查消防设施完好情况、查"两述"（岗位描述与手指口述）、查高风险区及高后果区识别及管控、查应急管理与事故事件处置、查问题整改情况。

（3）实行"3个一"设备管理。

一签：定位标签。管道公司通过应用定位标签加强对场站人员出入情况的管控，要求进入现场的每位人员都必须佩戴粘贴定位标签的安全帽，利用身份认证系统、定位系统、门禁系统，实时掌握公司员工和外来人员的位置情况、行动路线以及进出关键区域的情况。

一图：设备运行实时状态图。在各场站门口设立设备运行状态图，以场站设备分布图为蓝本，用标签标记各设备的运行状态，以明确场站生产状态。

一平台：场站管理平台。基于场站工艺流程图、平面图、设备信息、各级设备维检修标准等资料，建立场站三维模型，对接场站现有的 SCADA 系统、办公系统等信息系统，搭建场站管理平台。平台包括三维场站控制模块、业务控制模块、设备维检修模块三个功能模块。

3. 应急管理创标的基本做法

（1）组建三支应急队伍。

组建"应急专家队伍、应急抢险队伍、应急志愿队伍"三支应急队伍。

应急专家队伍。管道公司成立了公司专家库，涉及管道应急抢险、自然灾害防治、消防等领域，对管道公司日常安全工作献言献策，指导制定应急处置方案，必要情况下可协助处理突发事故。

应急抢险队伍。管道公司建立了"应急抢险中心＋基层应急队伍"的应急抢险队伍建设。应急抢险中心设置原油、成品油、天然气三支专业维抢修小队，按照国家标准配备相应的焊工、管工、防腐保温工等作业工种人员，负责泄漏管道的维修工作。各站队配备不少于总人数 60% 的兼职应急队伍，主要负责事故发生后的泄漏油品控制、原油回收、确定泄漏点等事故前期救援工作。

应急志愿队伍。同一个行政区域内的所有站队联合组织场站、管线附近的村民及现场第三方施工单位的员工组成该区域应急志愿队伍。每支队伍 15～20 人，主要负责管道安全知识的宣传工作、辅助管道公司员工进行事故处理等。

（2）制定应急处置卡。

各站队按照本站队存在的风险点制定应急处置卡，应急处置卡的内容包括风险处置步骤、相关站内及站外联系电话。

（3）搭建应急抢险信息系统。

利用现代信息技术软件和工具搭建管道公司油气管道事故应急抢险系统。应急抢险系统主要包括应急数据管理、应急救援方案决策支持、应急路径选择、应急资源定位四大模块。

应急数据管理。应急数据库包括应急资源数据、应急预案数据、历史事故数据、历史风险数据、所在地地形图空间数据、管道实体空间数据、道路数据等。

应急救援方案决策支持。针对每个高后果区/高危险区，制定一个应急预案，在应急状态下指导开展应急救援工作。

应急路径选择。事故发生地点、应急救援方案确定后，救援人员、救援车辆、救援物资可通过在系统中输入起点、终点，系统可依据道路数据、地形图空间数据等自动生成最佳应急路线，确保应急资源快速到达现场。

应急资源定位。在装有应急物资、应急设备等应急资源的救援车辆上粘贴定位标签，通过定位标签可实现应急抢险中应急资源的定位、应急资源到达事故现场时间的确定等。

（三）创标层级划分

为落实安全创标工作责任，确保全员参与，管道公司内部推行四级创标。按创标层级进行纵向划分，自上而下分为公司创标、分公司创标、站队创标、班组创标；按创标侧重点进行横向划分，分为公司聚焦一级指标，分公司聚焦二级指标，站队聚焦三级指标，班组聚焦特色做法，从而自下而上推动公司整体安全管理创标目标的实现。

（四）创标申报程序

1. 公司创标

公司创标前，所有 47 个三级指标须全部达标，方可进行安全创标。公司创标时，从管道安全、场站安全、应急管理 3 个一级指标进行安全创标。公司的创标工作，以基层班组、站队、分公司具体工作为依托，推动管道安全、场站安全、应急安全三个一级指标下的创标指标达到创标值。

2. 分公司创标

分公司创标前，需实现与本单位工作相关的三级指标全部达标，方可进行安全创标。分公司二级创标指标所涵盖的三级创标指标达到创标值，即可进行创标成功申报，按照以下程序进行申报：

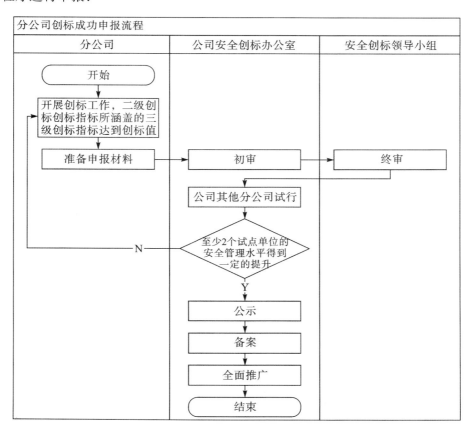

3. 站队创标

站队创标前,至少实现与本单位工作相关的三级指标全部达标,方可进行安全创标。若各站队认为其在某三级指标上具有创标基础,可向所在分公司申请自选的三级创标指标,按照以下程序进行申报:

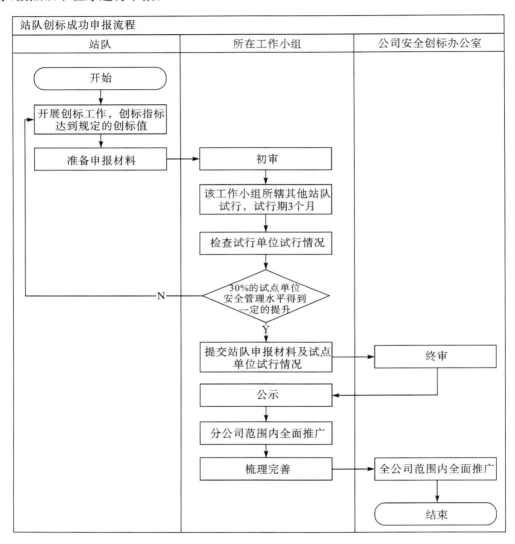

4. 班组创标

班组创标前,至少实现其所在站队的 1 个安全创标三级指标达标,方可进行安全创标。班组创标时,根据其所在站队安全创标三级指标的内容,结合班组实际情况,总结提炼 1～2 个特色做法进行安全创标。若班组人数不足 5 人,则与本站队其他班组组成联合创标班组,共同进行创标。班组的特色做法只要能突显出本班亮点,起到提质增效的作用,即可进行创标成功申报,按照以下程序进行申报:

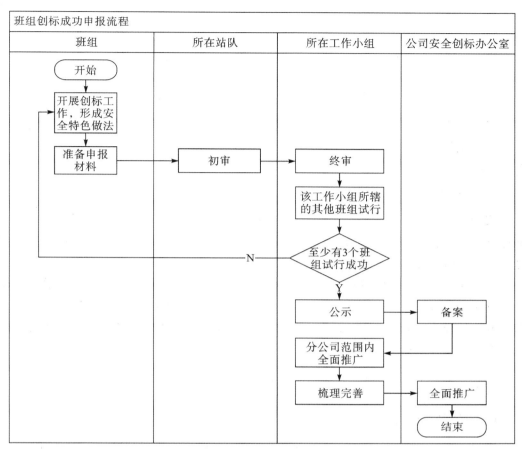

(五)创标工作的支撑保障

1. 组织保障

在管道公司党政领导下成立安全创标领导小组,全面开展安全创标工作。公司总经理任组长,党委书记及其他领导班子成员任副组长,各单位、部门负责人为成员。安全创标领导小组下设办公室,办公室设立在安全环保质监部,安全环保质监部负责人任主任。

安全创标办公室下设 9 个工作小组,推动创标工作的开展。创标工作组织体系如图7-40 所示:

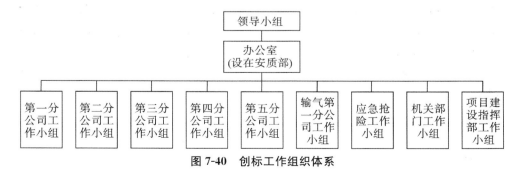

图 7-40 创标工作组织体系

2.过程管控

管道公司安全创标办公室需根据安全创标工作开展需要制定并下发了《创建安全管理双标杆企业推进方案》,督促各工作小组及时下发给责任范围内的站队、部门,确保各项工作及时有效传达至基层。

各工作小组每月需对责任范围内的部门、站队的安全创标工作开展情况进行检查。安全创标工作办公室每季度对各工作小组开展情况进行检查,并纳入安全季度考核中,保障安全创标工作有序推进。

3.加大安全创标奖惩力度

安全管理创标期间开展安全创标评优活动,评选安全创标优秀站队、班组。站队评优标准以三级创标指标完成情况、创标重点工作开展情况、干部走动式管理反馈结果为核心,班组评优标准以班组特色做法、"两述两清"开展情况为核心。

从当年人均安全风险抵押金中提取 15% 作为安全创标工作考核资金,作为分公司安全创标工作年度考核的奖惩资金。安全创标办公室以二级创标指标完成情况、创标重点工作开展情况为核心制定分公司安全创标工作年度考核细则,并于年底根据对各分公司的安全创标工作进行考核打分、排名。

四、安全管理双标杆企业管理的实施效果

(一)"五位一体"管理要求进一步落实

创建安全管理双标杆企业工作开展以来,管道公司"党委引领、行政主导、专业管理、安全监督、人人负责"的"五位一体"总要求得到了进一步落实:

党委引领:创建安全管理双标杆企业开展过程中,党委书记、党委成员和党支部书记落实安全生产工作责任,深入基层,以干部走动式管理现场巡查标准为检查标准,查找隐患并及时督促整改,充分发挥了基层党支部及党员的战斗堡垒作用和先锋模范作用。

行政主导:各级主要负责人、分管领导按照"谁主管谁负责"、"管生产经营必须管安全、管业务必须管安全"的要求,做到示范带头作用,亲手抓安全管理,定期检查、监督分管片区的安全工作。

专业管理:各专业管理部门按照"三个必须"要求,分别肩负起了生产经营安全管理、工程建设安全管理、安全教育培训、群众安全工作、干部作风建设、党员安全示范岗建设等工作,形成了齐抓共管的良好局面。

安全监督:全方位开展各类安全检查工作,将其纳入年度经营考核指标,与单位评优、领导业绩考核和职工绩效挂钩。

人人负责:通过开展"两述两清"、各级安全教育培训及实践,使全员安全意识、安全技术、岗位技能得到显著提升,参与岗位危险因素辨识和处置方案的演练,人人具备辨识风险、处置风险的能力。

(二)完整性管理快速推进

为提升管道本质安全水平,防范管道泄漏安全环保风险,保障集团产业链油气供应安全,管道公司于 2016 年开展完整性管理。近年来,该项工作深入推进,建立了适用于管道公司特点的集团内首部完整性管理企业标准《管道完整性管理技术手册》,开发了完整性数据管理系统、管道风险评价系统和管道完整性评价系统,建立了适用于延长石油管道特点的数据采集整合标准,完善了公司建设期管道数据采集工作,辨识高后果区 171处,完成管道风险评价,管道全面检验累计 1 800 余千米,修复缺陷 1 605 处,有效防范化解了油气管道泄漏风险。

(三)安全生产新技术推广应用

近年来,许多安全生产新技术在管道公司得到了推广应用,在保障安全生产运行、隐患排查和治理、防范化解重大风险、提升本质安全管理水平等方面提供了有力的保证。一是重大危险源场站设置鹰眼监控系统,实现了对全厂区及储油罐顶 360°、24 小时不间断监控。二是场站设置周界报警系统,严控外人进入场站。三是设置无人机反制系统,防止无人机入侵。四是设置储罐主动安全防护系统,实时监控储罐二次密封圈内的油气浓度和氧气浓度,自动进行充氮保护。五是采用无人机巡护管道,克服了道路交通管制、雨雪天气后等不利条件下的线路巡护工作。六是在易发生地质灾害地段设置地质灾害应力监测系统,对地质变化进行实时监控。

(四)安全文化体系基本形成

通过开展安全管理双标杆企业创建工作,管道公司在总结安全特色做法和经验的基础上,结合国家安全环保理念、集团公司"五位一体"安全环保工作思路,提炼出以安全文化命名及释义、企业简介、企业历史、安全管理理念、安全管理行为、安全管理特色、安全管理经验、安全管理成果、安全管理故事、安全管理展望为主要内容的安全文化手册,并顺利通过企业管理专家评审,于 2020 年 10 月印发各单位进行学习、宣传、贯彻。2020年 11 月,管道公司安全文化手册荣获中国文化管理协会"第七届最美企业之声"优秀代言作品。

(五)标杆引领带动作用初步显现

通过开展安全管理双标杆企业创建工作,管道公司上上下下工作、学习的热情和积极性高涨。

"两述两清"方面,岗位人员对所从事的岗位性质、职责范围、工作标准、工艺流程、设备性能、技术要求、操作方法、危险源辨识等内容进行编写,由少到多,由易到难。目前岗位描述 3 000 字以上已达 1 482 人,占岗位操作人员 71.74%,高于集团公司 2021 年底60% 以上的达标要求。通过开展形式多样的竞赛活动 8 场,形成了你追我赶、争先创优的良好氛围。

学习培训方面,近两年管道公司有 34 名员工通过国家注册安全工程师资格考试,现有注册安全工程师 104 人,占安全管理人员 24.76%,高于《安全生产法》中配备 15% 的要求。

(六)安全管理水平显著提高

截至 2022 年 7 月底,管道公司连续安全运行 2 100 余天,2019 年荣获集团公司先进单位,五个分公司通过了安全生产标准化二级达标认证。管道公司已完成认证标杆班组 14 个,标杆场站 8 个,分公司层面推广特色做法 12 项。今年年底将完成标杆分公司创建、认证工作。在达标创标一系列政策鼓舞下,管道公司安全管理水平进一步提升,安全管理长效机制正逐步完善。

附录1 中华人民共和国安全生产法

（2002 年 6 月 29 日第九届全国人民代表大会常务委员会第二十八次会议通过 根据 2009 年 8 月 27 日第十一届全国人民代表大会常务委员会第十次会议《关于修改部分法律的决定》第一次修正 根据 2014 年 8 月 31 日第十二届全国人民代表大会常务委员会第十次会议《关于修改〈中华人民共和国安全生产法〉的决定》第二次修正 根据 2021 年 6 月 10 日第十三届全国人民代表大会常务委员会第二十九次会议《关于修改〈中华人民共和国安全生产法〉的决定》第三次修正）

目 录

第一章 总 则

第一条 为了加强安全生产工作,防止和减少生产安全事故,保障人民群众生命和财产安全,促进经济社会持续健康发展,制定本法。

第二条 在中华人民共和国领域内从事生产经营活动的单位(以下统称生产经营单位)的安全生产,适用本法;有关法律、行政法规对消防安全和道路交通安全、铁路交通安全、水上交通安全、民用航空安全以及核与辐射安全、特种设备安全另有规定的,适用其规定。

第三条 安全生产工作坚持中国共产党的领导。

安全生产工作应当以人为本,坚持人民至上、生命至上,把保护人民生命安全摆在首位,树牢安全发展理念,坚持安全第一、预防为主、综合治理的方针,从源头上防范化解重大安全风险。

安全生产工作实行管行业必须管安全、管业务必须管安全、管生产经营必须管安全,强化和落实生产经营单位主体责任与政府监管责任,建立生产经营单位负责、职工参与、政府监管、行业自律和社会监督的机制。

第四条 生产经营单位必须遵守本法和其他有关安全生产的法律、法规,加强安全生产管理,建立健全全员安全生产责任制和安全生产规章制度,加大对安全生产资金、物资、技术、人员的投入保障力度,改善安全生产条件,加强安全生产标准化、信息化建设,构建安全风险分级管控和隐患排查治理双重预防机制,健全风险防范化解机制,提高安全生产水平,确保安全生产。

平台经济等新兴行业、领域的生产经营单位应当根据本行业、领域的特点,建立健全并落实全员安全生产责任制,加强从业人员安全生产教育和培训,履行本法和其他法律、法规规定的有关安全生产义务。

第五条 生产经营单位的主要负责人是本单位安全生产第一责任人,对本单位的安全生产工作全面负责。其他负责人对职责范围内的安全生产工作负责。

第六条 生产经营单位的从业人员有依法获得安全生产保障的权利,并应当依法履行安全生产方面的义务。

第七条 工会依法对安全生产工作进行监督。

生产经营单位的工会依法组织职工参加本单位安全生产工作的民主管理和民主监督,维护职工在安全生产方面的合法权益。生产经营单位制定或者修改有关安全生产的规章制度,应当听取工会的意见。

第八条 国务院和县级以上地方各级人民政府应当根据国民经济和社会发展规划制定安全生产规划,并组织实施。安全生产规划应当与国土空间规划等相关规划相衔接。

各级人民政府应当加强安全生产基础设施建设和安全生产监管能力建设,所需经费列入本级预算。

县级以上地方各级人民政府应当组织有关部门建立完善安全风险评估与论证机制,按照安全风险管控要求,进行产业规划和空间布局,并对位置相邻、行业相近、业态相似的生产经营单位实施重大安全风险联防联控。

第九条 国务院和县级以上地方各级人民政府应当加强对安全生产工作的领导,建立健全安全生产工作协调机制,支持、督促各有关部门依法履行安全生产监督管理职责,及时协调、解决安全生产监督管理中存在的重大问题。

乡镇人民政府和街道办事处,以及开发区、工业园区、港区、风景区等应当明确负责安全生产监督管理的有关工作机构及其职责,加强安全生产监管力量建设,按照职责对本行政区域或者管理区域内生产经营单位安全生产状况进行监督检查,协助人民政府有关部门或者按照授权依法履行安全生产监督管理职责。

第十条 国务院应急管理部门依照本法，对全国安全生产工作实施综合监督管理；县级以上地方各级人民政府应急管理部门依照本法，对本行政区域内安全生产工作实施综合监督管理。

国务院交通运输、住房和城乡建设、水利、民航等有关部门依照本法和其他有关法律、行政法规的规定，在各自的职责范围内对有关行业、领域的安全生产工作实施监督管理；县级以上地方各级人民政府有关部门依照本法和其他有关法律、法规的规定，在各自的职责范围内对有关行业、领域的安全生产工作实施监督管理。对新兴行业、领域的安全生产监督管理职责不明确的，由县级以上地方各级人民政府按照业务相近的原则确定监督管理部门。

应急管理部门和对有关行业、领域的安全生产工作实施监督管理的部门，统称负有安全生产监督管理职责的部门。负有安全生产监督管理职责的部门应当相互配合、齐抓共管、信息共享、资源共用，依法加强安全生产监督管理工作。

第十一条 国务院有关部门应当按照保障安全生产的要求，依法及时制定有关的国家标准或者行业标准，并根据科技进步和经济发展适时修订。

生产经营单位必须执行依法制定的保障安全生产的国家标准或者行业标准。

第十二条 国务院有关部门按照职责分工负责安全生产强制性国家标准的项目提出、组织起草、征求意见、技术审查。国务院应急管理部门统筹提出安全生产强制性国家标准的立项计划。国务院标准化行政主管部门负责安全生产强制性国家标准的立项、编号、对外通报和授权批准发布工作。国务院标准化行政主管部门、有关部门依据法定职责对安全生产强制性国家标准的实施进行监督检查。

第十三条 各级人民政府及其有关部门应当采取多种形式，加强对有关安全生产的法律、法规和安全生产知识的宣传，增强全社会的安全生产意识。

第十四条 有关协会组织依照法律、行政法规和章程，为生产经营单位提供安全生产方面的信息、培训等服务，发挥自律作用，促进生产经营单位加强安全生产管理。

第十五条 依法设立的为安全生产提供技术、管理服务的机构，依照法律、行政法规和执业准则，接受生产经营单位的委托为其安全生产工作提供技术、管理服务。

生产经营单位委托前款规定的机构提供安全生产技术、管理服务的，保证安全生产的责任仍由本单位负责。

第十六条 国家实行生产安全事故责任追究制度，依照本法和有关法律、法规的规定，追究生产安全事故责任单位和责任人员的法律责任。

第十七条 县级以上各级人民政府应当组织负有安全生产监督管理职责的部门依法编制安全生产权力和责任清单，公开并接受社会监督。

第十八条 国家鼓励和支持安全生产科学技术研究和安全生产先进技术的推广应用，提高安全生产水平。

第十九条 国家对在改善安全生产条件、防止生产安全事故、参加抢险救护等方面取得显著成绩的单位和个人，给予奖励。

第二章　生产经营单位的安全生产保障

第二十条　生产经营单位应当具备本法和有关法律、行政法规和国家标准或者行业标准规定的安全生产条件；不具备安全生产条件的，不得从事生产经营活动。

第二十一条　生产经营单位的主要负责人对本单位安全生产工作负有下列职责：

（一）建立健全并落实本单位全员安全生产责任制，加强安全生产标准化建设；

（二）组织制定并实施本单位安全生产规章制度和操作规程；

（三）组织制定并实施本单位安全生产教育和培训计划；

（四）保证本单位安全生产投入的有效实施；

（五）组织建立并落实安全风险分级管控和隐患排查治理双重预防工作机制，督促、检查本单位的安全生产工作，及时消除生产安全事故隐患；

（六）组织制定并实施本单位的生产安全事故应急救援预案；

（七）及时、如实报告生产安全事故。

第二十二条　生产经营单位的全员安全生产责任制应当明确各岗位的责任人员、责任范围和考核标准等内容。

生产经营单位应当建立相应的机制，加强对全员安全生产责任制落实情况的监督考核，保证全员安全生产责任制的落实。

第二十三条　生产经营单位应当具备的安全生产条件所必需的资金投入，由生产经营单位的决策机构、主要负责人或者个人经营的投资人予以保证，并对由于安全生产所必需的资金投入不足导致的后果承担责任。

有关生产经营单位应当按照规定提取和使用安全生产费用，专门用于改善安全生产条件。安全生产费用在成本中据实列支。安全生产费用提取、使用和监督管理的具体办法由国务院财政部门会同国务院应急管理部门征求国务院有关部门意见后制定。

第二十四条　矿山、金属冶炼、建筑施工、运输单位和危险物品的生产、经营、储存、装卸单位，应当设置安全生产管理机构或者配备专职安全生产管理人员。

前款规定以外的其他生产经营单位，从业人员超过一百人的，应当设置安全生产管理机构或者配备专职安全生产管理人员；从业人员在一百人以下的，应当配备专职或者兼职的安全生产管理人员。

第二十五条　生产经营单位的安全生产管理机构以及安全生产管理人员履行下列职责：

（一）组织或者参与拟订本单位安全生产规章制度、操作规程和生产安全事故应急救援预案；

（二）组织或者参与本单位安全生产教育和培训，如实记录安全生产教育和培训情况；

（三）组织开展危险源辨识和评估，督促落实本单位重大危险源的安全管理措施；

（四）组织或者参与本单位应急救援演练；

（五）检查本单位的安全生产状况，及时排查生产安全事故隐患，提出改进安全生产管理的建议；

（六）制止和纠正违章指挥、强令冒险作业、违反操作规程的行为；

（七）督促落实本单位安全生产整改措施。

生产经营单位可以设置专职安全生产分管负责人，协助本单位主要负责人履行安全生产管理职责。

第二十六条　生产经营单位的安全生产管理机构以及安全生产管理人员应当恪尽职守，依法履行职责。

生产经营单位作出涉及安全生产的经营决策，应当听取安全生产管理机构以及安全生产管理人员的意见。

生产经营单位不得因安全生产管理人员依法履行职责而降低其工资、福利等待遇或者解除与其订立的劳动合同。

危险物品的生产、储存单位以及矿山、金属冶炼单位的安全生产管理人员的任免，应当告知主管的负有安全生产监督管理职责的部门。

第二十七条　生产经营单位的主要负责人和安全生产管理人员必须具备与本单位所从事的生产经营活动相应的安全生产知识和管理能力。

危险物品的生产、经营、储存、装卸单位以及矿山、金属冶炼、建筑施工、运输单位的主要负责人和安全生产管理人员，应当由主管的负有安全生产监督管理职责的部门对其安全生产知识和管理能力考核合格。考核不得收费。

危险物品的生产、储存、装卸单位以及矿山、金属冶炼单位应当有注册安全工程师从事安全生产管理工作。鼓励其他生产经营单位聘用注册安全工程师从事安全生产管理工作。注册安全工程师按专业分类管理，具体办法由国务院人力资源和社会保障部门、国务院应急管理部门会同国务院有关部门制定。

第二十八条　生产经营单位应当对从业人员进行安全生产教育和培训，保证从业人员具备必要的安全生产知识，熟悉有关的安全生产规章制度和安全操作规程，掌握本岗位的安全操作技能，了解事故应急处理措施，知悉自身在安全生产方面的权利和义务。未经安全生产教育和培训合格的从业人员，不得上岗作业。

生产经营单位使用被派遣劳动者的，应当将被派遣劳动者纳入本单位从业人员统一管理，对被派遣劳动者进行岗位安全操作规程和安全操作技能的教育和培训。劳务派遣单位应当对被派遣劳动者进行必要的安全生产教育和培训。

生产经营单位接收中等职业学校、高等学校学生实习的，应当对实习学生进行相应的安全生产教育和培训，提供必要的劳动防护用品。学校应当协助生产经营单位对实习学生进行安全生产教育和培训。

生产经营单位应当建立安全生产教育和培训档案，如实记录安全生产教育和培训的时间、内容、参加人员以及考核结果等情况。

第二十九条　生产经营单位采用新工艺、新技术、新材料或者使用新设备，必须了解、掌握其安全技术特性，采取有效的安全防护措施，并对从业人员进行专门的安全生产教育和培训。

第三十条　生产经营单位的特种作业人员必须按照国家有关规定经专门的安全作业培训，取得相应资格，方可上岗作业。

特种作业人员的范围由国务院应急管理部门会同国务院有关部门确定。

第三十一条　生产经营单位新建、改建、扩建工程项目（以下统称建设项目）的安全设施，必须与主体工程同时设计、同时施工、同时投入生产和使用。安全设施投资应当纳入建设项目概算。

第三十二条　矿山、金属冶炼建设项目和用于生产、储存、装卸危险物品的建设项目，应当按照国家有关规定进行安全评价。

第三十三条　建设项目安全设施的设计人、设计单位应当对安全设施设计负责。

矿山、金属冶炼建设项目和用于生产、储存、装卸危险物品的建设项目的安全设施设计应当按照国家有关规定报经有关部门审查，审查部门及其负责审查的人员对审查结果负责。

第三十四条　矿山、金属冶炼建设项目和用于生产、储存、装卸危险物品的建设项目的施工单位必须按照批准的安全设施设计施工，并对安全设施的工程质量负责。

矿山、金属冶炼建设项目和用于生产、储存、装卸危险物品的建设项目竣工投入生产或者使用前，应当由建设单位负责组织对安全设施进行验收；验收合格后，方可投入生产和使用。负有安全生产监督管理职责的部门应当加强对建设单位验收活动和验收结果的监督核查。

第三十五条　生产经营单位应当在有较大危险因素的生产经营场所和有关设施、设备上，设置明显的安全警示标志。

第三十六条　安全设备的设计、制造、安装、使用、检测、维修、改造和报废，应当符合国家标准或者行业标准。

生产经营单位必须对安全设备进行经常性维护、保养，并定期检测，保证正常运转。维护、保养、检测应当作好记录，并由有关人员签字。

生产经营单位不得关闭、破坏直接关系生产安全的监控、报警、防护、救生设备、设施，或者篡改、隐瞒、销毁其相关数据、信息。

餐饮等行业的生产经营单位使用燃气的，应当安装可燃气体报警装置，并保障其正常使用。

第三十七条　生产经营单位使用的危险物品的容器、运输工具，以及涉及人身安全、危险性较大的海洋石油开采特种设备和矿山井下特种设备，必须按照国家有关规定，由专业生产单位生产，并经具有专业资质的检测、检验机构检测、检验合格，取得安全使用证或者安全标志，方可投入使用。检测、检验机构对检测、检验结果负责。

第三十八条　国家对严重危及生产安全的工艺、设备实行淘汰制度，具体目录由国务院应急管理部门会同国务院有关部门制定并公布。法律、行政法规对目录的制定另有规定的,适用其规定。

省、自治区、直辖市人民政府可以根据本地区实际情况制定并公布具体目录,对前款规定以外的危及生产安全的工艺、设备予以淘汰。

生产经营单位不得使用应当淘汰的危及生产安全的工艺、设备。

第三十九条　生产、经营、运输、储存、使用危险物品或者处置废弃危险物品的,由有关主管部门依照有关法律、法规的规定和国家标准或者行业标准审批并实施监督管理。

生产经营单位生产、经营、运输、储存、使用危险物品或者处置废弃危险物品,必须执行有关法律、法规和国家标准或者行业标准,建立专门的安全管理制度,采取可靠的安全措施,接受有关主管部门依法实施的监督管理。

第四十条　生产经营单位对重大危险源应当登记建档,进行定期检测、评估、监控,并制定应急预案,告知从业人员和相关人员在紧急情况下应当采取的应急措施。

生产经营单位应当按照国家有关规定将本单位重大危险源及有关安全措施、应急措施报有关地方人民政府应急管理部门和有关部门备案。有关地方人民政府应急管理部门和有关部门应当通过相关信息系统实现信息共享。

第四十一条　生产经营单位应当建立安全风险分级管控制度,按照安全风险分级采取相应的管控措施。

生产经营单位应当建立健全并落实生产安全事故隐患排查治理制度,采取技术、管理措施,及时发现并消除事故隐患。事故隐患排查治理情况应当如实记录,并通过职工大会或者职工代表大会、信息公示栏等方式向从业人员通报。其中,重大事故隐患排查治理情况应当及时向负有安全生产监督管理职责的部门和职工大会或者职工代表大会报告。

县级以上地方各级人民政府负有安全生产监督管理职责的部门应当将重大事故隐患纳入相关信息系统,建立健全重大事故隐患治理督办制度,督促生产经营单位消除重大事故隐患。

第四十二条　生产、经营、储存、使用危险物品的车间、商店、仓库不得与员工宿舍在同一座建筑物内,并应当与员工宿舍保持安全距离。

生产经营场所和员工宿舍应当设有符合紧急疏散要求、标志明显、保持畅通的出口、疏散通道。禁止占用、锁闭、封堵生产经营场所或者员工宿舍的出口、疏散通道。

第四十三条　生产经营单位进行爆破、吊装、动火、临时用电以及国务院应急管理部门会同国务院有关部门规定的其他危险作业,应当安排专门人员进行现场安全管理,确保操作规程的遵守和安全措施的落实。

第四十四条　生产经营单位应当教育和督促从业人员严格执行本单位的安全生产规章制度和安全操作规程;并向从业人员如实告知作业场所和工作岗位存在的危险因素、防范措施以及事故应急措施。

生产经营单位应当关注从业人员的身体、心理状况和行为习惯,加强对从业人员的心理疏导、精神慰藉,严格落实岗位安全生产责任,防范从业人员行为异常导致事故发生。

第四十五条 生产经营单位必须为从业人员提供符合国家标准或者行业标准的劳动防护用品，并监督、教育从业人员按照使用规则佩戴、使用。

第四十六条 生产经营单位的安全生产管理人员应当根据本单位的生产经营特点，对安全生产状况进行经常性检查；对检查中发现的安全问题，应当立即处理；不能处理的，应当及时报告本单位有关负责人，有关负责人应当及时处理。检查及处理情况应当如实记录在案。

生产经营单位的安全生产管理人员在检查中发现重大事故隐患，依照前款规定向本单位有关负责人报告，有关负责人不及时处理的，安全生产管理人员可以向主管的负有安全生产监督管理职责的部门报告，接到报告的部门应当依法及时处理。

第四十七条 生产经营单位应当安排用于配备劳动防护用品、进行安全生产培训的经费。

第四十八条 两个以上生产经营单位在同一作业区域内进行生产经营活动，可能危及对方生产安全的，应当签订安全生产管理协议，明确各自的安全生产管理职责和应当采取的安全措施，并指定专职安全生产管理人员进行安全检查与协调。

第四十九条 生产经营单位不得将生产经营项目、场所、设备发包或者出租给不具备安全生产条件或者相应资质的单位或者个人。

生产经营项目、场所发包或者出租给其他单位的，生产经营单位应当与承包单位、承租单位签订专门的安全生产管理协议，或者在承包合同、租赁合同中约定各自的安全生产管理职责；生产经营单位对承包单位、承租单位的安全生产工作统一协调、管理，定期进行安全检查，发现安全问题的，应当及时督促整改。

矿山、金属冶炼建设项目和用于生产、储存、装卸危险物品的建设项目的施工单位应当加强对施工项目的安全管理，不得倒卖、出租、出借、挂靠或者以其他形式非法转让施工资质，不得将其承包的全部建设工程转包给第三人或者将其承包的全部建设工程支解以后以分包的名义分别转包给第三人，不得将工程分包给不具备相应资质条件的单位。

第五十条 生产经营单位发生生产安全事故时，单位的主要负责人应当立即组织抢救，并不得在事故调查处理期间擅离职守。

第五十一条 生产经营单位必须依法参加工伤保险，为从业人员缴纳保险费。

国家鼓励生产经营单位投保安全生产责任保险；属于国家规定的高危行业、领域的生产经营单位，应当投保安全生产责任保险。具体范围和实施办法由国务院应急管理部门会同国务院财政部门、国务院保险监督管理机构和相关行业主管部门制定。

第三章　从业人员的安全生产权利义务

第五十二条 生产经营单位与从业人员订立的劳动合同，应当载明有关保障从业人员劳动安全、防止职业危害的事项，以及依法为从业人员办理工伤保险的事项。

生产经营单位不得以任何形式与从业人员订立协议，免除或者减轻其对从业人员因生产安全事故伤亡依法应承担的责任。

第五十三条 生产经营单位的从业人员有权了解其作业场所和工作岗位存在的危险因素、防范措施及事故应急措施,有权对本单位的安全生产工作提出建议。

第五十四条 从业人员有权对本单位安全生产工作中存在的问题提出批评、检举、控告;有权拒绝违章指挥和强令冒险作业。

生产经营单位不得因从业人员对本单位安全生产工作提出批评、检举、控告或者拒绝违章指挥、强令冒险作业而降低其工资、福利等待遇或者解除与其订立的劳动合同。

第五十五条 从业人员发现直接危及人身安全的紧急情况时,有权停止作业或者在采取可能的应急措施后撤离作业场所。

生产经营单位不得因从业人员在前款紧急情况下停止作业或者采取紧急撤离措施而降低其工资、福利等待遇或者解除与其订立的劳动合同。

第五十六条 生产经营单位发生生产安全事故后,应当及时采取措施救治有关人员。

因生产安全事故受到损害的从业人员,除依法享有工伤保险外,依照有关民事法律尚有获得赔偿的权利的,有权提出赔偿要求。

第五十七条 从业人员在作业过程中,应当严格落实岗位安全责任,遵守本单位的安全生产规章制度和操作规程,服从管理,正确佩戴和使用劳动防护用品。

第五十八条 从业人员应当接受安全生产教育和培训,掌握本职工作所需的安全生产知识,提高安全生产技能,增强事故预防和应急处理能力。

第五十九条 从业人员发现事故隐患或者其他不安全因素,应当立即向现场安全生产管理人员或者本单位负责人报告;接到报告的人员应当及时予以处理。

第六十条 工会有权对建设项目的安全设施与主体工程同时设计、同时施工、同时投入生产和使用进行监督,提出意见。

工会对生产经营单位违反安全生产法律、法规,侵犯从业人员合法权益的行为,有权要求纠正;发现生产经营单位违章指挥、强令冒险作业或者发现事故隐患时,有权提出解决的建议,生产经营单位应当及时研究答复;发现危及从业人员生命安全的情况时,有权向生产经营单位建议组织从业人员撤离危险场所,生产经营单位必须立即作出处理。

工会有权依法参加事故调查,向有关部门提出处理意见,并要求追究有关人员的责任。

第六十一条 生产经营单位使用被派遣劳动者的,被派遣劳动者享有本法规定的从业人员的权利,并应当履行本法规定的从业人员的义务。

第四章 安全生产的监督管理

第六十二条 县级以上地方各级人民政府应当根据本行政区域内的安全生产状况,组织有关部门按照职责分工,对本行政区域内容易发生重大生产安全事故的生产经营单位进行严格检查。

应急管理部门应当按照分类分级监督管理的要求,制定安全生产年度监督检查计划,并按照年度监督检查计划进行监督检查,发现事故隐患,应当及时处理。

第六十三条 负有安全生产监督管理职责的部门依照有关法律、法规的规定,对涉及安全生产的事项需要审查批准(包括批准、核准、许可、注册、认证、颁发证照等,下同)或者验收的,必须严格依照有关法律、法规和国家标准或者行业标准规定的安全生产条件和程序进行审查;不符合有关法律、法规和国家标准或者行业标准规定的安全生产条件的,不得批准或者验收通过。对未依法取得批准或者验收合格的单位擅自从事有关活动的,负责行政审批的部门发现或者接到举报后应当立即予以取缔,并依法予以处理。对已经依法取得批准的单位,负责行政审批的部门发现其不再具备安全生产条件的,应当撤销原批准。

第六十四条 负有安全生产监督管理职责的部门对涉及安全生产的事项进行审查、验收,不得收取费用;不得要求接受审查、验收的单位购买其指定品牌或者指定生产、销售单位的安全设备、器材或者其他产品。

第六十五条 应急管理部门和其他负有安全生产监督管理职责的部门依法开展安全生产行政执法工作,对生产经营单位执行有关安全生产的法律、法规和国家标准或者行业标准的情况进行监督检查,行使以下职权:

(一)进入生产经营单位进行检查,调阅有关资料,向有关单位和人员了解情况;

(二)对检查中发现的安全生产违法行为,当场予以纠正或者要求限期改正;对依法应当给予行政处罚的行为,依照本法和其他有关法律、行政法规的规定作出行政处罚决定;

(三)对检查中发现的事故隐患,应当责令立即排除;重大事故隐患排除前或者排除过程中无法保证安全的,应当责令从危险区域内撤出作业人员,责令暂时停产停业或者停止使用相关设施、设备;重大事故隐患排除后,经审查同意,方可恢复生产经营和使用;

(四)对有根据认为不符合保障安全生产的国家标准或者行业标准的设施、设备、器材以及违法生产、储存、使用、经营、运输的危险物品予以查封或者扣押,对违法生产、储存、使用、经营危险物品的作业场所予以查封,并依法作出处理决定。

监督检查不得影响被检查单位的正常生产经营活动。

第六十六条 生产经营单位对负有安全生产监督管理职责的部门的监督检查人员(以下统称安全生产监督检查人员)依法履行监督检查职责,应当予以配合,不得拒绝、阻挠。

第六十七条 安全生产监督检查人员应当忠于职守,坚持原则,秉公执法。

安全生产监督检查人员执行监督检查任务时,必须出示有效的行政执法证件;对涉及被检查单位的技术秘密和业务秘密,应当为其保密。

第六十八条 安全生产监督检查人员应当将检查的时间、地点、内容、发现的问题及其处理情况,作出书面记录,并由检查人员和被检查单位的负责人签字;被检查单位的负责人拒绝签字的,检查人员应当将情况记录在案,并向负有安全生产监督管理职责的部门报告。

第六十九条　负有安全生产监督管理职责的部门在监督检查中,应当互相配合,实行联合检查;确需分别进行检查的,应当互通情况,发现存在的安全问题应当由其他有关部门进行处理的,应当及时移送其他有关部门并形成记录备查,接受移送的部门应当及时进行处理。

第七十条　负有安全生产监督管理职责的部门依法对存在重大事故隐患的生产经营单位作出停产停业、停止施工、停止使用相关设施或者设备的决定,生产经营单位应当依法执行,及时消除事故隐患。生产经营单位拒不执行,有发生生产安全事故的现实危险的,在保证安全的前提下,经本部门主要负责人批准,负有安全生产监督管理职责的部门可以采取通知有关单位停止供电、停止供应民用爆炸物品等措施,强制生产经营单位履行决定。通知应当采用书面形式,有关单位应当予以配合。

负有安全生产监督管理职责的部门依照前款规定采取停止供电措施,除有危及生产安全的紧急情形外,应当提前二十四小时通知生产经营单位。生产经营单位依法履行行政决定、采取相应措施消除事故隐患的,负有安全生产监督管理职责的部门应当及时解除前款规定的措施。

第七十一条　监察机关依照监察法的规定,对负有安全生产监督管理职责的部门及其工作人员履行安全生产监督管理职责实施监察。

第七十二条　承担安全评价、认证、检测、检验职责的机构应当具备国家规定的资质条件,并对其作出的安全评价、认证、检测、检验结果的合法性、真实性负责。资质条件由国务院应急管理部门会同国务院有关部门制定。

承担安全评价、认证、检测、检验职责的机构应当建立并实施服务公开和报告公开制度,不得租借资质、挂靠、出具虚假报告。

第七十三条　负有安全生产监督管理职责的部门应当建立举报制度,公开举报电话、信箱或者电子邮件地址等网络举报平台,受理有关安全生产的举报;受理的举报事项经调查核实后,应当形成书面材料;需要落实整改措施的,报经有关负责人签字并督促落实。对不属于本部门职责,需要由其他有关部门进行调查处理的,转交其他有关部门处理。

涉及人员死亡的举报事项,应当由县级以上人民政府组织核查处理。

第七十四条　任何单位或者个人对事故隐患或者安全生产违法行为,均有权向负有安全生产监督管理职责的部门报告或者举报。

因安全生产违法行为造成重大事故隐患或者导致重大事故,致使国家利益或者社会公共利益受到侵害的,人民检察院可以根据民事诉讼法、行政诉讼法的相关规定提起公益诉讼。

第七十五条　居民委员会、村民委员会发现其所在区域内的生产经营单位存在事故隐患或者安全生产违法行为时,应当向当地人民政府或者有关部门报告。

第七十六条　县级以上各级人民政府及其有关部门对报告重大事故隐患或者举报

安全生产违法行为的有功人员,给予奖励。具体奖励办法由国务院应急管理部门会同国务院财政部门制定。

第七十七条 新闻、出版、广播、电影、电视等单位有进行安全生产公益宣传教育的义务,有对违反安全生产法律、法规的行为进行舆论监督的权利。

第七十八条 负有安全生产监督管理职责的部门应当建立安全生产违法行为信息库,如实记录生产经营单位及其有关从业人员的安全生产违法行为信息;对违法行为情节严重的生产经营单位及其有关从业人员,应当及时向社会公告,并通报行业主管部门、投资主管部门、自然资源主管部门、生态环境主管部门、证券监督管理机构以及有关金融机构。有关部门和机构应当对存在失信行为的生产经营单位及其有关从业人员采取加大执法检查频次、暂停项目审批、上调有关保险费率、行业或者职业禁入等联合惩戒措施,并向社会公示。

负有安全生产监督管理职责的部门应当加强对生产经营单位行政处罚信息的及时归集、共享、应用和公开,对生产经营单位作出处罚决定后七个工作日内在监督管理部门公示系统予以公开曝光,强化对违法失信生产经营单位及其有关从业人员的社会监督,提高全社会安全生产诚信水平。

第五章 生产安全事故的应急救援与调查处理

第七十九条 国家加强生产安全事故应急能力建设,在重点行业、领域建立应急救援基地和应急救援队伍,并由国家安全生产应急救援机构统一协调指挥;鼓励生产经营单位和其他社会力量建立应急救援队伍,配备相应的应急救援装备和物资,提高应急救援的专业化水平。

国务院应急管理部门牵头建立全国统一的生产安全事故应急救援信息系统,国务院交通运输、住房和城乡建设、水利、民航等有关部门和县级以上地方人民政府建立健全相关行业、领域、地区的生产安全事故应急救援信息系统,实现互联互通、信息共享,通过推行网上安全信息采集、安全监管和监测预警,提升监管的精准化、智能化水平。

第八十条 县级以上地方各级人民政府应当组织有关部门制定本行政区域内生产安全事故应急救援预案,建立应急救援体系。

乡镇人民政府和街道办事处,以及开发区、工业园区、港区、风景区等应当制定相应的生产安全事故应急救援预案,协助人民政府有关部门或者按照授权依法履行生产安全事故应急救援工作职责。

第八十一条 生产经营单位应当制定本单位生产安全事故应急救援预案,与所在地县级以上地方人民政府组织制定的生产安全事故应急救援预案相衔接,并定期组织演练。

第八十二条 危险物品的生产、经营、储存单位以及矿山、金属冶炼、城市轨道交通运营、建筑施工单位应当建立应急救援组织;生产经营规模较小的,可以不建立应急救援组织,但应当指定兼职的应急救援人员。

危险物品的生产、经营、储存、运输单位以及矿山、金属冶炼、城市轨道交通运营、建筑施工单位应当配备必要的应急救援器材、设备和物资，并进行经常性维护、保养，保证正常运转。

第八十三条　生产经营单位发生生产安全事故后，事故现场有关人员应当立即报告本单位负责人。

单位负责人接到事故报告后，应当迅速采取有效措施，组织抢救，防止事故扩大，减少人员伤亡和财产损失，并按照国家有关规定立即如实报告当地负有安全生产监督管理职责的部门，不得隐瞒不报、谎报或者迟报，不得故意破坏事故现场、毁灭有关证据。

第八十四条　负有安全生产监督管理职责的部门接到事故报告后，应当立即按照国家有关规定上报事故情况。负有安全生产监督管理职责的部门和有关地方人民政府对事故情况不得隐瞒不报、谎报或者迟报。

第八十五条　有关地方人民政府和负有安全生产监督管理职责的部门的负责人接到生产安全事故报告后，应当按照生产安全事故应急救援预案的要求立即赶到事故现场，组织事故抢救。

参与事故抢救的部门和单位应当服从统一指挥，加强协同联动，采取有效的应急救援措施，并根据事故救援的需要采取警戒、疏散等措施，防止事故扩大和次生灾害的发生，减少人员伤亡和财产损失。

事故抢救过程中应当采取必要措施，避免或者减少对环境造成的危害。

任何单位和个人都应当支持、配合事故抢救，并提供一切便利条件。

第八十六条　事故调查处理应当按照科学严谨、依法依规、实事求是、注重实效的原则，及时、准确地查清事故原因，查明事故性质和责任，评估应急处置工作，总结事故教训，提出整改措施，并对事故责任单位和人员提出处理建议。事故调查报告应当依法及时向社会公布。事故调查和处理的具体办法由国务院制定。

事故发生单位应当及时全面落实整改措施，负有安全生产监督管理职责的部门应当加强监督检查。

负责事故调查处理的国务院有关部门和地方人民政府应当在批复事故调查报告后一年内，组织有关部门对事故整改和防范措施落实情况进行评估，并及时向社会公开评估结果；对不履行职责导致事故整改和防范措施没有落实的有关单位和人员，应当按照有关规定追究责任。

第八十七条　生产经营单位发生生产安全事故，经调查确定为责任事故的，除了应当查明事故单位的责任并依法予以追究外，还应当查明对安全生产的有关事项负有审查批准和监督职责的行政部门的责任，对有失职、渎职行为的，依照本法第九十条的规定追究法律责任。

第八十八条　任何单位和个人不得阻挠和干涉对事故的依法调查处理。

第八十九条　县级以上地方各级人民政府应急管理部门应当定期统计分析本行政区域内发生生产安全事故的情况，并定期向社会公布。

第六章　法律责任

第九十条　负有安全生产监督管理职责的部门的工作人员,有下列行为之一的,给予降级或者撤职的处分;构成犯罪的,依照刑法有关规定追究刑事责任:

(一)对不符合法定安全生产条件的涉及安全生产的事项予以批准或者验收通过的;

(二)发现未依法取得批准、验收的单位擅自从事有关活动或者接到举报后不予取缔或者不依法予以处理的;

(三)对已经依法取得批准的单位不履行监督管理职责,发现其不再具备安全生产条件而不撤销原批准或者发现安全生产违法行为不予查处的;

(四)在监督检查中发现重大事故隐患,不依法及时处理的。

负有安全生产监督管理职责的部门的工作人员有前款规定以外的滥用职权、玩忽职守、徇私舞弊行为的,依法给予处分;构成犯罪的,依照刑法有关规定追究刑事责任。

第九十一条　负有安全生产监督管理职责的部门,要求被审查、验收的单位购买其指定的安全设备、器材或者其他产品的,在对安全生产事项的审查、验收中收取费用的,由其上级机关或者监察机关责令改正,责令退还收取的费用;情节严重的,对直接负责的主管人员和其他直接责任人员依法给予处分。

第九十二条　承担安全评价、认证、检测、检验职责的机构出具失实报告的,责令停业整顿,并处三万元以上十万元以下的罚款;给他人造成损害的,依法承担赔偿责任。

承担安全评价、认证、检测、检验职责的机构租借资质、挂靠、出具虚假报告的,没收违法所得;违法所得在十万元以上的,并处违法所得二倍以上五倍以下的罚款,没有违法所得或者违法所得不足十万元的,单处或者并处十万元以上二十万元以下的罚款;对其直接负责的主管人员和其他直接责任人员处五万元以上十万元以下的罚款;给他人造成损害的,与生产经营单位承担连带赔偿责任;构成犯罪的,依照刑法有关规定追究刑事责任。

对有前款违法行为的机构及其直接责任人员,吊销其相应资质和资格,五年内不得从事安全评价、认证、检测、检验等工作;情节严重的,实行终身行业和职业禁入。

第九十三条　生产经营单位的决策机构、主要负责人或者个人经营的投资人不依照本法规定保证安全生产所必需的资金投入,致使生产经营单位不具备安全生产条件的,责令限期改正,提供必需的资金;逾期未改正的,责令生产经营单位停产停业整顿。

有前款违法行为,导致发生生产安全事故的,对生产经营单位的主要负责人给予撤职处分,对个人经营的投资人处二万元以上二十万元以下的罚款;构成犯罪的,依照刑法有关规定追究刑事责任。

第九十四条　生产经营单位的主要负责人未履行本法规定的安全生产管理职责的,责令限期改正,处二万元以上五万元以下的罚款;逾期未改正的,处五万元以上十万元以下的罚款,责令生产经营单位停产停业整顿。

生产经营单位的主要负责人有前款违法行为,导致发生生产安全事故的,给予撤职处分;构成犯罪的,依照刑法有关规定追究刑事责任。

生产经营单位的主要负责人依照前款规定受刑事处罚或者撤职处分的,自刑罚执行完毕或者受处分之日起,五年内不得担任任何生产经营单位的主要负责人;对重大、特别重大生产安全事故负有责任的,终身不得担任本行业生产经营单位的主要负责人。

第九十五条　生产经营单位的主要负责人未履行本法规定的安全生产管理职责,导致发生生产安全事故的,由应急管理部门依照下列规定处以罚款:

(一)发生一般事故的,处上一年年收入百分之四十的罚款;

(二)发生较大事故的,处上一年年收入百分之六十的罚款;

(三)发生重大事故的,处上一年年收入百分之八十的罚款;

(四)发生特别重大事故的,处上一年年收入百分之一百的罚款。

第九十六条　生产经营单位的其他负责人和安全生产管理人员未履行本法规定的安全生产管理职责的,责令限期改正,处一万元以上三万元以下的罚款;导致发生生产安全事故的,暂停或者吊销其与安全生产有关的资格,并处上一年年收入百分之二十以上百分之五十以下的罚款;构成犯罪的,依照刑法有关规定追究刑事责任。

第九十七条　生产经营单位有下列行为之一的,责令限期改正,处十万元以下的罚款;逾期未改正的,责令停产停业整顿,并处十万元以上二十万元以下的罚款,对其直接负责的主管人员和其他直接责任人员处二万元以上五万元以下的罚款:

(一)未按照规定设置安全生产管理机构或者配备安全生产管理人员、注册安全工程师的;

(二)危险物品的生产、经营、储存、装卸单位以及矿山、金属冶炼、建筑施工、运输单位的主要负责人和安全生产管理人员未按照规定经考核合格的;

(三)未按照规定对从业人员、被派遣劳动者、实习学生进行安全生产教育和培训,或者未按照规定如实告知有关的安全生产事项的;

(四)未如实记录安全生产教育和培训情况的;

(五)未将事故隐患排查治理情况如实记录或者未向从业人员通报的;

(六)未按照规定制定生产安全事故应急救援预案或者未定期组织演练的;

(七)特种作业人员未按照规定经专门的安全作业培训并取得相应资格,上岗作业的。

第九十八条　生产经营单位有下列行为之一的,责令停止建设或者停产停业整顿,限期改正,并处十万元以上五十万元以下的罚款,对其直接负责的主管人员和其他直接责任人员处二万元以上五万元以下的罚款;逾期未改正的,处五十万元以上一百万元以下的罚款,对其直接负责的主管人员和其他直接责任人员处五万元以上十万元以下的罚款;构成犯罪的,依照刑法有关规定追究刑事责任:

(一)未按照规定对矿山、金属冶炼建设项目或者用于生产、储存、装卸危险物品的建设项目进行安全评价的;

(二)矿山、金属冶炼建设项目或者用于生产、储存、装卸危险物品的建设项目没有安全设施设计或者安全设施设计未按照规定报经有关部门审查同意的；

（三）矿山、金属冶炼建设项目或者用于生产、储存、装卸危险物品的建设项目的施工单位未按照批准的安全设施设计施工的；

（四）矿山、金属冶炼建设项目或者用于生产、储存、装卸危险物品的建设项目竣工投入生产或者使用前，安全设施未经验收合格的。

第九十九条 生产经营单位有下列行为之一的，责令限期改正，处五万元以下的罚款；逾期未改正的，处五万元以上二十万元以下的罚款，对其直接负责的主管人员和其他直接责任人员处一万元以上二万元以下的罚款；情节严重的，责令停产停业整顿；构成犯罪的，依照刑法有关规定追究刑事责任：

（一）未在有较大危险因素的生产经营场所和有关设施、设备上设置明显的安全警示标志的；

（二）安全设备的安装、使用、检测、改造和报废不符合国家标准或者行业标准的；

（三）未对安全设备进行经常性维护、保养和定期检测的；

（四）关闭、破坏直接关系生产安全的监控、报警、防护、救生设备、设施，或者篡改、隐瞒、销毁其相关数据、信息的；

（五）未为从业人员提供符合国家标准或者行业标准的劳动防护用品的；

（六）危险物品的容器、运输工具，以及涉及人身安全、危险性较大的海洋石油开采特种设备和矿山井下特种设备未经具有专业资质的机构检测、检验合格，取得安全使用证或者安全标志，投入使用的；

（七）使用应当淘汰的危及生产安全的工艺、设备的；

（八）餐饮等行业的生产经营单位使用燃气未安装可燃气体报警装置的。

第一百条 未经依法批准，擅自生产、经营、运输、储存、使用危险物品或者处置废弃危险物品的，依照有关危险物品安全管理的法律、行政法规的规定予以处罚；构成犯罪的，依照刑法有关规定追究刑事责任。

第一百零一条 生产经营单位有下列行为之一的，责令限期改正，处十万元以下的罚款；逾期未改正的，责令停产停业整顿，并处十万元以上二十万元以下的罚款，对其直接负责的主管人员和其他直接责任人员处二万元以上五万元以下的罚款；构成犯罪的，依照刑法有关规定追究刑事责任：

（一）生产、经营、运输、储存、使用危险物品或者处置废弃危险物品，未建立专门安全管理制度、未采取可靠的安全措施的；

（二）对重大危险源未登记建档，未进行定期检测、评估、监控，未制定应急预案，或者未告知应急措施的；

（三）进行爆破、吊装、动火、临时用电以及国务院应急管理部门会同国务院有关部门规定的其他危险作业，未安排专门人员进行现场安全管理的；

（四）未建立安全风险分级管控制度或者未按照安全风险分级采取相应管控措施的；

（五）未建立事故隐患排查治理制度，或者重大事故隐患排查治理情况未按照规定报告的。

第一百零二条 生产经营单位未采取措施消除事故隐患的,责令立即消除或者限期消除,处五万元以下的罚款;生产经营单位拒不执行的,责令停产停业整顿,对其直接负责的主管人员和其他直接责任人员处五万元以上十万元以下的罚款;构成犯罪的,依照刑法有关规定追究刑事责任。

第一百零三条 生产经营单位将生产经营项目、场所、设备发包或者出租给不具备安全生产条件或者相应资质的单位或者个人的,责令限期改正,没收违法所得;违法所得十万元以上的,并处违法所得二倍以上五倍以下的罚款;没有违法所得或者违法所得不足十万元的,单处或者并处十万元以上二十万元以下的罚款;对其直接负责的主管人员和其他直接责任人员处一万元以上二万元以下的罚款;导致发生生产安全事故给他人造成损害的,与承包方、承租方承担连带赔偿责任。

生产经营单位未与承包单位、承租单位签订专门的安全生产管理协议或者未在承包合同、租赁合同中明确各自的安全生产管理职责,或者未对承包单位、承租单位的安全生产统一协调、管理的,责令限期改正,处五万元以下的罚款,对其直接负责的主管人员和其他直接责任人员处一万元以下的罚款;逾期未改正的,责令停产停业整顿。

矿山、金属冶炼建设项目和用于生产、储存、装卸危险物品的建设项目的施工单位未按照规定对施工项目进行安全管理的,责令限期改正,处十万元以下的罚款,对其直接负责的主管人员和其他直接责任人员处二万元以下的罚款;逾期未改正的,责令停产停业整顿。以上施工单位倒卖、出租、出借、挂靠或者以其他形式非法转让施工资质的,责令停产停业整顿,吊销资质证书,没收违法所得;违法所得十万元以上的,并处违法所得二倍以上五倍以下的罚款,没有违法所得或者违法所得不足十万元的,单处或者并处十万元以上二十万元以下的罚款;对其直接负责的主管人员和其他直接责任人员处五万元以上十万元以下的罚款;构成犯罪的,依照刑法有关规定追究刑事责任。

第一百零四条 两个以上生产经营单位在同一作业区域内进行可能危及对方安全生产的生产经营活动,未签订安全生产管理协议或者未指定专职安全生产管理人员进行安全检查与协调的,责令限期改正,处五万元以下的罚款,对其直接负责的主管人员和其他直接责任人员处一万元以下的罚款;逾期未改正的,责令停产停业。

第一百零五条 生产经营单位有下列行为之一的,责令限期改正,处五万元以下的罚款,对其直接负责的主管人员和其他直接责任人员处一万元以下的罚款;逾期未改正的,责令停产停业整顿;构成犯罪的,依照刑法有关规定追究刑事责任:

(一)生产、经营、储存、使用危险物品的车间、商店、仓库与员工宿舍在同一座建筑内,或者与员工宿舍的距离不符合安全要求的;

(二)生产经营场所和员工宿舍未设有符合紧急疏散需要、标志明显、保持畅通的出口、疏散通道,或者占用、锁闭、封堵生产经营场所或者员工宿舍出口、疏散通道的。

第一百零六条 生产经营单位与从业人员订立协议,免除或者减轻其对从业人员因生产安全事故伤亡依法应承担的责任的,该协议无效;对生产经营单位的主要负责人、个人经营的投资人处二万元以上十万元以下的罚款。

第一百零七条 生产经营单位的从业人员不落实岗位安全责任,不服从管理,违反安全生产规章制度或者操作规程的,由生产经营单位给予批评教育,依照有关规章制度给予处分;构成犯罪的,依照刑法有关规定追究刑事责任。

第一百零八条 违反本法规定,生产经营单位拒绝、阻碍负有安全生产监督管理职责的部门依法实施监督检查的,责令改正;拒不改正的,处二万元以上二十万元以下的罚款;对其直接负责的主管人员和其他直接责任人员处一万元以上二万元以下的罚款;构成犯罪的,依照刑法有关规定追究刑事责任。

第一百零九条 高危行业、领域的生产经营单位未按照国家规定投保安全生产责任保险的,责令限期改正,处五万元以上十万元以下的罚款;逾期未改正的,处十万元以上二十万元以下的罚款。

第一百一十条 生产经营单位的主要负责人在本单位发生生产安全事故时,不立即组织抢救或者在事故调查处理期间擅离职守或者逃匿的,给予降级、撤职的处分,并由应急管理部门处上一年年收入百分之六十至百分之一百的罚款;对逃匿的处十五日以下拘留;构成犯罪的,依照刑法有关规定追究刑事责任。

生产经营单位的主要负责人对生产安全事故隐瞒不报、谎报或者迟报的,依照前款规定处罚。

第一百一十一条 有关地方人民政府、负有安全生产监督管理职责的部门,对生产安全事故隐瞒不报、谎报或者迟报的,对直接负责的主管人员和其他直接责任人员依法给予处分;构成犯罪的,依照刑法有关规定追究刑事责任。

第一百一十二条 生产经营单位违反本法规定,被责令改正且受到罚款处罚,拒不改正的,负有安全生产监督管理职责的部门可以自作出责令改正之日的次日起,按照原处罚数额按日连续处罚。

第一百一十三条 生产经营单位存在下列情形之一的,负有安全生产监督管理职责的部门应当提请地方人民政府予以关闭,有关部门应当依法吊销其有关证照。生产经营单位主要负责人五年内不得担任任何生产经营单位的主要负责人;情节严重的,终身不得担任本行业生产经营单位的主要负责人:

(一)存在重大事故隐患,一百八十日内三次或者一年内四次受到本法规定的行政处罚的;

(二)经停产停业整顿,仍不具备法律、行政法规和国家标准或者行业标准规定的安全生产条件的;

(三)不具备法律、行政法规和国家标准或者行业标准规定的安全生产条件,导致发生重大、特别重大生产安全事故的;

(四)拒不执行负有安全生产监督管理职责的部门作出的停产停业整顿决定的。

第一百一十四条 发生生产安全事故,对负有责任的生产经营单位除要求其依法承担相应的赔偿等责任外,由应急管理部门依照下列规定处以罚款:

（一）发生一般事故的，处三十万元以上一百万元以下的罚款；

（二）发生较大事故的，处一百万元以上二百万元以下的罚款；

（三）发生重大事故的，处二百万元以上一千万元以下的罚款；

（四）发生特别重大事故的，处一千万元以上二千万元以下的罚款。

发生生产安全事故，情节特别严重、影响特别恶劣的，应急管理部门可以按照前款罚款数额的二倍以上五倍以下对负有责任的生产经营单位处以罚款。

第一百一十五条　本法规定的行政处罚，由应急管理部门和其他负有安全生产监督管理职责的部门按照职责分工决定；其中，根据本法第九十五条、第一百一十条、第一百一十四条的规定应当给予民航、铁路、电力行业的生产经营单位及其主要负责人行政处罚的，也可以由主管的负有安全生产监督管理职责的部门进行处罚。予以关闭的行政处罚，由负有安全生产监督管理职责的部门报请县级以上人民政府按照国务院规定的权限决定；给予拘留的行政处罚，由公安机关依照治安管理处罚的规定决定。

第一百一十六条　生产经营单位发生生产安全事故造成人员伤亡、他人财产损失的，应当依法承担赔偿责任；拒不承担或者其负责人逃匿的，由人民法院依法强制执行。

生产安全事故的责任人未依法承担赔偿责任，经人民法院依法采取执行措施后，仍不能对受害人给予足额赔偿的，应当继续履行赔偿义务；受害人发现责任人有其他财产的，可以随时请求人民法院执行。

第七章　附　则

第一百一十七条　本法下列用语的含义：

危险物品，是指易燃易爆物品、危险化学品、放射性物品等能够危及人身安全和财产安全的物品。

重大危险源，是指长期地或者临时地生产、搬运、使用或者储存危险物品，且危险物品的数量等于或者超过临界量的单元（包括场所和设施）。

第一百一十八条　本法规定的生产安全一般事故、较大事故、重大事故、特别重大事故的划分标准由国务院规定。

国务院应急管理部门和其他负有安全生产监督管理职责的部门应当根据各自的职责分工，制定相关行业、领域重大危险源的辨识标准和重大事故隐患的判定标准。

第一百一十九条　本法自 2002 年 11 月 1 日起施行。

附录 2 中华人民共和国石油天然气管道保护法

中华人民共和国主席令(第 30 号)《中华人民共和国石油天然气管道保护法》已由中华人民共和国第十一届全国人民代表大会常务委员会第十五次会议于 2010 年 6 月 25 日通过,现予公布,自 2010 年 10 月 1 日起施行。

第一章 总 则

第一条 为了保护石油、天然气管道,保障石油、天然气输送安全,维护国家能源安全和公共安全,制定本法。

第二条 中华人民共和国境内输送石油、天然气的管道的保护,适用本法。

城镇燃气管道和炼油、化工等企业厂区内管道的保护,不适用本法。

第三条 本法所称石油包括原油和成品油,所称天然气包括天然气、煤层气和煤制气。

本法所称管道包括管道及管道附属设施。

第四条 国务院能源主管部门依照本法规定主管全国管道保护工作,负责组织编制并实施全国管道发展规划,统筹协调全国管道发展规划与其他专项规划的衔接,协调跨省、自治区、直辖市管道保护的重大问题。国务院其他有关部门依照有关法律、行政法规的规定,在各自职责范围内负责管道保护的相关工作。

第五条 省、自治区、直辖市人民政府能源主管部门和设区的市级、县级人民政府指定的部门,依照本法规定主管本行政区域的管道保护工作,协调处理本行政区域管道保护的重大问题,指导、监督有关单位履行管道保护义务,依法查处危害管道安全的违法行为。县级以上地方人民政府其他有关部门依照有关法律、行政法规的规定,在各自职责范围内负责管道保护的相关工作。

省、自治区、直辖市人民政府能源主管部门和设区的市级、县级人民政府指定的部门,统称县级以上地方人民政府主管管道保护工作的部门。

第六条 县级以上地方人民政府应当加强对本行政区域管道保护工作的领导,督促、检查有关部门依法履行管道保护职责,组织排除管道的重大外部安全隐患。

第七条 管道企业应当遵守本法和有关规划、建设、安全生产、质量监督、环境保护等法律、行政法规,执行国家技术规范的强制性要求,建立、健全本企业有关管道保护的规章制度和操作规程并组织实施,宣传管道安全与保护知识,履行管道保护义务,接受人民政府及其有关部门依法实施的监督,保障管道安全运行。

第八条 任何单位和个人不得实施危害管道安全的行为。

对危害管道安全的行为,任何单位和个人有权向县级以上地方人民政府主管管道保护工作的部门或者其他有关部门举报。接到举报的部门应当在职责范围内及时处理。

第九条 国家鼓励和促进管道保护新技术的研究开发和推广应用。

第二章 管道规划与建设

第十条 管道的规划、建设应当符合管道保护的要求,遵循安全、环保、节约用地和经济合理的原则。

第十一条 国务院能源主管部门根据国民经济和社会发展的需要组织编制全国管道发展规划。组织编制全国管道发展规划应当征求国务院有关部门以及有关省、自治区、直辖市人民政府的意见。

全国管道发展规划应当符合国家能源规划,并与土地利用总体规划、城乡规划以及矿产资源、环境保护、水利、铁路、公路、航道、港口、电信等规划相协调。

第十二条 管道企业应当根据全国管道发展规划编制管道建设规划,并将管道建设规划确定的管道建设选线方案报送拟建管道所在地县级以上地方人民政府城乡规划主管部门审核;经审核符合城乡规划的,应当依法纳入当地城乡规划。

纳入城乡规划的管道建设用地,不得擅自改变用途。

第十三条 管道建设的选线应当避开地震活动断层和容易发生洪灾、地质灾害的区域,与建筑物、构筑物、铁路、公路、航道、港口、市政设施、军事设施、电缆、光缆等保持本法和有关法律、行政法规以及国家技术规范的强制性要求规定的保护距离。

新建管道通过的区域受地理条件限制,不能满足前款规定的管道保护要求的,管道企业应当提出防护方案,经管道保护方面的专家评审论证,并经管道所在地县级以上地方人民政府主管管道保护工作的部门批准后,方可建设。

管道建设项目应当依法进行环境影响评价。

第十四条 管道建设使用土地,依照《中华人民共和国土地管理法》等法律、行政法规的规定执行。

依法建设的管道通过集体所有的土地或者他人取得使用权的国有土地,影响土地使用的,管道企业应当按照管道建设时土地的用途给予补偿。

第十五条 依照法律和国务院的规定,取得行政许可或者已报送备案并符合开工条件的管道项目的建设,任何单位和个人不得阻碍。

第十六条 管道建设应当遵守法律、行政法规有关建设工程质量管理的规定。

管道企业应当依照有关法律、行政法规的规定,选择具备相应资质的勘察、设计、施工、工程监理单位进行管道建设。

管道的安全保护设施应当与管道主体工程同时设计、同时施工、同时投入使用。

管道建设使用的管道产品及其附件的质量,应当符合国家技术规范的强制性要求。

第十七条　穿跨越水利工程、防洪设施、河道、航道、铁路、公路、港口、电力设施、通信设施、市政设施的管道的建设,应当遵守本法和有关法律、行政法规,执行国家技术规范的强制性要求。

第十八条　管道企业应当按照国家技术规范的强制性要求在管道沿线设置管道标志。管道标志毁损或者安全警示不清的,管道企业应当及时修复或者更新。

第十九条　管道建成后应当按照国家有关规定进行竣工验收。竣工验收应当审查管道是否符合本法规定的管道保护要求,经验收合格方可正式交付使用。

第二十条　管道企业应当自管道竣工验收合格之日起六十日内,将竣工测量图报管道所在地县级以上地方人民政府主管管道保护工作的部门备案;县级以上地方人民政府主管管道保护工作的部门应当将管道企业报送的管道竣工测量图分送本级人民政府规划、建设、国土资源、铁路、交通、水利、公安、安全生产监督管理等部门和有关军事机关。

第二十一条　地方各级人民政府编制、调整土地利用总体规划和城乡规划,需要管道改建、搬迁或者增加防护设施的,应当与管道企业协商确定补偿方案。

第三章　管道运行中的保护

第二十二条　管道企业应当建立、健全管道巡护制度,配备专门人员对管道线路进行日常巡护。管道巡护人员发现危害管道安全的情形或者隐患,应当按照规定及时处理和报告。

第二十三条　管道企业应当定期对管道进行检测、维修,确保其处于良好状态;对管道安全风险较大的区段和场所应当进行重点监测,采取有效措施防止管道事故的发生。

对不符合安全使用条件的管道,管道企业应当及时更新、改造或者停止使用。

第二十四条　管道企业应当配备管道保护所必需的人员和技术装备,研究开发和使用先进适用的管道保护技术,保证管道保护所必需的经费投入,并对在管道保护中做出突出贡献的单位和个人给予奖励。

第二十五条　管道企业发现管道存在安全隐患,应当及时排除。对管道存在的外部安全隐患,管道企业自身排除确有困难的,应当向县级以上地方人民政府主管管道保护工作的部门报告。接到报告的主管管道保护工作的部门应当及时协调排除或者报请人民政府及时组织排除安全隐患。

第二十六条　管道企业依法取得使用权的土地,任何单位和个人不得侵占。

为合理利用土地,在保障管道安全的条件下,管道企业可以与有关单位、个人约定,同意有关单位、个人种植浅根农作物。但是,因管道巡护、检测、维修造成的农作物损失,除另有约定外,管道企业不予赔偿。

第二十七条　管道企业对管道进行巡护、检测、维修等作业,管道沿线的有关单位、个人应当给予必要的便利。

因管道巡护、检测、维修等作业给土地使用权人或者其他单位、个人造成损失的,管道企业应当依法给予赔偿。

第二十八条　禁止下列危害管道安全的行为：

（一）擅自开启、关闭管道阀门；

（二）采用移动、切割、打孔、砸撬、拆卸等手段损坏管道；

（三）移动、毁损、涂改管道标志；

（四）在埋地管道上方巡查便道上行驶重型车辆；

（五）在地面管道线路、架空管道线路和管桥上行走或者放置重物。

第二十九条　禁止在本法第五十八条第一项所列管道附属设施的上方架设电力线路、通信线路或者在储气库构造区域范围内进行工程挖掘、工程钻探、采矿。

第三十条　在管道线路中心线两侧各五米地域范围内，禁止下列危害管道安全的行为：

（一）种植乔木、灌木、藤类、芦苇、竹子或者其他根系深达管道埋设部位可能损坏管道防腐层的深根植物；

（二）取土、采石、用火、堆放重物、排放腐蚀性物质、使用机械工具进行挖掘施工；

（三）挖塘、修渠、修晒场、修建水产养殖场、建温室、建家畜棚圈、建房以及修建其他建筑物、构筑物。

第三十一条　在管道线路中心线两侧和本法第五十八条第一项所列管道附属设施周边修建下列建筑物、构筑物的，建筑物、构筑物与管道线路和管道附属设施的距离应当符合国家技术规范的强制性要求：

（一）居民小区、学校、医院、娱乐场所、车站、商场等人口密集的建筑物；

（二）变电站、加油站、加气站、储油罐、储气罐等易燃易爆物品的生产、经营、存储场所。

前款规定的国家技术规范的强制性要求，应当按照保障管道及建筑物、构筑物安全和节约用地的原则确定。

第三十二条　在穿越河流的管道线路中心线两侧各五百米地域范围内，禁止抛锚、拖锚、挖砂、挖泥、采石、水下爆破。但是，在保障管道安全的条件下，为防洪和航道通畅而进行的养护疏浚作业除外。

第三十三条　在管道专用隧道中心线两侧各一千米地域范围内，除本条第二款规定的情形外，禁止采石、采矿、爆破。

在前款规定的地域范围内，因修建铁路、公路、水利工程等公共工程，确需实施采石、爆破作业的，应当经管道所在地县级人民政府主管管道保护工作的部门批准，并采取必要的安全防护措施，方可实施。

第三十四条　未经管道企业同意，其他单位不得使用管道专用伴行道路、管道水工防护设施、管道专用隧道等管道附属设施。

第三十五条　进行下列施工作业，施工单位应当向管道所在地县级人民政府主管管道保护工作的部门提出申请：

（一）穿跨越管道的施工作业；

（二）在管道线路中心线两侧各五米至五十米和本法第五十八条第一项所列管道附属设施周边一百米地域范围内，新建、改建、扩建铁路、公路、河渠，架设电力线路，埋设地下电缆、光缆，设置安全接地体、避雷接地体；

（三）在管道线路中心线两侧各二百米和本法第五十八条第一项所列管道附属设施周边五百米地域范围内，进行爆破、地震法勘探或者工程挖掘、工程钻探、采矿。

县级人民政府主管管道保护工作的部门接到申请后，应当组织施工单位与管道企业协商确定施工作业方案，并签订安全防护协议；协商不成的，主管管道保护工作的部门应当组织进行安全评审，作出是否批准作业的决定。

第三十六条 申请进行本法第三十三条第二款、第三十五条规定的施工作业，应当符合下列条件：

（一）具有符合管道安全和公共安全要求的施工作业方案；

（二）已制定事故应急预案；

（三）施工作业人员具备管道保护知识；

（四）具有保障安全施工作业的设备、设施。

第三十七条 进行本法第三十三条第二款、第三十五条规定的施工作业，应当在开工七日前书面通知管道企业。管道企业应当指派专门人员到现场进行管道保护安全指导。

第三十八条 管道企业在紧急情况下进行管道抢修作业，可以先行使用他人土地或者设施，但应当及时告知土地或者设施的所有权人或者使用权人。给土地或者设施的所有权人或者使用权人造成损失的，管道企业应当依法给予赔偿。

第三十九条 管道企业应当制定本企业管道事故应急预案，并报管道所在地县级人民政府主管管道保护工作的部门备案；配备抢险救援人员和设备，并定期进行管道事故应急救援演练。

发生管道事故，管道企业应当立即启动本企业管道事故应急预案，按照规定及时通报可能受到事故危害的单位和居民，采取有效措施消除或者减轻事故危害，并依照有关事故调查处理的法律、行政法规的规定，向事故发生地县级人民政府主管管道保护工作的部门、安全生产监督管理部门和其他有关部门报告。

接到报告的主管管道保护工作的部门应当按照规定及时上报事故情况，并根据管道事故的实际情况组织采取事故处置措施或者报请人民政府及时启动本行政区域管道事故应急预案，组织进行事故应急处置与救援。

第四十条 管道泄漏的石油和因管道抢修排放的石油造成环境污染的，管道企业应当及时治理。因第三人的行为致使管道泄漏造成环境污染的，管道企业有权向第三人追偿治理费用。

环境污染损害的赔偿责任，适用《中华人民共和国侵权责任法》和防治环境污染的法律的有关规定。

第四十一条 管道泄漏的石油和因管道抢修排放的石油，由管道企业回收、处理，任何单位和个人不得侵占、盗窃、哄抢。

第四十二条　管道停止运行、封存、报废的,管道企业应当采取必要的安全防护措施,并报县级以上地方人民政府主管管道保护工作的部门备案。

第四十三条　管道重点保护部位,需要由中国人民武装警察部队负责守卫的,依照《中华人民共和国人民武装警察法》和国务院、中央军事委员会的有关规定执行。

第四章　管道建设工程与其他建设工程相遇关系的处理

第四十四条　管道建设工程与其他建设工程的相遇关系,依照法律的规定处理;法律没有规定的,由建设工程双方按照下列原则协商处理,并为对方提供必要的便利:

(一)后开工的建设工程服从先开工或者已建成的建设工程;

(二)同时开工的建设工程,后批准的建设工程服从先批准的建设工程。

依照前款规定,后开工或者后批准的建设工程,应当符合先开工、已建成或者先批准的建设工程的安全防护要求;需要先开工、已建成或者先批准的建设工程改建、搬迁或者增加防护设施的,后开工或者后批准的建设工程一方应当承担由此增加的费用。

管道建设工程与其他建设工程相遇的,建设工程双方应当协商确定施工作业方案并签订安全防护协议,指派专门人员现场监督、指导对方施工。

第四十五条　经依法批准的管道建设工程,需要通过正在建设的其他建设工程的,其他工程建设单位应当按照管道建设工程的需要,预留管道通道或者预建管道通过设施,管道企业应当承担由此增加的费用。

经依法批准的其他建设工程,需要通过正在建设的管道建设工程的,管道建设单位应当按照其他建设工程的需要,预留通道或者预建相关设施,其他工程建设单位应当承担由此增加的费用。

第四十六条　管道建设工程通过矿产资源开采区域的,管道企业应当与矿产资源开采企业协商确定管道的安全防护方案,需要矿产资源开采企业按照管道安全防护要求预建防护设施或者采取其他防护措施的,管道企业应当承担由此增加的费用。

矿产资源开采企业未按照约定预建防护设施或者采取其他防护措施,造成地面塌陷、裂缝、沉降等地质灾害,致使管道需要改建、搬迁或者采取其他防护措施的,矿产资源开采企业应当承担由此增加的费用。

第四十七条　铁路、公路等建设工程修建防洪、分流等水工防护设施,可能影响管道保护的,应当事先通知管道企业并注意保护下游已建成的管道水工防护设施。

建设工程修建防洪、分流等水工防护设施,使下游已建成的管道水工防护设施的功能受到影响,需要新建、改建、扩建管道水工防护设施的,工程建设单位应当承担由此增加的费用。

第四十八条　县级以上地方人民政府水行政主管部门制定防洪、泄洪方案应当兼顾管道的保护。

需要在管道通过的区域泄洪的,县级以上地方人民政府水行政主管部门应当在泄洪方案确定后,及时将泄洪量和泄洪时间通知本级人民政府主管管道保护工作的部门和管道企业或者向社会公告。主管管道保护工作的部门和管道企业应当对管道采取防洪保护措施。

第四十九条 管道与航道相遇,确需在航道中修建管道防护设施的,应当进行通航标准技术论证,并经航道主管部门批准。管道防护设施完工后,应经航道主管部门验收。

进行前款规定的施工作业,应当在批准的施工区域内设置航标,航标的设置和维护费用由管道企业承担。

第五章 法律责任

第五十条 管道企业有下列行为之一的,由县级以上地方人民政府主管管道保护工作的部门责令限期改正;逾期不改正的,处二万元以上十万元以下的罚款;对直接负责的主管人员和其他直接责任人员给予处分:

(一)未依照本法规定对管道进行巡护、检测和维修的;

(二)对不符合安全使用条件的管道未及时更新、改造或者停止使用的;

(三)未依照本法规定设置、修复或者更新有关管道标志的;

(四)未依照本法规定将管道竣工测量图报人民政府主管管道保护工作的部门备案的;

(五)未制定本企业管道事故应急预案,或者未将本企业管道事故应急预案报人民政府主管管道保护工作的部门备案的;

(六)发生管道事故,未采取有效措施消除或者减轻事故危害的;

(七)未对停止运行、封存、报废的管道采取必要的安全防护措施的。

管道企业违反本法规定的行为同时违反建设工程质量管理、安全生产、消防等其他法律的,依照其他法律的规定处罚。

管道企业给他人合法权益造成损害的,依法承担民事责任。

第五十一条 采用移动、切割、打孔、砸撬、拆卸等手段损坏管道或者盗窃、哄抢管道输送、泄漏、排放的石油、天然气,尚不构成犯罪的,依法给予治安管理处罚。

第五十二条 违反本法第二十九条、第三十条、第三十二条或者第三十三条第一款的规定,实施危害管道安全行为的,由县级以上地方人民政府主管管道保护工作的部门责令停止违法行为;情节较重的,对单位处一万元以上十万元以下的罚款,对个人处二百元以上二千元以下的罚款;对违法修建的建筑物、构筑物或者其他设施限期拆除;逾期未拆除的,由县级以上地方人民政府主管管道保护工作的部门组织拆除,所需费用由违法行为人承担。

第五十三条 未经依法批准,进行本法第三十三条第二款或者第三十五条规定的施工作业的,由县级以上地方人民政府主管管道保护工作的部门责令停止违法行为;情节较重的,处一万元以上五万元以下的罚款;对违法修建的危害管道安全的建筑物、构筑物或者其他设施限期拆除;逾期未拆除的,由县级以上地方人民政府主管管道保护工作的部门组织拆除,所需费用由违法行为人承担。

第五十四条　违反本法规定,有下列行为之一的,由县级以上地方人民政府主管管道保护工作的部门责令改正;情节严重的,处二百元以上一千元以下的罚款:

(一)擅自开启、关闭管道阀门的;

(二)移动、毁损、涂改管道标志的;

(三)在埋地管道上方巡查便道上行驶重型车辆的;

(四)在地面管道线路、架空管道线路和管桥上行走或者放置重物的;

(五)阻碍依法进行的管道建设的。

第五十五条　违反本法规定,实施危害管道安全的行为,给管道企业造成损害的,依法承担民事责任。

第五十六条　县级以上地方人民政府及其主管管道保护工作的部门或者其他有关部门,违反本法规定,对应当组织排除的管道外部安全隐患不及时组织排除,发现危害管道安全的行为或者接到对危害管道安全行为的举报后不依法予以查处,或者有其他不依照本法规定履行职责的行为的,由其上级机关责令改正,对直接负责的主管人员和其他直接责任人员依法给予处分。

第五十七条　违反本法规定,构成犯罪的,依法追究刑事责任。

第六章　附　　则

第五十八条　本法所称管道附属设施包括:

(一)管道的加压站、加热站、计量站、集油站、集气站、输油站、输气站、配气站、处理场、清管站、阀室、阀井、放空设施、油库、储气库、装卸栈桥、装卸场;

(二)管道的水工防护设施、防风设施、防雷设施、抗震设施、通信设施、安全监控设施、电力设施、管堤、管桥以及管道专用涵洞、隧道等穿跨越设施;

(三)管道的阴极保护站、阴极保护测试桩、阳极地床、杂散电流排流站等防腐设施;

(四)管道穿越铁路、公路的检漏装置;

(五)管道的其他附属设施。

第五十九条　本法施行前在管道保护距离内已建成的人口密集场所和易燃易爆物品的生产、经营、存储场所,应当由所在地人民政府根据当地的实际情况,有计划、分步骤地进行搬迁、清理或者采取必要的防护措施。需要已建成的管道改建、搬迁或者采取必要的防护措施的,应当与管道企业协商确定补偿方案。

第六十条　国务院可以根据海上石油、天然气管道的具体情况,制定海上石油、天然气管道保护的特别规定。

第六十一条　本法自 2010 年 10 月 1 日起施行。

附录3 石油天然气管道安全规范

目 次

前 言

本标准按照 GB/T 1.1—2009《标准化工作导则 第1部分:标准的结构和编写》给出的规则起草。

本标准代替 SY 6186—2007《石油天然气管道安全规程》,与 SY 6186—2007 相比主要技术变化如下:

——标准名称修改为《石油天然气管道安全规范》;

——修改了标准的"范围"(见第1章,2007年版的第1章);

——将"规范性引用标准"改为"规范性引用文件",修改了"规范性引用文件",删除了部分引用标准(见第2章,2007年版的第2章);

——将"术语、定义和缩略语"改为"术语和定义",修改了"石油天然气工艺管道""硫化物应力腐蚀开裂",增加了"管道组成件""高后果区""管道完整性管理""年度检查""定期检验""合于使用评价",删除了"氢致开裂"(见第3章,2007年版的第3章);

　　——增加了"一般规定"一章,将本标准中共性和原则性的内容纳入本章(见第 4 章);

　　——修改了 2007 年版的第 4 章、第 5 章、第 6 章、第 7 章、第 8 章和第 9 章的部分内容,对已不能满足现实需要的部分内容做了修改,补充完善了 2007 年以后颁布的法规标准规范中相关安全方面内容要求(见第 5 章至第 10 章,2007 年版的第 4 章至第 9 章);

　　——将 2007 年版标准设计、材料、施工、试运投产中引用标准规范部分删除,因为未能全面准确列出,且在本标准中不必详细列出(见第 5 章至第 8 章,2007 年版的第 4 章至第 7 章);

　　——将原"运营管理"的章标题改为"运行管理",并将其中纲领性内容放在第 4 章"一般规定"中(见第 9 章,2007 年版的第 8 章);

　　——将原"检验"的章标题改为"检验与评价",并按照新的特种设备安全技术规范要求进行了内容的更新(见第 10 章,2007 年版的第 9 章)。

　　本标准由石油工业安全专业标准化技术委员会提出并归口。

　　本标准起草单位:中国石油天然气股份有限公司大庆特种设备检验中心、中国石油天然气股份有限公司大庆油田天然气分公司。

　　本标准主要起草人:金柱文、曹庆慧、张哲、罗宇梁、张兵、兰乘祎、任宇婷、刘彬。

　　本标准代替了 SY 6186—2007。

　　SY 6186—2007 的历次版本发布情况为:

　　——SY 6186—1996。

石油天然气管道安全规范

1　范围

　　本标准规定了石油天然气管道(以下简称"管道")的设计、施工安装、试运投产、运行管理、检验与评价、修理和改造等方面的安全管理基本要求。

　　本标准适用于陆上钢质输油、输气管道,并包括管道附件和安全保护设施。钢质石油天然气工艺管道参照执行。

2　规范性引用文件

　　下列文件对于本文件的应用是必不可少的。凡是注日期的引用文件,仅注日期的版本适用于本文件。凡是不注日期的引用文件,其最新版本(包括所有的修改单)适用于本文件。

　　GB/T 19624　在用含缺陷压力容器安全评定

　　GB/T 20801(所有部分)　压力管道规范　工业管道

　　GB/T 30582　基于风险的埋地钢质管道外损伤检验与评价

　　GB 32167　油气输送管道完整性管理规范

GB/T 34275　压力管道规范　长输管道

GB/T 35013　承压设备合于使用评价

GB/T 50818　石油天然气管道工程全自动超声波检测技术规范

NB/T 47013(所有部分)　承压设备无损检测

SY/T 0599　天然气地面设施抗硫化物应力开裂和应力腐蚀开裂金属材料技术规范

SY/T 4109　石油天然气钢质管道无损检测

SY/T 7413　报废油气长输管道处置技术规范

3　术语和定义

下列术语和定义适用于本文件。

3.1　输油、输气管道 crude oil & natural gas pipeline

输送商品原油和天然气的管道。

3.2　石油天然气工艺管道 crude oil & natural gas technological pipeline

用于油(气)田油气集输处理、储运、油气加工和注天然气的管道。

3.3　管道组成件 piping components

用于连接或者装配承载压力且密闭的管道系统元件,包括管子、管件、法兰、密封件、紧固件、阀门、安全保护装置及诸如膨胀节、挠性接头、耐压软管、过滤器、管路中的节流装置和分离器等。

3.4　管件 pipe fittings

弯头、弯管、三通、异径接头和管封头等管道上各种异形连接件的统称。

3.5　管道附件 pipeline auxiliaries

管件、法兰、阀门及其组合件、绝缘法兰、绝缘接头等管道专用部件的统称。

3.6　含硫天然气 sour natural gas

天然气系统总压(绝压)大于或等于 0.4 MPa,且硫化氢分压大于或等于 0.000 3 MPa 的天然气;或硫化氢含量大于 75 mg/m³(50 ppm)的天然气。

3.7　湿含硫天然气 wet sour natural gas

在水露点和水露点以下工作的含硫天然气。

3.8　干含硫天然气 dry sour natural gas

在水露点以上工作的含硫天然气。

3.9　硫化物应力腐蚀开裂 sulfide stress cracking(SSC)

在有水和硫化氢存在的情况下,与腐蚀、残留的和(或)施加的拉应力相关的一种金属开裂。

3.10　高后果区 high consequence area

管道泄漏后可能对公众和环境造成较大不良影响的区域。

3.11　管道完整性管理 pipeline integrity management

管道运营单位对油气管道运行中面临的风险因素进行识别和评价,通过监测、检测、检验等各种方式,获取与专业管理相结合的管道完整性的信息,制订相应的风险控制对策,不断改善识别到的不利影响因素,从而将管道运行的风险水平控制在合理的、可接受的范围内,最终达到持续改进、减少和预防管道事故发生、经济合理地保证管道安全运行的目的。

3.12　年度检查 annual inspection

运行过程中的常规性检查。每年至少一次,由管道运营单位组织经过专业培训的人员进行,也可委托有相应资质的特种设备检验机构进行。

3.13　定期检验 periodic check

由有相应资质的特种设备检验机构按照一定的时间周期,根据检验规则及有关安全技术规范和相应标准的规定,对管道安全状况所进行的符合性验证活动。

3.14　合于使用评价 fitness for service

包括对管道进行的应力分析计算;对危害管道结构完整性的缺陷进行的剩余强度评估与超标缺陷安全评定;对危害管道安全的主要潜在危险因素进行的管道剩余寿命预测,以及在一定条件下开展的材料适用性评价。

4　一般规定

4.1　管道设计、材料选用、施工安装、试运投产、使用与维护、修理改造、安全评价及在役检验等环节应符合 GB/T 20801(所有部分)、GB/T 34275 等相关法规标准规范的规定要求,确保本质安全。

4.2　管道所选用材料的制造厂家及设计、施工、工程监理、安全评价、使用改造、检验检测单位或机构应具备规定的资质要求。有持证要求的相关人员应取得相应资格持有效证件上岗。建设单位应对安全生产进行监督管理。

4.3　管道的安全保护设施应与管道主体工程同时设计、同时施工、同时投入生产和使用。

4.4　管道运营单位在安全管理方面应做到:

a)建立健全安全生产管理组织机构,配备管道安全管理人员、作业人员,并对其进行必要的安全教育和技能培训。单位及其主要负责人对其使用的管道负责。

b)加强安全生产管理,建立、健全安全生产责任制和安全生产规章制度,改善安全生产条件,推进安全生产标准化建设,提高安全生产水平,确保安全生产。

c)定期开展安全风险排查和隐患治理,加强重点环节安全管控,完善风险分级管控措施,开展油气输送管道完整性管理。

d)加强重大危险源管理,进行定期检测、评估和监控,制订应急预案,并将安全措施和应急措施报上级管理部门备案。

4.5　油气输送管道应依据 GB 32167 进行高后果区识别,强化油气输送管道高后果区管控:

a)建设阶段应辨识高后果区选择优化路由,制订针对性预案,采取加强管道本体安全措施。

　　b)运行阶段运营单位加强管道沿线高后果区的安全运行和安全管理：

　　1)建立高后果区完善的专项管理方案和档案，将高后果区内的管道作为实施风险评价、完整性评价、地灾监控、风险削弱和维修维护的重点管段。

　　2)对高后果区的管道基础信息、周边环境信息、人口密集场所、特定场所、易燃易爆场所等信息及巡护人员、管理人员信息进行登记建档，定期排查与更新。

　　3)加密设置管道标示桩和警示牌。

　　4)加强管道保护宣传、巡检管理，做好巡检记录。

　　5)加强高后果区管道第三方施工管理，防止损坏和占压管道。

　　6)加强管道高后果区应急管理，制订完善应急预案。

　　4.6　落实油气管道法定检验制度，提升油气管道法定检验覆盖率。

5　设计

　　5.1　管道设计之前应进行建设项目可行性研究，应委托安全评价机构对建设项目进行安全预评价，管道安全设施设计应按有关规定进行审查。

　　5.2　管道的设计除应满足规定的使用功能外，还应保证设计的管道能够符合安全、环保、健康、节能、节约用地和经济合理的原则，保证持续、稳定、正常地生产运行。

　　5.3　管道系统应采用安全可靠的技术和设备，管道的设计所选用的设备及材料应符合规定要求。

　　5.4　输油气管道应根据管道所经过地区的地形、人口稠密度及重要建构筑物等情况设置线路截断阀。在河流大型穿跨越及饮用水水源保护区两端应设置线路截断阀，做好水体污染防控。必要时应设数据远传、控制及报警功能。进出天然气站场的天然气管道应设置截断阀，进站截断阀的上游和出站截断阀的下游应设置泄压放空设施。

　　5.5　埋地油气管道沿线应设置里程桩、转角桩、交叉和警示牌等永久性地面标志。对交通流量较大及人口密集活动频繁的地段，应设置警示牌，并应采取保护措施。

　　5.6　长输管道应设清管设施。

　　5.7　管道自动化控制系统宜采用计算机监控系统作为其控制设备，应能使管道连续、平稳、高效运行和人身、环境、设备安全。

　　5.8　输油、输气管道安全设施一般包括如下内容：

　　a)压力、温度控制调节系统。

　　b)自动报警、联锁控制保护系统。

　　c)安全泄放系统。

　　d)阻火器、紧急切断系统。

　　e)火灾自动报警系统、火焰探测器。

　　f)可燃气体监测报警系统、有毒有害气体监测报警系统。

　　g)管道泄漏监测报警系统。

h)腐蚀控制与监测系统。

i)水击控制系统。

j)自然灾害防护和安全保护设施。

k)标志桩、锚固墩和警示设施。

l)防雷、防静电设施。

5.9　参照《特种设备生产单位许可目录》等规范文件划分管道类别和级别。

6　材料

6.1　管道设计应根据具体使用条件(包括制造/制作、安装、介质、操作情况、工作环境和试验等)及材料使用要求,选择合适的管道组成件材料。材料应具备可获得性和经济性,材料在使用条件下具有足够的稳定性,具有良好的韧性和可焊性。

6.2　管道所有材料、管道附件应符合相应标准及设计要求,具备规定的产品质量证明文件及材质使用说明书,进口物资应有商检报告。

6.3　重要的管道组成件应驻厂监造。实行监督检验的管道组成件,还应提供监督检验证书。

6.4　含硫天然气管道材料选择应注意其抗腐蚀性,并应符合 SY/T 0599 和相应的设计技术要求。对采用形状复杂的特殊管道组成件,不宜采用铸钢制造(阀门除外)。

6.5　管道组成件连接形式的选用应与管道材料和流体工况相适应,管道组成件采用焊接连接时,两连接件材质宜相同。特殊情况需使用不同的材料组合使用时,应注意其可能出现的不利影响。

6.6　管道所用的材料、附件、设备在使用前,应核对其规格、材质、型号。外观应完好无损伤,不应有毛刺、划痕、砂眼及气孔等超标缺陷,不合格的不能安装使用。

6.7　对材料有复验要求或对材料质量有疑问时,应按照相关规范的规定对材料进行复验。牌号及质量性能不明的材料不应用于管道组成件。

6.8　管道组成件所用材料采用国际标准或国外标准时,应符合下列要求:

a)选用国外压力管道规范允许使用且已有使用实例的材料,该材料性能不得低于国家类似材料的有关安全技术规范及其标准要求,其使用范围符合有关安全技术规范及其标准的规定。

b)首次使用前,对化学成分、力学性能进行复验,并且进行焊接工艺评定,符合规定要求时,方可投入制造。

6.9　管道组成件及管道支承固定件、结构附件在施工过程中应妥善保管,不应混淆或损坏,其色标或标记应明显清晰。管子在切割和加工前应做好标记移植,防腐后,应对材料表面的标记进行移植。

7　施工

7.1　管道施工单位应对管道的安装质量负责。

7.2 管道开工前,建设方应向主管部门办理开工审批手续,并报相关部门备案。

7.3 施工单位在管道施工前将拟进行的管道安装情况告知相关主管部门。

7.4 施工前应进行现场调查、图纸会审、设计文件交底及技术和安全交底,应根据设计和标准规范编制施工组织设计及专项施工方案、措施并获得批准,进行资源准备。

7.5 管道施工应按规定实行工程监理、工程质量监督和压力管道安装监督检验。

7.6 施工单位应按设计图纸施工。若需对设计进行修改,应取得原设计单位的设计修改文件,并经建设方、监理方签认。

7.7 施工单位应根据不同施工阶段和周围环境及季节、气候的变化,在施工现场采取相应的安全施工措施。施工过程中应加强测量与监测,保证施工安全。

7.8 在公路、铁路或居民区附近开挖管沟时,应设置警告牌、信号灯、护栏等安全措施。

7.9 管道焊接前应按规定进行焊接工艺评定,应根据评定合格的焊接工艺编制焊接规程。焊接工艺规程在管道焊接作业时应严格执行。硫化氢环境的焊缝还应经抗硫化物应力腐蚀开裂(SSC)试验评定合格。

7.10 无损检测机构对管道焊缝实施无损检测应符合 SY/T 4109、NB/T 47013(所有部分)、GB/T 50818 等标准的有关规定。无损检测记录、报告、底片保存期限不应少于7 年。

7.11 管道投产前应进行系统的吹扫、清洗、测径、试压,应编制施工方案,制订安全措施,充分考虑施工人员及附近公众与设施安全:

a)强度试验和严密性试验执行设计施工验收规范有关规定。

b)当进行压力试验时,应划定禁区,无关人员不得进入。

c)水压试验合格后,应排除管内存水,若在寒冷天气,应采取措施防止结冰损坏管道。当采用空气作试压介质时,应有设计文件做依据,经设计和建设单位同意,并采取严密的安全措施。

d)水压试验合格后,应进行严密性试验。经气压试验合格,且试验后未经拆卸过的管道可不进行严密性试验。

e)压力试验合格后,应进行吹扫与清洗,并应编制管道吹扫与清洗方案。

f)对有干燥要求的管道系统,清管结束后按相关规定应进行干燥处理,干燥合格后的管道应采取防回潮措施。

7.12 里程桩、转角桩、标志桩及警示牌的安装位置应准确,标示清晰,应在交工前进行维护,不应损坏或丢失,并应保存相应记录。

7.13 管道竣工验收时,施工、监理、检验检测及工程质量监督、压力管道监检等单位应向建设方提供以下资料:

a)竣工图。

b)设计修改文件和材料代用文件。

c)设备出厂资料。

d)管道组成件及附件的产品合格证、质量证明书和复验报告。

e)管道施工检查记录、焊接记录、焊缝无损检测报告、热处理及检验和试验报告

f)焊接工艺评定和必要的抗硫化物应力腐蚀开裂(SSC)试验报告。

g)隐蔽工程及穿跨越工程资料。

h)安全装置调试或检查报告。

i)防腐、保温、隔热材料检验报告。

j)强度试验和严密性试验报告。

k)电法保护装置验收报告。

l)工程质量验收记录和评定报告。

m)工程监理报告、工程质量监督报告和压力管道安装监检报告。

8　试运投产

8.1　管道已按相关标准完成了试压、干燥等工作,并经验收合格。

8.2　试运投产准备应包含以下工作内容:

a)对新建(或停运后再启用)的管道,在投入运行前编制投产方案,经审查批准并严格执行。

b)建立生产运行管理规章制度、试运投产记录表格和上下游联络机制,并保证通信畅通。

c)投产试运方案应进行现场交底,操作人员应经安全技术培训合格。

d)制订事故应急预案,落实抢修队伍和应急救援人员,配备各种抢修设备及安全防护设施,并进行应急演练。

e)管道系统的电气、仪表、自动化、通信、消防、安全及各项公用工程等,按有关施工及验收规范预验收合格。

f)整体联合试运前,管道单机试运、分系统应调试合格。

g)阴极保护系统验收合格并投入使用。

h)运营单位应协调供油、供气单位和用油、用气单位,保证有充足的油、气源满足投产需要,为试运行投产做好充分准备。

8.3　试运投产安全措施应包含以下内容:

a)对员工及相关方进行安全宣传和教育,在清管、置换期间无关人员不得进入工作区域两侧 50 m 以内。

b)天然气管道内空气置换应采用氮气或其他无腐蚀、无毒害性的惰性气体作为隔离介质,不同气体界面间宜采用隔离球或清管器隔离。

c)天然气管道置换末端应配备气体含量检测设备,当置换管道末端放空管口气体含氧量不大于 2% 时即可认为置换合格。

d)加强管道穿(跨)越点、地质敏感点、人口聚居点巡检。

e)含硫化氢的管道在进行施工作业和油气生产前,所有生产作业人员应接受硫化氢防护的培训,对其他相关作业人员应进行硫化氢防护知识的教育。

8.4 试生产运行正常后、管道竣工验收之前,应按规定进行安全验收评价及安全设施验收。安全验收评价不得与安全预评价为同一家机构。

9 运行管理

9.1 管道运营单位应加强管道系统安全技术管理工作,主要包括:

a)制定管道安全管理规章制度。

b)开展安全技术培训。

c)开展年度检查和定期检验、维修改造等技术工作。

d)开展管道安全风险评价及完整性管理工作。

e)建立完善油气输送管道地理信息系统。

f)应用管道泄漏检测技术。

9.2 管道运营单位应建立管道安全技术档案,主要包括:

a)管道使用登记表(有注册要求的)。

b)管道设计技术文件。

c)管道竣工资料。

d)管道使用维护说明。

e)管道定期检验和定期自行检查的记录和报告。

f)阴极保护运行记录。

g)管道维修改造竣工资料。

h)管道安全装置定期校验、修理、更换记录。

i)管道运行故障、事故记录和事故处理报告。

j)硫化氢防护技术培训和考核报告的技术档案。

k)安全防护用品管理、使用记录。

l)管道日常使用状况和维护保养记录。

m)管道完整性评价技术档案。

9.3 管道运营单位制定并遵守的安全技术操作规程和巡枪制度,其内容至少包括:

a)管道工艺流程图、操作工艺指标、运行和维护规程,并明确管道的安全操作要求。

b)启停操作程序。

c)异常情况处理措施及汇报程序。

d)防冻、防堵、防凝操作处理程序。

e)清管操作程序。

f)巡检流程图和紧急疏散路线。

9.4 管道运营单位为加强管道安全使用管理,需要做以下工作:

a)在管道竣工验收合格之日起 60 日内应将管道竣工走向图报送主管部门备案。

b)组织安全检查、开展隐患排查、落实隐患治理。

c)定期对管道自行检查、检测、维修和巡护,确保其处于良好状态。对管道安全风险较大的区段和场所应进行重点监测,采取有效措施防止管道事故的发生。

d)管道安全保护设施、报警装置和消防设施应完好,应按规定使用、维护、检测、检验和调试。

e)按标准配备安全防护设施与劳动防护用品。

f)按规定分级建立管道事故应急救援预案,配备抢险救援人员和必要的应急器材,定期进行事故应急救援演练。

g)每年的汛期前后,应对穿跨越河流管段进行安全检查。

h)定期检测管道防腐绝缘与阴极保护情况,及时修补损坏的防腐层,调整阴极保护参数。

i)对在用管道发生故障、异常情况及检查、定期检验中发现的事故隐患或缺陷应查明原因,及时采取措施,消除隐患后,按规定进行验收后方可投入运行。

j)组织或配合有关部门进行事故调查。

k)管道停止运行、封存、报废的,应采取必要的安全防护措施;报废的管道应按 SY/T 7413 的要求进行处理。

l)管道保护应执行石油天然气管道保护法律,对穿跨越及经过人口稠密区的管道,应设立明显的标识,并加大保护力度和巡查频次。

m)按照国家技术规范的强制性要求在管道沿线设置管道标志。管道标志毁损或者安全警示不清的,管道运营单位应及时修复或者更新。

n)管道采用地上敷设时,应在人员活动较多和易遭车辆、外来物撞击的地段,采取保护措施并设置明显的警示标志。

9.5　管道维修、改造要求:

a)管道改造应由有管道设计和施工资质的单位进行设计及施工。

b)管道维修改造方案应包括相应的安全防范措施与事故应急预案,并报主管部门批准,高风险作业应按规定执行有关作业许可要求。

c)管道维修作业坑应能满足施工人员的操作和施工机具的安装及使用。作业坑与地面之间应有安全逃生通道,安全逃生通道应设置在动火点的上风向。

d)抢修现场应划分安全警戒线,进入作业场地的人员应穿戴劳动防护用品。

e)管道施焊和带压封堵过程中应加强安全管理,制订防护措施,正确施工作业,保障过程运行。

9.6　禁止下列危害管道安全的行为:

a)擅自开启、关闭管道阀门。

b)采用移动、切割、打孔、砸撬、拆卸等手段损坏管道。

c)移动、毁损、涂改管道标志。

d)在埋地管道上方巡查便道上行驶重型车辆。

e)在地面管道线路、架空管道线路和管桥上行走或者放置重物。

10 检验与评价

10.1 运营单位应及时安排符合法定检验范畴管道的检验工作,制订年度检验计划并上报主管部门,在定期检验有效期届满的 1 个月以前向特种设备检验机构申报定期检验。

10.2 管道的检验通常包括年度检查、定期检验,长输(油气)管道还包含合于使用评价。

10.3 管道停用 1 年后再启用,应进行定期检验及评价。

10.4 新建管道应在投产后 3 年内进行首次检验,以后的检验周期根据检验报告和管道安全运行状况确定。管道定期检验可以采用基于风险的检验(RBI),承担基于风险的检验机构需取得基于风险的检验资质。

10.5 因特殊原因未按期进行定期检验的管道,由运营单位出具申报说明,征得上次承担定期检验的检验机构同意(首次检验的延期除外),可以延期检验;或者运营单位提出申请,按照基于风险的检验(RBI)的相关规定办理。

10.6 对未按期进行定期检验的管道,运营单位应采取有效监控与应急管理措施。

10.7 运营单位做好检验配合和安全监护工作,对所提供相关资料的真实性负责。

10.8 检验机构接到运营单位的管道定期检验申报后,应及时进行检验。定期检验工作开展前,检验机构应制订检验方案。方案应符合相关安全技术规范的要求。

10.9 检验机构对在定期检验中发现需要处理的缺陷出具定期检验意见通知书,运营单位接到检验意见通知书后,由运营单位负责委托有相应资质的施工单位处理缺陷,缺陷处理完成并经检验机构确认处理结果合于使用要求之后,再出具检验报告。

10.10 经检验发现严重事故隐患的,检验机构应出具定期检验意见通知书,并将情况及时告知使用登记机关。

10.11 输油、输气管道和石油、天然气工艺管道检验按照特种设备安全技术规范进行。检验中发现的管体缺陷应按 GB/T 19624、GB/T 30582 和 GB/T 35013 等标准的规定进行评估。

10.12 管道有下列情况之一的,应缩短全面检验周期:

a)介质或环境对管道材料的腐蚀情况不明或腐蚀减薄情况异常的。

b)具有环境开裂倾向或产生机械损伤现象,且已经发现开裂的。

c)改变使用介质,且可能造成腐蚀现象恶化的。

d)材质劣化现象比较明显的。

e)运营单位未按照规定进行年度检查的。

f)基础沉降造成管道挠曲变形影响安全的。

g)位于事故后果严重区内的。

h)1 年内多次发生泄漏事故及受自然灾害、第三方破坏严重的

i)承受交变载荷,可能导致疲劳失效的。

j)检验中怀疑存在其他影响安全因素的。

参考文献

［1］GB 150　压力容器

［2］GB 50183　石油天然气工程设计防火规范

［3］GB 50184　工业金属管道工程施工质量验收规范

［4］GB 50235　工业金属管道工程施工规范

［5］GB 50236　现场设备、工业管道焊接工程施工规范

［6］GB 50251　输气管道工程设计规范

［7］GB 50253　输油管道工程设计规范

［8］GB 50316　工业金属管道设计规范

［9］GB 50350　油田油气集输设计规范

［10］GB 50369　油气长输管道工程施工及验收规范

［11］GB 50423　油气输送管道穿越工程设计规范

［12］GB 50424　油气输送管道穿越工程施工规范

［13］GB/T 50459　油气输送管道跨越工程设计标准

［14］GB 50460　油气输送管道跨越工程施工规范

［15］GB/T 50470　油气输送管道线路工程抗震技术规范

［16］GB 50540　石油天然气站内工艺管道工程施工规范

［17］GB 50819　油气田集输管道施工规范

［18］AQ 2012　石油天然气安全规程

［19］SY/T 4203　石油天然气建设工程施工质量验收规范：站内工艺管道工程

［20］SY/T 4204　石油天然气建设工程施工质量验收规范：油气田集输管道工程

［21］SY 4207　石油天然气建设工程施工质量验收规范：管道穿跨越工程

［22］SY/T 4208　石油天然气建设工程施工质量验收规范：长输管道线路工程

［23］SY/T 5225　石油天然气钻井、开发、储运防火防爆安全生产技术规程

［24］SY/T 6137　硫化氢环境天然气采集与处理安全规范

［25］SY/T 6277　硫化氢环境人身防护规范

［26］SY/T 6320　陆上油气田油气集输安全规程

［27］SY/T 7358　硫化氢环境原油采集与处理安全规范

［28］中华人民共和国安全生产法

［29］中华人民共和国石油天然气管道保护法

［30］中华人民共和国特种设备安全法

［31］特种设备安全监察条例

［32］国家市场监督管理总局 2019 年第 3 号公告及附录一　特种设备生产单位许可目录

附录4　危险化学品企业特殊作业安全规范

目　次

前　言

本文件按照 GB/T 1.1—2020《标准化工作导则　第 1 部分:标准化文件的结构和起草规则》的规定起草。

本文件代替 GB 30871—2014《化学品生产单位特殊作业安全规范》,与 GB 30871—2014 相比,除结构调整和编辑性改动外,主要技术变化如下:

——更改了适用范围,由"本标准适用于化学品生产单位设备检修中涉及的动火作业、受限空间作业、盲板抽堵作业、高处作业、吊装作业、临时用电作业、动土作业、断路作业"调整为"本文件适用于危险化学品生产、经营(带储存)企业,化工及医药企业(以下简

称"危险化学品企业")"(见第 1 章,2014 年版的第 1 章);

——将"易燃易爆场所"更改为"火灾爆炸危险场所"(见 3.2,2014 年版的 3.3);

——更改了动火作业范畴,将在禁火区内使用喷砂机作业划入动火作业定义范畴(见 3.4,2014 年版的 3.2);

——删除了"异温高处作业""带电高处作业"术语和定义(见 2014 年版的 3.10、3.11);

——增加了作业前安全交底的内容(见 4.4);

——增加了监护人的职责,规定了监护人应培训考核、持证上岗(见 4.10);

——增加了"固定动火区"的术语和定义及管理要求(见 3.3 及 5.5);

——加强了对安全作业票的管理力度,将附录中的一些推荐性要求上升为强制性条款(见 4.15、4.16、4.17);

——更改了动火作业分组的叫法,将动火作业分级由"特殊、一级、二级"修正为"特级、一级、二级",并提出了夜间动火作业也应提级管理的要求(见 5.1.1,2014 年版的 5.1.1);

——更改了特级动火的划分范围,将"在火灾爆炸危险场所处于运行状态下的生产装置设备、管道、储罐、容器等部位上进行的动火作业(包括带压不置换动火作业);存有易燃易爆介质的重大危险源罐区防火堤内的动火作业"划为特级动火(见 5.1.2,2014 年版的 5.1.4),更改了动火作业中应采取的安全措施[见 5.2.2、5.2.4、5.3.1 的 b)、5.4.2,2014 年版的 5.2.3、5.2.7、5.3],增加了特级动火作业应采集全过程作业影像的要求(见 5.2.11);

——增加了在可燃、易爆性粉尘环境下进行特殊作业的安全要求(见 5.2.9、5.2.16);

——增加了乙炔气瓶使用时的安全管理要求(见 5.2.13);

——增加了特级动火作业和受限空间内作业应连续检测气体浓度的要求[见 5.3.1 的 d)、6.5];

——增加了忌氧环境下受限空间内的作业安全要求(见 6.2);

——更改了受限空间内作业个人防护用具的佩戴要求及对监护人的特殊要求(见 6.6、6.8、7.9,2014 年版的 6.5、6.7、6.8);

——增加了一张盲板安全作业票只能进行一块盲板抽(堵)作业的要求(见 7.11);

——增加了高处安全作业票有 7 天有效期的要求(见 8.2.11);

——增加了动土作业挖掘深度超过 1.2 m,且可能存在一定危险物料积聚时,应执行受限空间作业相关规定的要求(见 11.10);

——更改了附录中各种安全作业票的部分要求内容,并增加了"作业申请时间"和"作业实施时间"栏(见附录 A,2014 年版的附录 A)。

请注意本文件的某些内容可能涉及专利。本文件的发布机构不承担识别专利的责任。

本文件由中华人民共和国应急管理部提出并归口。

本文件及其所代替文件的历次版本发布情况为:

——2014 年首次发布为 GB 30871—2014;

——本次为第一次修订。

引　言

化工企业生产经营过程中离不开特殊作业,而开展特殊作业尤其是开展动火作业和受限空间内作业是造成事故多发的主要原因之一。据统计,约有 40% 以上的化工生产安全事故与从事特殊作业有关。特殊作业环节事故多发主要是由于企业特殊作业管理制度执行不到位、作业前风险识别不清,作业过程中风险管控不到位以及监护人应急处置能力不足等原因。

为加强特殊作业环节安全风险管控,遏制特殊作业尤其是从事动火作业和受限空间内作业时重特大生产安全事故的发生,有必要通过标准规范进一步明晰特殊作业的安全管理要求,从而对现行特殊作业管理标准进行修订。

危险化学品企业特殊作业安全规范

1　范围

本文件规定了危险化学品企业动火作业、受限空间作业、盲板抽堵作业、高处作业、吊装作业、临时用电作业、动土作业、断路作业等特殊作业的安全要求。

本文件适用于危险化学品生产、经营(带储存)企业,化工及医药企业(以下简称"危险化学品企业")。

2　规范性引用文件

下列文件中的内容通过文中的规范性引用而构成本文件必不可少的条款。其中,注日期的引用文件,仅该日期对应的版本适用于本文件;不注日期的引用文件,其最新版本(包括所有的修改单)适用于本文件。

GB 2894　安全标志及其使用导则

GB/T 3608　高处作业分级

GB/T 5082　起重机　手势信号

GB 6095　坠落防护　安全带

GB 15322.3　可燃气体探测器　第 3 部分:工业及商业用途便携式可燃气体探测器

GB 15577　粉尘防爆安全规程

GB/T 18664　呼吸防护用品的选择、使用和维护

GB 24543　坠落防护　安全绳

GB 30077　危险化学品单位应急救援物资配备要求

GB 39800.1　个体防护装备配备规范　第 1 部分:总则

GB 50194　建设工程施工现场供用电安全规范

GB/T 50493—2019 石油化工可燃气体和有毒气体检测报警设计标准

GB 51210 建筑施工脚手架安全技术统一标准

DL 409 电业安全工作规程(电力线路部分)

GBZ 2.1 工作场所有害因素职业接触限值 第 1 部分:化学有害因素

GBZ/T 260 职业禁忌证界定导则

HG/T 21547 管道用钢制插板、垫环、8 字盲板系列

JB/T 2772 阀门零部件 高压盲板

3 术语和定义

下列术语和定义适用于本文件。

3.1 特殊作业 special work

危险化学品企业生产经营过程中可能涉及的动火、进入受限空间、盲板抽堵、高处作业、吊装、临时用电、动土、断路等,对作业者本人、他人及周围建(构)筑物、设备设施可能造成危害或损毁的作业。

3.2 火灾爆炸危险场所 fire and explosive area

能够与空气形成爆炸性混合物的气体、蒸气、粉尘等介质环境以及在高温、受热、摩擦、撞击、自燃等情况下可能引发火灾、爆炸的场所。

3.3 固定动火区 fixed hot work area

在非火灾爆炸危险场所划出的专门用于动火的区域。

3.4 动火作业 hot work

在直接或间接产生明火的工艺设施以外的禁火区内从事可能产生火焰、火花或炽热表面的非常规作业。

注:包括使用电焊、气焊(割)、喷灯、电钻、砂轮、喷砂机等进行的作业。

3.5 受限空间 confined space

进出受限,通风不良,可能存在易燃易爆、有毒有害物质或缺氧,对进入人员的身体健康和生命安全构成威胁的封闭、半封闭设施及场所。

注:包括反应器、塔、釜、槽、罐、炉膛、锅筒、管道以及地下室、窨井、坑(池)、管沟或其他封闭、半封闭场所。

3.6 受限空间作业 confined space entry

进入或探入受限空间进行的作业。

3.7 盲板抽堵作业 blinding-pipeline operation with stop plate

在设备、管道上安装或拆卸盲板的作业。

3.8 高处作业 work at height

在距坠落基准面 2 m 及 2 m 以上有可能坠落的高处进行的作业。

注:坠落基准面是指坠落处最低点的水平面。

3.9 吊装作业 lifting work

利用各种吊装机具将设备、工件、器具、材料等吊起,使其发生位置变化的作业。

3.10 临时用电 temporary electricity

在正式运行的电源上所接的非永久性用电。

3.11 动土作业 excavation work

挖土、打桩、钻探、坑探、地锚入土深度在 0.5 m 以上;使用推土机、压路机等施工机械进行填土或平整场地等可能对地下隐蔽设施产生影响的作业。

3.12 断路作业 work for road breaking

生产区域内,交通主、支路与车间引道上进行工程施工、吊装、吊运等各种影响正常交通的作业。

4 通用要求

4.1 作业前,危险化学品企业应组织作业单位对作业现场和作业过程中可能存在的危险有害因素进行辨识,开展作业危害分析,制定相应的安全风险管控措施。

4.2 作业前,危险化学品企业应采取措施对拟作业的设备设施、管线进行处理,确保满足相应作业安全要求:

a)对设备、管线内介质有安全要求的特殊作业,应采用倒空、隔绝、清洗、置换等方式进行处理;

b)对具有能量的设备设施、环境应采取可靠的能量隔离措施;

注:能量隔离是指将潜在的、可能因失控造成人身伤害、环境损害、设备损坏、财产损失的能量进行有效的控制、隔离和保护。包括机械隔离、工艺隔离、电气隔离、放射源隔离等。

c)对放射源采取相应安全处置措施。

4.3 进入作业现场的人员应正确佩戴满足 GB 39800.1 要求的个体防护装备。

4.4 作业前,危险化学品企业应对参加作业的人员进行安全措施交底,主要包括:

a)作业现场和作业过程中可能存在的危险、有害因素及采取的具体安全措施与应急措施;

b)会同作业单位组织作业人员到作业现场,了解和熟悉现场环境,进一步核实安全措施的可靠性,熟悉应急救援器材的位置及分布;

c)涉及断路、动土作业时,应对作业现场的地下隐蔽工程进行交底。

4.5 作业前,危险化学品企业应组织作业单位对作业现场及作业涉及的设备、设施、工器具等进行检查,并使之符合如下要求:

a)作业现场消防通道、行车通道应保持畅通,影响作业安全的杂物应清理干净;

b)作业现场的梯子、栏杆、平台、算子板、盖板等设施应完整、牢固,采用的临时设施应确保安全;

c)作业现场可能危及安全的坑、井、沟、孔洞等应采取有效防护措施,并设警示标志;需要检修的设备上的电器电源应可靠断电,在电源开关处加锁并加挂安全警示牌;

d)作业使用的个体防护器具、消防器材、通信设备、照明设备等应完好;

e)作业时使用的脚手架、起重机械、电气焊(割)用具、手持电动工具等各种工器具符合作业安全要求,超过安全电压的手持式、移动式电动工器具应逐个配备漏电保护器和电源开关;

f)设置符合 GB 2894 的安全警示标志;

g)按照 GB 30077 要求配备应急设施;

h)腐蚀性介质的作业场所应在现场就近(30 m 内)配备人员应急用冲洗水源。

4.6 作业前,危险化学品企业应组织办理作业审批手续,并由相关责任人签字审批。同一作业涉及两种或两种以上特殊作业时,应同时执行各自作业要求,办理相应的作业审批手续。

作业时,审批手续应齐全、安全措施应全部落实、作业环境应符合安全要求。

4.7 同一作业区域应减少、控制多工种、多层次交叉作业,最大限度避免交叉作业;交叉作业应由危险化学品企业指定专人统一协调管理,作业前要组织开展交叉作业风险辨识,采取可靠的保护措施,并保持作业之间信息畅通,确保作业安全。

4.8 当生产装备或作业现场出现异常,可能危及作业人员安全时,作业人员应立即停止作业,迅速撤离,并及时通知相关单位及人员。

4.9 特殊作业涉及的特种作业和特种设备作业人员应取得相应资格证书,持证上岗。界定为 GBZ/T 260 中规定的职业禁忌证者不应参与相应作业。

4.10 作业期间应设监护人。监护人应由具有生产(作业)实践经验的人员担任,并经专项培训考试合格,佩戴明显标识,持培训合格证上岗。

监护人的通用职责要求:

a)作业前检查安全作业票。安全作业票应与作业内容相符并在有效期内,核查安全作业票中各项安全措施已得到落实。

b)确认相关作业人员持有效资格证书上岗。

c)核查作业人员配备和使用的个体防护装备满足作业要求。

d)对作业人员的行为和现场安全作业条件进行检查与监督,负责作业现场的安全协调与联系。

e)当作业现场出现异常情况时应中止作业,并采取安全有效措施进行应急处置;当作业人员违章时,应及时制止违章,情节严重时,应收回安全作业票、中止作业。

f)作业期间,监护人不应擅自离开作业现场且不应从事与监护无关的事。确需离开作业现场时,应收回安全作业票,中止作业。

4.11 作业审批人的职责要求:

a)应在作业现场完成审批工作;

b)应核查安全作业票审批级别与企业管理制度中规定级别一致情况,各项审批环节符合企业管理要求情况;

c)应核查安全作业票中各项风险识别及管控措施落实情况。

4.12 作业时使用的移动式可燃、有毒气体检测仪,氧气检测仪应符合 GB 15322.3 和 GB/T 50493—2019 中 5.2 的要求。

4.13 作业现场照明系统配置要求:

a)作业现场应设置满足作业要求的照明装备;

b)受限空间内使用的照明电压不应超过 36 V,并满足安全用电要求;在潮湿容器、狭小容器内作业电压不应超过 12 V;在盛装过易燃易爆气体、液体等介质的容器内作业应使用防爆灯具;在可燃性粉尘爆炸环境作业时应采用符合相应防爆等级要求的灯具;

c)作业现场可能危及安全的坑、井、沟、孔洞等周围,夜间应设警示红灯;

d)动力和照明线路应分路设置。

4.14 作业完毕,应及时恢复作业时拆移的盖板、箅子板、扶手、栏杆、防护罩等安全设施的使用功能,恢复临时封闭的沟渠或地井,并清理作业现场,恢复原状。

4.15 作业完毕,应及时进行验收确认。

4.16 作业内容变更、作业范围扩大、作业地点转移或超过安全作业票有效期限时,应重新办理安全作业票。

4.17 工艺条件、作业条件、作业方式或作业环境改变时,应重新进行作业危害分析,核对风险管控措施,重新办理安全作业票。

4.18 安全作业票应规范填写,不得涂改。安全作业票样式和管理见附录 A 和附录 B。

5 动火作业

5.1 作业分级

5.1.1 固定动火区外的动火作业分为特级动火、一级动火和二级动火三个级别;遇节假日、公休日、夜间或其他特殊情况,动火作业应升级管理。

5.1.2 特级动火作业:在火灾爆炸危险场所处于运行状态下的生产装置设备、管道、储罐、容器等部位上进行的动火作业(包括带压不置换动火作业);存有易燃易爆介质的重大危险源罐区防火堤内的动火作业。

5.1.3 一级动火作业:在火灾爆炸危险场所进行的除特级动火作业以外的动火作业,管廊上的动火作业按一级动火作业管理。

5.1.4 二级动火作业:除特级动火作业和一级动火作业以外的动火作业。

生产装置或系统全部停车,装置经清洗、置换、分析合格并采取安全隔离措施后,根据其火灾、爆炸危险性大小,经危险化学品企业生产负责人或安全管理负责人批准,动火作业可按二级动火作业管理。

5.1.5 特级、一级动火安全作业票有效期不应超过 8 h;二级动火安全作业票有效期不应超过 72 h。

5.2 作业基本要求

5.2.1 动火作业应有专人监护,作业前应清除动火现场及周围的易燃物品,或采取其他有效安全防火措施,并配备消防器材,满足作业现场应急需求。

5.2.2　凡在盛有或盛装过助燃或易燃易爆危险化学品的设备、管道等生产、储存设施及本文件规定的火灾爆炸危险场所中生产设备上的动火作业,应将上述设备设施与生产系统彻底断开或隔离,不应以水封或仅关闭阀门代替盲板作为隔断措施。

5.2.3　拆除管线进行动火作业时,应先查明其内部介质危险特性、工艺条件及其走向,并根据所要拆除管线的情况制定安全防护措施。

5.2.4　动火点周围或其下方如有可燃物、电缆桥架、孔洞、窨井、地沟、水封设施、污水井等,应检查分析并采取清理或封盖等措施;对于动火点周围 15 m 范围内有可能泄漏易燃、可燃物料的设备设施,应采取隔离措施;对于受热分解可产生易燃易爆、有毒有害物质的场所,应进行风险分析并采取清理或封盖等防护措施。

5.2.5　在有可燃物构件和使用可燃物做防腐内衬的设备内部进行动火作业时,应采取防火隔绝措施。

5.2.6　在作业过程中可能释放出易燃易爆、有毒有害物质的设备上或设备内部动火时,动火前应进行风险分析,并采取有效的防范措施,必要时应连续检测气体浓度,发现气体浓度超限报警时,应立即停止作业;在较长的物料管线上动火,动火前应在彻底隔绝区域内分段采样分析。

5.2.7　在生产、使用、储存氧气的设备上进行动火作业时,设备内氧含量不应超过23.5%(体积分数)。

5.2.8　在油气罐区防火堤内进行动火作业时,不应同时进行切水、取样作业。

5.2.9　动火期间,距动火点 30 m 内不应排放可燃气体;距动火点 15 m 内不应排放可燃液体;在动火点 10 m 范围内、动火点上方及下方不应同时进行可燃溶剂清洗或喷漆作业;在动火点 10 m 范围内不应进行可燃性粉尘清扫作业。

5.2.10　在厂内铁路沿线 25 m 以内动火作业时,如遇装有危险化学品的火车通过或停留时,应立即停止作业。

5.2.11　特级动火作业应采集全过程作业影像,且作业现场使用的摄录设备应为防爆型。

5.2.12　使用电焊机作业时,电焊机与动火点的间距不应超过 10 m,不能满足要求时应将电焊机作为动火点进行管理。

5.2.13　使用气焊、气割动火作业时,乙炔瓶应直立放置,不应卧放使用;氧气瓶与乙炔瓶的间距不应小于 5 m,二者与动火点间距不应小于 10 m,并应采取防晒和防倾倒措施;乙炔瓶应安装防回火装置。

5.2.14　作业完毕后应清理现场,确认无残留火种后方可离开。

5.2.15　遇五级风以上(含五级风)天气,禁止露天动火作业;因生产确需动火,动火作业应升级管理。

5.2.16　涉及可燃性粉尘环境的动火作业应满足 GB 15577 要求。

5.3　动火分析及合格判定指标

5.3.1　动火作业前应进行气体分析,要求如下:

a)气体分析的检测点要有代表性，在较大的设备内动火，应对上、中、下（左、中、右）各部位进行检测分析；

b)在管道、储罐、塔器等设备外壁上动火，应在动火点 10 m 范围内进行气体分析，同时还应检测设备内气体含量；在设备及管道外环境动火，应在动火点 10 m 范围内进行气体分析；

c)气体分析取样时间与动火作业开始时间间隔不应超过 30 min；

d)特级、一级动火作业中断时间超过 30 min，二级动火作业中断时间超过 60 min，应重新进行气体分析；每日动火前均应进行气体分析；特级动火作业期间应连续进行监测。

5.3.2　动火分析合格判定指标为：

a)当被测气体或蒸气的爆炸下限大于或等于 4% 时，其被测浓度应不大于 0.5%（体积分数）；

b)当被测气体或蒸气的爆炸下限小于 4% 时，其被测浓度应不大于 0.2%（体积分数）。

5.4　特级动火作业要求

5.4.1　特级动火作业应符合 5.2、5.3 的规定。

5.4.2　特级动火作业还应符合以下规定：

a)应预先制定作业方案，落实安全防火防爆及应急措施；

b)在设备或管道上进行特级动火作业时，设备或管道内应保持微正压；

c)存在受热分解爆炸、自爆物料的管道和设备设施上不应进行动火作业；

d)生产装置运行不稳定时，不应进行带压不置换动火作业。

5.5　固定动火区管理

5.5.1　固定动火区的设定应由危险化学品企业审批后确定，设置明显标志；应每年至少对固定动火区进行一次风险辨识，周围环境发生变化时，危险化学品企业应及时辨识、重新划定。

5.5.2　固定动火区的设置应满足以下安全条件要求：

a)不应设置在火灾爆炸危险场所；

b)应设置在火灾爆炸危险场所全年最小频率风向的下风或侧风方向，并与相邻企业火灾爆炸危险场所满足防火间距要求；

c)距火灾爆炸危险场所的厂房、库房、罐区、设备、装置、窨井、排水沟、水封设施等不应小于 30 m；

d)室内固定动火区应以实体防火墙与其他部分隔开，门窗外开，室外道路畅通；

e)位于生产装置区的固定动火区应设置带有声光报警功能的固定式可燃气体检测报警器；

f)固定动火区内不应存放可燃物及其他杂物，应制定并落实完善的防火安全措施，明确防火责任人。

6　受限空间作业

6.1　作业前,应对受限空间进行安全隔离,要求如下:

a)与受限空间连通的可能危及安全作业的管道应采用加盲板或拆除一段管道的方式进行隔离;不应采用水封或关闭阀门代替盲板作为隔断措施;

b)与受限空间连通的可能危及安全作业的孔、洞应进行严密封堵;

c)对作业设备上的电器电源,应采取可靠的断电措施,电源开关处应上锁并加挂警示牌。

6.2　作业前,应保持受限空间内空气流通良好,可采取如下措施:

a)打开人孔、手孔、料孔、风门、烟门等与大气相通的设施进行自然通风;

b)必要时,可采用强制通风或管道送风,管道送风前应对管道内介质和风源进行分析确认;

c)在忌氧环境中作业,通风前应对作业环境中与氧性质相抵的物料采取卸放、置换或清洗合格的措施,达到可以通风的安全条件要求。

6.3　作业前,应确保受限空间内的气体环境满足作业要求,内容如下:

a)作业前 30 min 内,对受限空间进行气体检测,检测分析合格后方可进入;

b)检测点应有代表性,容积较大的受限空间,应对上、中、下(左、中、右)各部位进行检测分析;

c)检测人员进入或探入受限空间检测时,应佩戴 6.6 中规定的个体防护装备;

d)涂刷具有挥发性溶剂的涂料时,应采取强制通风措施;

e)不应向受限空间充纯氧气或富氧空气;

f)作业中断时间超过 60 min 时,应重新进行气体检测分析。

6.4　受限空间内气体检测内容及要求如下:

a)氧气含量为 19.5%～21%(体积分数),在富氧环境下不应大于 23.5%(体积分数);

b)有毒物质允许浓度应符合 GBZ 2.1 的规定;

c)可燃气体、蒸气浓度要求应符合 5.3.2 的规定。

6.5　作业时,作业现场应配置移动式气体检测报警仪,连续检测受限空间内可燃气体、有毒气体及氧气浓度,并 2 h 记录 1 次;气体浓度超限报警时,应立即停止作业、撤离人员、对现场进行处理,重新检测合格后方可恢复作业。

6.6　进入受限空间作业人员应正确穿戴相应的个体防护装备。进入下列受限空间作业应采取如下防护措施:

a)缺氧或有毒的受限空间经清洗或置换仍达不到 6.4 要求的,应佩戴满足 GB/T 18664 要求的隔绝式呼吸防护装备,并正确拴带救生绳;

b)易燃易爆的受限空间经清洗或置换仍达不到 6.4 要求的,应穿防静电工作服及工作鞋,使用防爆工器具;

c)存在酸碱等腐蚀性介质的受限空间,应穿戴防酸碱防护服、防护鞋、防护手套等防腐蚀装备;

d)在受限空间内从事电焊作业时,应穿绝缘鞋;

e)有噪声产生的受限空间,应佩戴耳塞或耳罩等防噪声护具;

f)有粉尘产生的受限空间,应在满足 GB 15577 要求的条件下,按 GB 39800.1 要求佩戴防尘口罩等防尘护具;

g)高温的受限空间,应穿戴高温防护用品,必要时采取通风、隔热等防护措施;

h)低温的受限空间,应穿戴低温防护用品,必要时采取供暖措施;

i)在受限空间内从事清污作业,应佩戴隔绝式呼吸防护装备,并正确拴带救生绳;

j)在受限空间内作业时,应配备相应的通信工具。

6.7 当一处受限空间存在动火作业时,该处受限空间内不应安排涂刷油漆、涂料等其他可能产生有毒有害、可燃物质的作业活动。

6.8 对监护人的特殊要求:

a)监护人应在受限空间外进行全程监护,不应在无任何防护措施的情况下探入或进入受限空间;

b)在风险较大的受限空间作业时,应增设监护人员,并随时与受限空间内作业人员保持联络;

c)监护人应对进入受限空间的人员及其携带的工器具种类、数量进行登记,作业完毕后再次进行清点,防止遗漏在受限空间内。

6.9 受限空间作业应满足的其他要求:

a)受限空间出入口应保持畅通;

b)作业人员不应携带与作业无关的物品进入受限空间;作业中不应抛掷材料、工器具等物品;在有毒、缺氧环境下不应摘下防护面具;

c)难度大、劳动强度大、时间长、高温的受限空间作业应采取轮换作业方式;

d)接入受限空间的电线、电缆、通气管应在进口处进行保护或加强绝缘,应避免与人员出入使用同一出入口;

e)作业期间发生异常情况时,未穿戴 6.6 规定个体防护装备的人员严禁入内救援;

f)停止作业期间,应在受限空间入口处增设警示标志,并采取防止人员误入的措施;

g)作业结束后,应将工器具带出受限空间。

6.10 受限空间安全作业票有效期不应超过 24 h。

7 盲板抽堵作业

7.1 作业前,危险化学品企业应预先绘制盲板位置图,对盲板进行统一编号,并设专人统一指挥作业。

7.2 在不同危险化学品企业共用的管道上进行盲板抽堵作业,作业前应告知上下游相关单位。

7.3　作业单位应根据管道内介质的性质、温度、压力和管道法兰密封面的口径等选择相应材料、强度、口径和符合设计、制造要求的盲板及垫片,高压盲板使用前应经超声波探伤;盲板选用应符合 HG/T 21547 或 JB/T 2772 的要求。

7.4　作业单位应按位置图进行盲板抽堵作业,并对每个盲板进行标识,标牌编号应与盲板位置图上的盲板编号一致,危险化学品企业应逐一确认并做好记录。

7.5　作业前,应降低系统管道压力至常压,保持作业现场通风良好,并设专人监护。

7.6　在火灾爆炸危险场所进行盲板抽堵作业时,作业人员应穿防静电工作服、工作鞋,并使用防爆工具;距盲板抽堵作业地点 30 m 内不应有动火作业。

7.7　在强腐蚀性介质的管道、设备上进行盲板抽堵作业时,作业人员应采取防止酸碱化学灼伤的措施。

7.8　在介质温度较高或较低、可能造成人员烫伤或冻伤的管道、设备上进行盲板抽堵作业时,作业人员应采取防烫、防冻措施。

7.9　在有毒介质的管道、设备上进行盲板抽堵作业时,作业人员应按 GB 39800.1 的要求选用防护用具。在涉及硫化氢、氯气、氨气、一氧化碳及氰化物等毒性气体的管道、设备上进行作业时,除满足上述要求外,还应佩戴移动式气体检测仪。

7.10　不应在同一管道上同时进行两处或两处以上的盲板抽堵作业。

7.11　同一盲板的抽、堵作业,应分别办理盲板抽、堵安全作业票,一张安全作业票只能进行一块盲板的一项作业。

7.12　盲板抽堵作业结束,由作业单位和危险化学品企业专人共同确认。

8　高处作业

8.1　作业分级

8.1.1　作业高度 h 按照 GB/T 3608 分为四个区段:2 m≤h≤5 m;5 m＜h≤15 m;15 m＜h≤30 m;

8.1.2　直接引起坠落的客观危险因素主要分为 9 种:

a)　阵风风力五级(风速 8.0 m/s)以上;

b)　平均气温等于或低于 5℃的作业环境;

c)　接触冷水温度等于或低于 12℃的作业;

d)　作业场地有冰、雪、霜、油、水等易滑物;

e)　作业场所光线不足或能见度差;

f)　作业活动范围与危险电压带电体距离小于表 1 的规定;

表 1　作业活动范围与危险电压带电体的距离

危险电压带电体的电压等级/kV	≤10	35	63～110	220	330	500
距离/m	1.7	2.0	2.5	4.0	5.0	6.0

g)摆动,立足处不是平面或只有很小的平面,即任一边小于 500 mm 的矩形平面、直径小于 500 mm 的圆形平面或具有类似尺寸的其他形状的平面,致使作业者无法维持正常姿势;

h)存在有毒气体或空气中含氧量低于 19.5%(体积分数)的作业环境;

i)可能会引起各种灾害事故的作业环境和抢救突然发生的各种灾害事故。

8.1.3 不存在 8.1.2 列出的任一种客观危险因素的高处作业按表 2 规定的 A 类法分级,存在 8.1.2 列出的一种或一种以上客观危险因素的高处作业按表 2 规定的 B 类法分级。

表 2 高处作业分级

分类法	高处作业高度/m			
	$2 \leqslant h \leqslant 5$	$5 < h \leqslant 15$	$15 < h \leqslant 30$	$h > 30$
A	I	II	III	IV
B	II	III	IV	IV

8.2 作业要求

8.2.1 高处作业人员应正确佩戴符合 GB 6095 要求的安全带及符合 GB 24543 要求的安全绳,30 m 以上高处作业应配备通信联络工具。

8.2.2 高处作业应设专人监护,作业人员不应在作业处休息。

8.2.3 应根据实际需要配备符合安全要求的作业平台、吊笼、梯子、挡脚板、跳板等;脚手架的搭设、拆除和使用应符合 GB 51210 等有关标准要求。

8.2.4 高处作业人员不应站在不牢固的结构物上进行作业;在彩钢板屋顶、石棉瓦、瓦棱板等轻型材料上作业,应铺设牢固的脚手板并加以固定,脚手板上要有防滑措施;不应在未固定、无防护设施的构件及管道上进行作业或通行。

8.2.5 在邻近排放有毒、有害气体、粉尘的放空管线或烟囱等场所进行作业时,应预先与作业属地生产人员取得联系,并采取有效的安全防护措施,作业人员应配备必要的符合国家相关标准的防护装备(如隔绝式呼吸防护装备、过滤式防毒面具或口罩等)。

8.2.6 雨天和雪天作业时,应采取可靠的防滑、防寒措施;遇有五级风以上(含五级风)、浓雾等恶劣天气,不应进行高处作业、露天攀登与悬空高处作业;暴风雪、台风、暴雨后,应对作业安全设施进行检查,发现问题立即处理。

8.2.7 作业使用的工具、材料、零件等应装入工具袋,上下时手中不应持物,不应投掷工具、材料及其他物品;易滑动、易滚动的工具、材料堆放在脚手架上时,应采取防坠落措施。

8.2.8 在同一坠落方向上,一般不应进行上下交叉作业,如需进行交叉作业,中间应设置安全防护层,坠落高度超过 24 m 的交叉作业,应设双层防护。

8.2.9 因作业需要,须临时拆除或变动作业对象的安全防护设施时,应经作业审批人员同意,并采取相应的防护措施,作业后应及时恢复。

8.2.10　拆除脚手架、防护棚时,应设警戒区并派专人监护,不应上下同时施工。

8.2.11　安全作业票的有效期最长为 7 天。当作业中断,再次作业前,应重新对环境条件和安全措施进行确认。

9　吊装作业

9.1　作业分级

吊装作业按照吊物质量 m 不同分为:

a)一级吊装作业:$m>100$ t;

b)二级吊装作业:40 t$\leqslant m\leqslant$100 t;

c)三级吊装作业:$m<40$ t。

9.2　作业要求

9.2.1　一、二级吊装作业,应编制吊装作业方案。吊装物体质量虽不足 40 t,但形状复杂、刚度小、长径比大、精密贵重,以及在作业条件特殊的情况下,三级吊装作业也应编制吊装作业方案;吊装作业方案应经审批。

9.2.2　吊装场所如有含危险物料的设备、管道时,应制定详细吊装方案,并对设备、管道采取有效防护措施,必要时停车,放空物料,置换后再进行吊装作业。

9.2.3　不应靠近高架电力线路进行吊装作业;确需在电力线路附近作业时,起重机械的安全距离应大于起重机械的倒塌半径并符合 DL 409 的要求;不能满足时,应停电后再进行作业。

9.2.4　大雪、暴雨、大雾、六级及以上大风时,不应露天作业。

9.2.5　作业前,作业单位应对起重机械、吊具、索具、安全装置等进行检查,确保其处于完好、安全状态,并签字确认。

9.2.6　指挥人员应佩戴明显的标志,并按 GB/T 5082 规定的联络信号进行指挥。

9.2.7　应按规定负荷进行吊装,吊具、索具应经计算选择使用,不应超负荷吊装。

9.2.8　不应利用管道、管架、电杆、机电设备等作吊装锚点;未经土建专业人员审查核算,不应将建筑物、构筑物作为锚点。

9.2.9　起吊前应进行试吊,试吊中检查全部机具、锚点受力情况,发现问题应立即将吊物放回地面,排除故障后重新试吊,确认正常后方可正式吊装。

9.2.10　吊装作业人员应遵守如下规定:

a)按指挥人员发出的指挥信号进行操作;任何人发出的紧急停车信号均应立即执行;吊装过程中出现故障,应立即向指挥人员报告;

b)吊物接近或达到额定起重吊装能力时,应检查制动器,用低高度、短行程试吊后,再吊起;

c)利用两台或多台起重机械吊运同一吊物时应保持同步,各台起重机械所承受的载荷不应超过各自额定起重能力的 80%;

d)下放吊物时,不应自由下落(溜);不应利用极限位置限制器停车;

e)不应在起重机械工作时对其进行检修;不应在有载荷的情况下调整起升变幅机构的制动器;

f)停工和休息时,不应将吊物、吊笼、吊具和吊索悬在空中;

g)以下情况不应起吊:

1)无法看清场地、吊物,指挥信号不明;

2)起重臂吊钩或吊物下面有人、吊物上有人或浮置物;

3)重物捆绑、紧固、吊挂不牢,吊挂不平衡,索具打结,索具不齐,斜拉重物,棱角吊物与钢丝绳之间无衬垫;

4)吊物质量不明,与其他吊物相连,埋在地下,与其他物体冻结在一起。

9.2.11 司索人员应遵守如下规定:

a)听从指挥人员的指令,并及时报告险情;

b)不应用吊钩直接缠绕吊物及将不同种类或不同规格的索具混在一起使用;

c)吊物捆绑应牢靠,吊点设置应根据吊物重心位置确定,保证吊装过程中吊物平衡;起升吊物时应检查其连接点是否牢固、可靠;吊运零散件时,应使用专门的吊篮、吊斗等器具,吊篮、吊斗等不应装满;

d)吊物就位时,应与吊物保持一定的安全距离,用拉绳或撑杆、钩子辅助其就位;

e)吊物就位前,不应解开吊装索具;

f)9.2.10 中与司索人员有关的不应起吊的情况,司索人员应做相应处理。

9.2.12 监护人员应确保吊装过程中警戒范围区内没有非作业人员或车辆经过;吊装过程中吊物及起重臂移动区域下方不应有任何人员经过或停留。

9.2.13 用定型起重机械(例如履带吊车、轮胎吊车、桥式吊车等)进行吊装作业时,除遵守本文件外,还应遵守该定型起重机械的操作规程。

9.2.14 作业完毕应做如下工作:

a)将起重臂和吊钩收放到规定位置,所有控制手柄均应放到零位,电气控制的起重机械的电源开关应断开;

b)对在轨道上作业的吊车,应将吊车停放在指定位置有效锚定;

c)吊索、吊具收回,放置到规定位置,并对其进行例行检查。

10 临时用电作业

10.1 在运行的火灾爆炸危险性生产装置、罐区和具有火灾爆炸危险场所内不应接临时电源,确需时应对周围环境进行可燃气体检测分析,分析结果应符合 5.3.2 的规定。

10.2 各类移动电源及外部自备电源,不应接入电网。

10.3 在开关上接引、拆除临时用电线路时,其上级开关应断电、加锁,并挂安全警示标牌,接、拆线路作业时,应有监护人在场。

10.4 临时用电应设置保护开关,使用前应检查电气装置和保护设施的可靠性。所有的临时用电均应设置接地保护。

10.5　临时用电设备和线路应按供电电压等级和容量正确配置、使用,所用的电器元件应符合国家相关产品标准及作业现场环境要求,临时用电电源施工、安装应符合 GB 50194 的有关要求,并有良好的接地。

10.6　临时用电还应满足如下要求:

a)火灾爆炸危险场所应使用相应防爆等级的电气元件,并采取相应的防爆安全措施;

b)临时用电线路及设备应有良好的绝缘,所有的临时用电线路应采用耐压等级不低于 500 V 的绝缘导线;

c)临时用电线路经过火灾爆炸危险场所以及有高温、振动、腐蚀、积水及产生机械损伤等区域,不应有接头,并应采取相应的保护措施;

d)临时用电架空线应采用绝缘铜芯线,并应架设在专用电杆或支架上,其最大弧垂与地面距离,在作业现场不低于 2.5 m,穿越机动车道不低于 5 m;

e)沿墙面或地面敷设电缆线路应符合下列规定:

——电缆线路敷设路径应有醒目的警告标志;

——沿地面明敷的电缆线路应沿建筑物墙体根部敷设,穿越道路或其他易受机械损伤的区域,应采取防机械损伤的措施,周围环境应保持干燥;

——在电缆敷设路径附近,当有产生明火的作业时,应采取防止火花损伤电缆的措施;

f)对需埋地敷设的电缆线路应设有走向标志和安全标志。电缆埋地深度不应小于 0.7 m,穿越道路时应加设防护套管;

g)现场临时用电配电盘、箱应有电压标志和危险标志,应有防雨措施,盘、箱、门应能牢靠关闭并上锁管理;

h)临时用电设施应安装符合规范要求的漏电保护器,移动工具、手持式电动工具应逐个配置漏电保护器和电源开关。

10.7　未经批准,临时用电单位不应向其他单位转供电或增加用电负荷,以及变更用电地点和用途。

10.8　临时用电时间一般不超过 15 天,特殊情况不应超过 30 天;用于动火、受限空间作业的临时用电时间应和相应作业时间一致;用电结束后,用电单位应及时通知供电单位拆除临时用电线路。

11　动土作业

11.1　作业前,应检查工器具、现场支撑是否牢固、完好,发现问题应及时处理。

11.2　作业现场应根据需要设置护栏、盖板和警告标志,夜间应悬挂警示灯。

11.3　在动土开挖前,应先做好地面和地下排水,防止地面水渗入作业层面造成塌方。

11.4　作业前,作业单位应了解地下隐蔽设施的分布情况,作业临近地下隐蔽设施时,应使用适当工具人工挖掘,避免损坏地下隐蔽设施;如暴露出电缆、管线以及不能辨认的物品时,应立即停止作业,妥善加以保护,报告动土审批单位,经采取保护措施后方可继续作业。

11.5　挖掘坑、槽、井、沟等作业,应遵守下列规定:

a)挖掘土方应自上而下逐层挖掘,不应采用挖底脚的办法挖掘;使用的材料、挖出的泥土应堆在距坑、槽、井、沟边沿至少 1 m 处,堆土高度不应大于 1.5 m;挖出的泥土不应堵塞下水道和窨井;

b)不应在土壁上挖洞攀登;

c)不应在坑、槽、井、沟上端边沿站立、行走;

d)应视土壤性质、湿度和挖掘深度设置安全边坡或固壁支撑;作业过程中应对坑、槽、井、沟边坡或固壁支撑架随时检查,特别是雨雪后和解冻时期,如发现边坡有裂缝、松疏或支撑有折断、走位等异常情况时,应立即停止作业,并采取相应措施;

e)在坑、槽、井、沟的边缘安放机械、铺设轨道及通行车辆时,应保持适当距离,采取有效的固壁措施,确保安全;

f)在拆除固壁支撑时,应从下而上进行;更换支撑时,应先装新的,后拆旧的;

g)不应在坑、槽、井、沟内休息。

11.6　机械开挖时,应避开构筑物、管线,在距管道边 1 m 范围内应采用人工开挖;在距直埋管线 2 m 范围内宜采用人工开挖,避免对管线或电缆造成影响。

11.7　动土作业人员在沟(槽、坑)下作业应按规定坡度顺序进行,使用机械挖掘时,人员不应进入机械旋转半径内;深度大于 2 m 时,应设置人员上下的梯子等能够保证人员快速进出的设施;两人以上同时挖土时应相距 2 m 以上,防止工具伤人。

11.8　动土作业区域周围发现异常时,作业人员应立即撤离作业现场。

11.9　在生产装置区、罐区等危险场所动土时,监护人员应与所在区域的生产人员建立联系,当生产装置区、罐区等场所发生突然排放有害物质时,监护人员应立即通知作业人员停止作业,迅速撤离现场。

11.10　在生产装置区、罐区等危险场所动土时,遇有埋设的易燃易爆、有毒有害介质管线、窨井等可能引起燃烧、爆炸、中毒、窒息危险,且挖掘深度超过 1.2 m 时,应执行受限空间作业相关规定。

11.11　动土作业结束后,应及时回填土石,恢复地面设施。

12　断路作业

12.1　作业前,作业单位应会同危险化学品企业相关部门制定交通组织方案,应能保证消防车和其他重要车辆的通行,并满足应急救援要求。

12.2　作业单位应根据需要在断路的路口和相关道路上设置交通警示标志,在作业区域附近设置路栏、道路作业警示灯、导向标等交通警示设施。

12.3　在道路上进行定点作业,白天不超过 2 h、夜间不超过 1 h 即可完工的,在有现场交通指挥人员指挥交通的情况下,只要作业区域设置了相应的交通警示设施,可不设标志牌。

12.4　在夜间或雨、雪、雾天进行断路作业时设置的道路作业警示灯,应满足以下要求:

a)设置高度应离地面 1.5 m,不低于 1.0 m;

b)其设置应能反映作业区域的轮廓;

c)应能发出至少自 150 m 以外清晰可见的连续、闪烁或旋转的红光。

12.5　作业结束后,作业单位应清理现场,撤除作业区域、路口设置的路栏、道路作业警示灯、导向标等交通警示设施,并与危险化学品企业检查核实,报告有关部门恢复交通。

附录 A(资料性)　安全作业票的样式

表 A.1～表 A.8 规定了不同特殊作业安全作业票样式。

表 A.1　动火安全作业票

编号:

作业申请单位			作业申请时间	年　月　日　时　分		
作业内容			动火地点及动火部位			
动火作业级别	特级□　一级□　二级□		动火方式			
动火人及证书编号						
作业单位			作业负责人			
气体取样分析时间	月　日　时　分		月　日　日　分		月　日　日　分	
代表性气体						
分析结果/%						
分析人						
关联的其他特殊作业及安全作业票编号						
风险辨识结果						
动火作业实施时间	自　年　月　日　时　分至　年　月　日　时　分止					

序号	安全措施	是否涉及	确认人
1	动火设备内部构件清洗干净,蒸汽吹扫或水洗、置换合格,达到动火条件		
2	与动火设备相连接的所有管线已断开,加盲板(　)块,未采取水封或仅关闭阀门的方式代替盲板		
3	动火点周围及附近的孔洞、窨井、地沟、水封设施、污水井等已清除易燃物,并已采取覆盖、铺沙等手段进行隔离		
4	油气罐区动火点同一防火堤内和防火间距内的油品储罐未进行脱水和取样作业		
5	高处作业已采取防火花飞溅措施,作业人员佩戴必要的个体防护装备		

（续表）

序号	安全措施	是否涉及	确认人
6	在有可燃物构件和使用可燃物做防腐内衬的设备内部动火作业,已采取防火隔绝措施		
7	乙炔气瓶直立放置,已采取防倾倒措施并安装防回火装置;乙炔气瓶、氧气瓶与火源间的距离不应小于 10 m,两气瓶相互间距不应小于 5 m		
8	现场配备灭火器（　）台,灭火毯（　）块,消防蒸汽带或消防水带（　）		
9	电焊机所处位置已考虑防火防爆要求,且已可靠接地		
10	动火点周围规定距离内没有易燃易爆化学品的装卸、排放、喷漆等可能引起火灾爆炸的危险作业		
11	动火点 30 m 内垂直空间未排放可燃气体;15 m 内垂直空间未排放可燃液体;10 m 范围内及动火点下方未同时进行可燃溶剂清洗或喷漆等作业,10 m 范围内未见有可燃性粉尘清扫作业		
12	已开展作业危害分析,制定相应的安全风险管控措施,交叉作业已明确协调人		
13	用于连续检测的移动式可燃气体检测仪已配备到位		
14	配备的摄录设备已到位,且防爆级别满足安全要求		
15	其他相关特殊作业已办理相应安全作业票,作业现场四周已设立警戒区		
16	其他安全措施: 编制人:		

安全交底人		接受交底人	
监护人			

作业负责人意见
签字:　　年　月　日　时　分

所在单位意见
签字:　　年　月　日　时　分

安全管理部门意见
签字:　　年　月　日　时　分

动火审批人意见
签字:　　年　月　日　时　分

动火前,岗位当班班长验票情况
签字:　　年　月　日　时　分

完工验收
签字:　　年　月　日　时　分

表 A.2　受限空间安全作业票

编号：

作业申请单位			作业申请时间		年　　月　　日　　时　　分		
受限空间名称			受限空间内原有介质名称				
作业内容							
作业单位			作业负责人				
作业人			监护人				
关联的其他特殊作业及安全作业票编号							
风险辨识结果							
气体分析	分析项目	有毒有害气体名称	可燃气体名称	氧气含量	取样分析时间	分析部位	分析人
	合格标准			19.5%～21%（体积分数）			
	分析数据						
作业实施时间			自　年　月　日　时　分至　年　月　日　时　分止				

序号	安全措施	是否涉及	确认人
1	盛装过有毒、可燃物料的受限空间,所有与受限空间有联系的阀门、管线已加盲板隔离,并落实盲板责任人,未采用水封或关闭阀门代替盲板		
2	盛装过有毒、可燃物料的受限空间,设备已经过置换、吹扫或蒸煮		
3	设备通风孔已打开进行自然通风,温度适宜人员作业;必要时采用强制通风或佩戴隔绝式呼吸防护装备,不应采用直接通入氧气或富氧空气的方法补充氧		
4	转动设备已切断电源,电源开关处已加锁并悬挂"禁止合闸"标志牌		
5	受限空间内部已具备进人作业条件,易燃易爆物料容器内作业,作业人员未采用非防爆工具,手持电动工具符合作业安全要求		
6	受限空间进出口通道畅通,无阻碍人员进出的障碍物		
7	盛装过可燃有毒液体、气体的受限空间,已分析其中的可燃、有毒有害气体和氧气含量,且在安全范围内		

（续表）

序号	安全措施	是否涉及	确认人
8	存在大量扬尘的设备已停止扬尘		
9	用于连续检测的移动式可燃、有毒气体、氧气检测仪已配备到位		
10	作业人员已佩戴必要的个体防护装备，清楚受限空间内存在的危险因素		
11	已配备作业应急设施：消防器材（　）、救生绳（　）、气防装备（　），盛有腐蚀性介质的容器作业现场已配备应急用冲洗水		
12	受限空间内作业已配备通信设备		
13	受限空间出入口四周已设立警戒区		
14	其他相关特殊作业已办理相应安全作业票		
15	其他安全措施： 编制人：		
安全交底人		接受交底人	
作业负责人意见			
	签字：　　年　月　日　时　分		
所在单位意见			
	签字：　　年　月　日　时　分		
完工验收			
	签字：　　年　月　日　时　分		

表 A.3　盲板抽堵安全作业票

编号：

申请单位		作业单位		作业类别	□堵盲板　□抽盲板		
设备、管道名称	管道参数			盲板参数			实际作业开始时间
	介质	温度	压力	材质	规格	编号	
							月　日　时　分
盲板位置图（可另附图）及编号： 编制人：　　年　月　日							
作业负责人		作业人		监护人			
关联的其他特殊作业及安全作业票编号							
风险辨识结果							

（续表）

序号	安全措施	是否涉及	确认人
1	在管道、设备上作业时,降低系统压力,作业点应为常压或微正压		
2	在有毒介质的管道、设备上作业时,作业人员应穿戴适合的个体防护装备		
3	火灾爆炸危险场所,作业人员穿防静电工作服、工作鞋;作业时使用防爆灯具和防爆工具		
4	火灾爆炸危险场所的气体管道,距作业地点 30 m 内无其他动火作业		
5	在强腐蚀性介质的管道、设备上作业时,作业人员已采取防止酸碱化学灼伤的措施		
6	介质温度较高、可能造成烫伤的情况下,作业人员已采取防烫措施		
7	介质温度较低、可能造成人员冻伤情况下,作业人员已采取防冻伤措施		
8	同一管道上未同时进行两处及两处以上的盲板抽堵作业		
9	其他相关特殊作业已办理相应安全作业票		
10	作业现场四周已设警戒区		
11	其他安全措施: 编制人:		

安全交底人		接受交底人	
作业负责人意见			
	签字:　　年　月　日　时　分		
所在单位意见			
	签字:　　年　月　日　时　分		
完工验收			
	签字:　　年　月　日　时　分		

表 A.4　高处安全作业票

编号:

作业申请单位		作业申请时间	年　月　日　时　分
作业地点		作业内容	
作业高度		高处作业级别	
作业单位		监护人	
作业人		作业负责人	
关联的其他特殊作业及安全作业票编号			

（续表）

风险辨识结果			
作业实施时间	自　年　月　日　时　分至　年　月　日　时　分止		
序号	安全措施	是否涉及	确认人
1	作业人员身体条件符合要求		
2	作业人员着装符合作业要求		
3	作业人员佩戴符合标准要求的安全帽、安全带，有可能散发有毒气体的场所携带正压式空气呼吸器或面罩备用		
4	作业人员携带有工具袋及安全绳		
5	现场搭设的脚手架、防护网、围栏符合安全规定		
6	垂直分层作业中间有隔离设施		
7	梯子、绳子符合安全规定		
8	轻型棚的承重梁、柱能承重作业过程最大负荷的要求		
9	作业人员在不承重物处作业所搭设的承重板稳定牢固		
10	采光、夜间作业照明符合作业要求		
11	30 m 以上高处作业时，作业人员已配备通信、联络工具		
12	作业现场四周已设警戒区		
13	露天作业，风力满足作业安全要求		
14	其他相关特殊作业已办理相应安全作业票		
15	其他安全措施： 　　　　　　　　　　　　　　　　编制人：		
安全交底人		接受交底人	
作业负责人意见 　　　　　　　　　　　　签字：　　年　月　日　时　分			
所在单位意见 　　　　　　　　　　　　签字：　　年　月　日　时　分			
审核部门意见 　　　　　　　　　　　　签字：　　年　月　日　时　分			
审批部门意见 　　　　　　　　　　　　签字：　　年　月　日　时　分			
完工验收 　　　　　　　　　　　　签字：　　年　月　日　时　分			

表 A.5　吊装安全作业票

编号：

作业申请单位		作业单位		作业申请时间	年　月　日　时　分	
吊装地点		吊具名称		吊物内容		
吊装作业人		司索人		监护人		
指挥人员		吊物质量(t)及作业级别				
风险辨识结果						
作业实施时间		自　年　月　日　时　分至　年　月　日　时　分止				
序号	安全措施				是否涉及	确认人
1	一、二级吊装作业已编制吊装作业方案,已经审查批准;吊装物体形状复杂、刚度小、长径比大、精密贵重,作业条件特殊的三级吊装作业,已编制吊装作业方案,已经审查批准					
2	吊装场所如有含危险物料的设备、管道时,应制定详细吊装方案,并对设备、管道采取有效防护措施,必要时停车,放空物料,置换后再进行吊装作业					
3	作业人员已按规定佩戴个体防护装备					
4	已对起重吊装设备、钢丝绳、揽风绳、链条、吊钩等各种机具进行检查,安全可靠					
5	已明确各自分工,坚守岗位,并统一规定联络信号					
6	将建筑物、构筑物作为锚点,应经所属单位工程管理部门审查核算并批准					
7	吊装绳索、揽风绳、拖拉绳等不应与带电线路接触,并保持安全距离					
8	不应利用管道、管架、电杆、机电设备等作吊装锚点					
9	吊物捆扎坚固,未见绳打结、绳不齐现象,棱角吊物已采取衬垫措施					
10	起重机安全装置灵活好用					
11	吊装作业人员持有有效的法定资格证书					
12	地下通信电(光)缆、局域网络电(光)缆、排水沟的盖板,承重吊装机械的负重量已确认,保护措施已落实					
13	起吊物的质量(　t)经确认,在吊装机械的承重范围内					
14	在吊装高度的管线、电缆桥架已做好防护措施					
15	作业现场围栏、警戒线、警告牌、夜间警示灯已按要求设置					
16	作业高度和转臂范围内无架空线路					
17	在爆炸危险场所内的作业,机动车排气管已装阻火器					
18	露天作业,环境风力满足作业安全要求					

（续表）

序号	安全措施	是否涉及	确认人
19	其他相关特殊作业已办理相应安全作业票		
20	其他安全措施： 　　　　　　　　　　　　　编制人：		

安全交底人		接受交底人	
作业指挥意见			
		签字：　　年　月　日　时　分	
所在单位意见			
		签字：　　年　月　日　时　分	
审核部门意见			
		签字：　　年　月　日　时　分	
审批部门意见			
		签字：　　年　月　日　时　分	
完工验收			
		签字：　　年　月　日　时　分	

表 A.6　临时用电安全作业票

编号：

申请单位		作业申请时间	年　月　日　时　分
作业地点		作业内容	
电源接入点及 许可用电功率		工作电压	
用电设备名称 及额定功率		监护人		用电人	
作业人		电工证号	
作业负责人		电工证号	
关联的其他特殊作业 及安全作业票编号			
风险辨识结果			
可燃气体分析（运行的生产装置、罐区和具有火灾爆炸危险场所）			
分析时间	时　分　　　时　分	分析点	
可燃气体检测结果		分析人	
作业实施时间	自　年　月　日　时　分至　年　月　日　时　分止		

（续表）

序号	安全措施	是否涉及	确认人
1	作业人员持有电工作业操作证		
2	在防爆场所使用的临时电源、元器件和线路达到相应的防爆等级要求		
3	上级开关已断电、加锁，并挂安全警示标牌		
4	临时用电的单相和混用线路要求按照 TN-S 三相五线制方式接线		
5	临时用电线路如架高敷设，在作业现场敷设高度应不低于 2.5 m，跨越道路高度应不低于 5 m		
6	临时用电线路如沿墙面或地面敷设，已沿建筑物墙体根部敷设，穿越道路或其他易受机械损伤的区域，已采取防机械损伤的措施；在电缆敷设路径附近，已采取防止火花损伤电缆的措施		
7	临时用电线路架空进线不应采用裸线		
8	暗管埋设及地下电缆线路敷设时，已备好"走向标志"和"安全标志"等标志桩，电缆埋深要求大于 0.7 m		
9	现场临时用配电盘、箱配备有防雨措施，并可靠接地		
10	临时用电设施已装配漏电保护器，移动工具、手持工具已采取防漏电的安全措施（一机一闸一保护）		
11	用电设备、线路容量、负荷符合要求		
12	其他相关特殊作业已办理相应安全作业票		
13	作业场所已进行气体检测且符合作业安全要求		
14	其他安全措施： 　　　　　　　　　　　　　　　　　　编制人：		

安全交底人		接受交底人	

作业负责人意见
签字：　　　年　月　日　时　分

用电单位意见
签字：　　　年　月　日　时　分

配送电单位意见
签字：　　　年　月　日　时　分

完工验收
签字：　　　年　月　日　时　分

表 A.7 动土安全作业票

编号：

申请单位		作业申请时间		年 月 日 时 分
作业单位		作业地点	作业内容	
监护人		作业负责人		
关联的其他特殊作业 及安全作业票编号				

作业范围、内容、方式(包括深度、面积,并附简图)：

签字： 年 月 日 时 分

风险辨识结果	
作业实施时间	自 年 月 日 时 分至 年 月 日 时 分止

序号	安全措施	是否涉及	确认人
1	地下电力电缆、通信电(光)缆、局域网络电(光)缆已确认,保护措施已落实		
2	地下供排水、消防管线、工艺管线已确认,保护措施已落实		
3	已按作业方案图划线和立桩		
4	作业现场围栏、警戒线、警告牌、夜间警示灯已按要求设置		
5	已进行放坡处理和固壁支撑		
6	道路施工作业已报:交通、消防、安全监督部门、应急中心		
7	现场夜间有充足照明:A. 36 V、24 V、12 V 防水型灯;B. 36 V、24 V、12 V 防爆型灯		
8	作业人员配备有必要的个人防护装备		
9	易燃易爆、有毒气体存在的场所动土深度超过 1.2 m,已按照受限空间作业要求采取了措施		
10	其他相关特殊作业已办理相应安全作业票		
11	其他安全措施: 编制人:		

安全交底人		接受交底人	

作业负责人意见
签字： 年 月 日 时 分

所在单位意见
签字： 年 月 日 时 分

有关水、电、汽、工艺、设备、消防、安全等部门会签意见
签字： 年 月 日 时 分

（续表）

审批部门意见	
	签字：　　年　月　日　时　分
完工验收	
	签字：　　年　月　日　时　分

表 A.8　断路安全作业票

编号：

申请单位		作业单位		作业负责人	
涉及相关单位（部门）				监护人	
断路原因					
关联的其他特殊作业 及安全作业票编号					
断路地段示意图（可另附图）及相关说明： 　　　　　　　　　　　　　　　　　签字：　　年　月　日　时　分					
风险辨识结果					
作业实施时间	自　年　月　日　时　分至　年　月　日　时　分止				

序号	安全措施	是否涉及	确认人
1	作业前，制定交通组织方案，并已通知相关部门或单位		
2	作业前，在断路的路口和相关道路上设置交通警示标志，在作业区域附近设置路栏、道路作业警示灯、导向标等交通警示设施		
3	夜间作业设置警示灯		
4	其他安全措施： 　　　　　　　　　　　　　　　　　编制人：		

安全交底人		接受交底人	
作业负责人意见			
	签字：　　年　月　日　时　分		
所在单位意见			
	签字：　　年　月　日　时　分		
消防、安全管理部门意见			
	签字：　　年　月　日　时　分		

（续表）

审批部门意见	签字： 年 月 日 时 分
完工验收	签字： 年 月 日 时 分

附录 B（资料性） 安全作业票的管理

B.1 安全作业票的区分

有分级的特殊作业，安全作业票应根据特殊作业的等级以明显标记加以区分。

B.2 安全作业票的办理、审批

安全作业票的办理部门、审核（会签）、审批部门（人）内容如表 B.1 所示。

表 B.1 安全作业票的办理、审批内容

安全作业票种类		办理部门	审核或会签	审批部门（人）
动火安全作业票	特级动火作业	危险化学品企业	—	主管领导
	一级动火作业		—	安全管理部门
	二级动火作业		—	所在基层单位
受限空间安全作业票			—	所在基层单位
盲板抽堵安全作业票			—	所在基层单位
高处安全作业票	Ⅰ级高处作业		—	所在基层单位
	Ⅱ级、Ⅲ级高处作业		—	所在单位专业部门
	Ⅳ级高处作业		—	主管厂长或总工程师
吊装安全作业票	一级吊装作业		—	主管厂长或总工程师
	二级、三级吊装作业		—	所在单位专业部门
临时用电安全作业票			配送电单位	配送电单位
动土安全作业票			水、电、气、工艺、设备、消防、安全管理等动土涉及单位	所在单位专业部门
断路安全作业票			断路涉及单位消防、安全管理部门	所在单位专业部门

说明：1. 安全作业票的审核或会签人员根据危险化学品企业具体管理机构设置情况参照执行。

2. Ⅰ级高处作业还包括在坡度大于45°的斜坡上面实施的高处作业。

Ⅱ级、Ⅲ级高处作业还包括下列情形的高处作业：

a)在升降（吊装）口、坑、井、池、沟、洞等上面或附近进行的高处作业；

（续表）

b)在易燃、易爆、易中毒、易灼伤的区域或转动设备附近进行的高处作业；
c)在无平台、无护栏的塔、釜、炉、罐等化工容器、设备及架空管道上进行的高处作业；
d)在塔、釜、炉、罐等设备内进行的高处作业；
e)在邻近排放有毒、有害气体、粉尘的放空管线或烟囱及设备的高处作业。
Ⅳ级高处作业还包括下列情形的高处作业：
a)在高温或低温环境下进行的异温高处作业；
b)在降雪时进行的雪天高处作业；
c)在降雨时进行的雨天高处作业；
d)在室外完全采用人工照明进行的夜间高处作业；
e)在接近或接触带电体条件下进行的带电高处作业；
f)在无立足点或无牢靠立足点的条件下进行的悬空高处作业。
3. 吊装质量小于 10 t 的作业可不办理《吊装票》，但应进行风险分析，并确保措施可靠。

B.3　安全作业票的持有及保存

安全作业票一式三联，其持有和存档部门（人）参见表 B.2。安全作业票应至少保存一年，作业过程影像记录应至少留存一个月。

表 B.2　安全作业票的持有及保存的内容

安全作业票种类		持有及保存情况		
		第一联	第二联	第三联（存档）
动火安全作业票	特级和一级动火	监护人	作业单位（动火人）	安全管理部门
	二级动火		作业单位（动火人）	所在基层单位
受限空间安全作业票			作业单位负责人	所在基层单位
盲板抽堵安全作业票			作业单位实施人	所在基层单位
高处安全作业票			作业单位实施人	所在基层单位
吊装安全作业票			吊装指挥	所在基层单位
临时用电安全作业票			作业单位（作业时）配送电执行人（作业结束后注销）	电气管理部门
动土安全作业票			作业单位负责人	所在单位专业部门
断路安全作业票			作业单位负责人	所在单位专业部门
说明：安全作业票的持有及保存部门根据危险化学品企业具体管理机构设置情况参照执行。				